环球网校
移动学习 职达未来 hqwx.com

全国一级造价工程师职业资格考试

U0794652

建设工程造价管理

精选章节习题集

环球网校造价工程师考试研究院 组编

中国石化出版社
HTTP://WWW.SINOPEC-PRESS.COM
教·育·出·版·中·心

图书在版编目（CIP）数据

建设工程造价管理/环球网校造价工程师考试研究院组编. —北京：中国石化出版社，2020.5（2020.12 重印）
ISBN 978-7-5114-5814-8

Ⅰ.①建… Ⅱ.①环… Ⅲ.①建筑造价管理—资格考试—自学参考资料 Ⅳ.①TU723.3

中国版本图书馆 CIP 数据核字（2020）第 073121 号

中国石化出版社出版发行
地址：北京市东城区安定门外大街 58 号
邮编：100011　电话：（010）57512500
发行部电话：（010）57512575
http：//www. sinopec-press. com
E-mail：press@sinopec. com
三河市中晟雅豪印务有限公司印刷
全国各地新华书店经销
*
787×1092 毫米 16 开本 13.5 印张 334 千字
2020 年 6 月第 1 版　2020 年 12 月第 2 次印刷
定价：48.00 元

环球君带你学造价

根据《造价工程师职业资格制度规定》，国家对造价工程师实行准入类职业资格制度，纳入国家职业资格目录。凡从事工程建设活动的建设、设计、施工、造价咨询等单位，必须在建设工程造价工作岗位配备造价工程师。因此，一级造价工程师职业资格考试一直以来热度不减，具有通过率低、难度大等特点。

全国一级造价工程师职业资格考试分为建设工程造价管理、建设工程计价、建设工程技术与计量、建设工程造价案例分析共4个科目。其中，第三科目“建设工程技术与计量”及第四科目“建设工程造价案例分析”分为土木建筑工程、交通运输工程、水利工程、安装工程4个专业类别，考生在报名时可根据实际工作需要选择其中一个专业。这4个科目分别单独考试、单独计分。在连续的4个考试年度通过全部考试科目，方可获得一级造价工程师职业资格证书。

为帮助考生顺利通过考试，环球网校造价工程师考试研究院对繁杂的考试内容进行了系统的研究、思考、总结，编写了本套精选章节习题集。建议您按照如下方法使用本书：

◇ 科学规划备考进度，强化阶段连续8周做题

本套习题集对一级造价工程师职业资格考试的章节习题进行了梳理，按照章节顺序分配到8周中，帮助考生规划每周的学习任务。其中，前7周主要是各个章节的同步练习，目的是及时复习、夯实基础；第8周是做两套真题选编，目的是实战演练、做好准备。建议考生在完成基础阶段的学习后，在强化阶段做章节练习题，从而系统、全面地掌握知识。此外，坚持连续8周做题，可以养成坚持不懈、持之以恒的学习习惯，为以后的发展奠定基础。

◇ 夯实基础知识，重视错题分析

本书按照章节顺序呈现习题，并对习题进行了分类。标注“必会”的知识点及题目是需要考生重点掌握的；标注“重要”的知识点及题目需要考生会做并能运用；标注“了解”的知识点及题目，考生了解即可，不是考试重点。本书中的每道题都是环球网校造价工程师考试研究院根据考试频率和知识点的考查方向精挑细选出来的，相信考生通过做本套精选章节习题集，可以打好扎实的基础。

此外，建议考生对错题进行整理和分析，从每一道具体的错题入手，分析错误的知识原因、能力原因、解题习惯原因等，从而完善知识体系，达到高效备考的目的。

◇“码”上听章节导学课、真题视频解读

本书在每章都设置了章节导学课二维码，考生可以扫码听课。章节导学课与每章节的思维导图相结合，即可掌握每章主要知识架构，增强知识之间的联系，加深对知识的掌握程度。

做完章节练习题，掌握全书知识脉络后，一定要做套卷进行模拟考试。本书在最后设置了两套真题选编，精心选择近年的最新真题，旨在让考生进行模拟练习，检测自己的复习情况，进而胸有成竹地参加考试。

本套精选章节习题集由环球网校造价工程师考试研究院的蒋莉莉、武立叶、张静、胡倩倩、汤菁、王东、陈钰莹、刘晓溪等老师主笔编写，在此表示感谢！希望各位考生勤于思考、善于总结，灵活运用所学知识，提升抽丝剥茧、融会贯通的能力，从而通过造价工程师职业资格考试！

相信本套图书可以帮助您在短时间内熟悉出题“套路”、学会解题“思路”、找到破题“出路”。在造价工程师职业资格考试之路上，环球网校与您相伴，祝您一次通关！

请大胆写出您的得分目标：______________

环球网校造价工程师考试研究院

目录

参考答案及解析

第一章

工程造价管理及其基本制度

（建议学习时间：**1**周）

学习计划（第1周）：

Day 1

Day 2

Day 3

Day 4

Day 5

Day 6

Day 7

扫码即听
本章导学

第一章　工程造价管理及其基本制度

第一节　工程造价基本内容

知识脉络

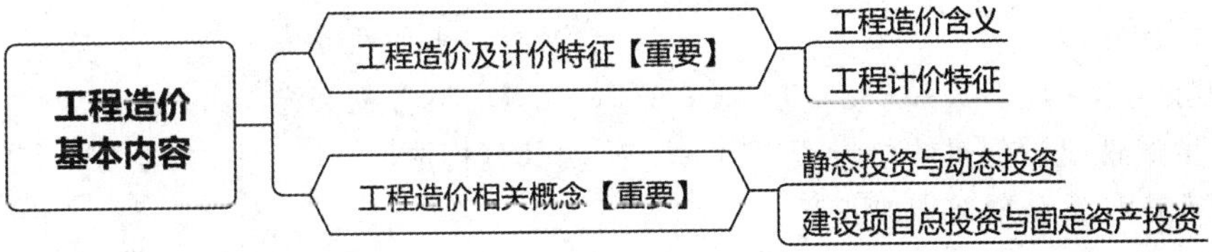

考点 1　工程造价及计价特征【重要】

1. **【单选】**从投资者（业主）角度分析，工程造价是指建设一项工程预期开支或实际开支的（　　）。

A. 全部建筑安装工程费用

B. 建设工程费用

C. 全部固定资产投资费用

D. 固定资产投资费用与流动资产投资费用之和

2. **【单选】**下列关于工程造价含义的表述正确的是（　　）。

A. 从投资者（业主）的角度而言，工程造价是指建设一项工程预期开支或实际开支的全部投资费用

B. 从市场交易的角度而言，工程造价是指在工程发承包交易活动中形成的建筑安装工程费用或建设工程总费用

C. 工程造价是工程发承包阶段通过签订合同所确定的价格

D. 人们通常将工程造价的第一种含义认定为工程承发包价格

3. **【单选】**建设工程最典型的价格形式是（　　）。

A. 承发包双方共同认可的承发包价格

B. 通过招标投标最终由市场形成的价格

C. 承包单位编制的工程结算价格

D. 建设单位编制的工程竣工决算价格

4. **【单选】**下列工程造价中，由承包单位编制、发包单位或其委托的工程造价咨询机构审查的是（　　）。

A. 工程概算价　　　　B. 工程预算价

C. 工程结算价　　　　D. 工程决算价

5. **【单选】**工程计价需要在不同阶段多次进行，以保证工程造价计算的准确性和控制的有效性。体现的是工程计价特征的（　　）。

A. 多次性　　　　B. 组合性

C. 复杂性　　D. 多样性

6.【单选】工程计价依据具有复杂性，其中设备原价、设备运杂费、进口设备关税等是(　　)的计算依据。

A. 设备和工程量

B. 人工、材料、机械等实物消耗量

C. 设备单价

D. 工程单价

考点 2　工程造价相关概念【重要】

1.【单选】下列费用中，属于建设工程静态投资的是（　　）。

A. 基本预备费　　B. 涨价预备费

C. 建设期利息　　D. 运营期利息

2.【单选】生产性建设项目的总投资由（　　）两部分构成。

A. 固定资产投资和流动资产投资

B. 有形资产投资和无形资产投资

C. 建筑安装工程费用和设备工器具购置费用

D. 建筑安装工程费用和工程建设其他费用

第二节　工程造价管理的组织和内容

知识脉络

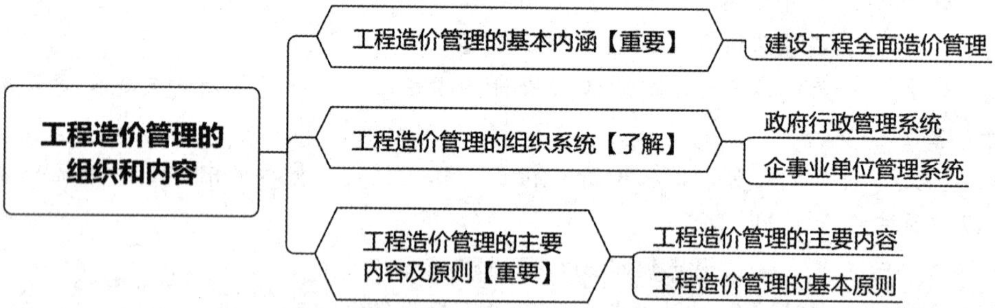

考点 1　工程造价管理的基本内涵【重要】

1.【单选】按照优先性的原则，协调和平衡工期、质量、安全、环保与成本之间的对立统一关系，反映了（　　）造价管理的思想。

A. 全寿命期　　B. 全过程

C. 全要素　　D. 全方位

2.【单选】按照国际造价管理联合会（International Cost Engineering Council，ICEC）给出的定义，全面造价管理（Total Cost Management，TCM）是指有效地利用专业知识与技术，对资源、成本、盈利和风险进行（　　）。

A. 筹划和控制　　B. 决策和控制

C. 筹划和管理　　D. 决策和管理

3. 【单选】建设工程全寿命期造价是指建设工程初始建造成本和（　　）之和。

A. 建成后的拆除回收成本

B. 建成后的运行维护成本

C. 建成后的日常使用成本

D. 建成后的日常修理成本

4. 【单选】建设工程全要素造价管理的核心是（　　）。

A. 工程参建各方建立完善的工程造价管理协同工作机构

B. 协调和平衡工期、质量、安全、环境与成本之间对立和统一关系

C. 采取有效措施控制工程变更和索赔

D. 做好前期策划和方案设计，实现建设工程全寿命期成本最小化

5. 【单选】建设工程全要素造价管理是指要实现（　　）的集成管理。

A. 人工费、材料费、施工机具使用费

B. 直接成本、间接成本、规费、利润

C. 工程成本、工期、质量、安全、环境

D. 建筑安装工程费用、设备工器具费用、工程建设其他费用

6. 【单选】下列工作中，属于工程设计阶段造价管理内容的是（　　）。

A. 项目融资方案分析

B. 概预算编制

C. 投资估算

D. 项目经济评价

考点 2 工程造价管理的组织系统【了解】

1. 【单选】我国建设工程造价管理组织包含三大系统，该三大系统是指（　　）。

A. 国家行政管理系统、部门行政管理系统和地方行政管理系统

B. 国家行政管理系统、行业协会管理系统和地方行政管理系统

C. 行业协会管理系统、地方行政管理系统和企事业机构管理系统

D. 政府行政管理系统、企事业单位管理系统和行业协会管理系统

考点 3 工程造价管理的主要内容及原则【重要】

1. 【单选】在调查—分析—决策基础之上的偏离—纠偏—再偏离—再纠偏的工程造价控制属于（　　）。

A. 主动控制　　B. 预防控制

C. 被动控制　　D. 全过程控制

2. 【单选】工程项目策划阶段中按照有关规定编制和审核（　　），经有关部门批准，即可作为拟建工程项目的控制造价。

A. 工程概算　　B. 工程量清单

C. 投资估算　　D. 施工图预算

3. 【单选】对于政府投资工程而言，经有关部门批准的（　　）将作为拟建工程项目造价的最高限额。

A. 工程概算　　B. 投资估算

C. 招标控制价　　D. 施工图预算

4.【单选】下列工作中，属于工程施工阶段造价管理工作内容的是（　　）。
A. 处理工程变更和索赔
B. 确定合同价
C. 编制工程结算
D. 编制工程量清单

5.【单选】下列工作中，属于工程竣工阶段造价管理工作内容的是（　　）。
A. 编制审核工程量清单
B. 编制工程结算
C. 工程款支付管理
D. 处理工程变更和索赔

6.【单选】建设工程项目投资决策后，控制工程造价的关键在于（　　）。
A. 工程设计　　B. 工程施工
C. 材料设备采购　　D. 施工发承包

7.【单选】（　　）控制只能发现偏离，不能预防可能发生的偏离。
A. 被动　　B. 主动
C. 事前　　D. 事后

8.【多选】要有效地控制工程造价，应从组织、技术、经济等多方面采取措施。从组织上采取措施，包括（　　）。
A. 明确项目组织结构
B. 重视设计多方案选择
C. 明确管理职能分工
D. 严格审查初步设计
E. 明确造价控制人员及其任务

第三节　造价工程师管理制度

知识脉络

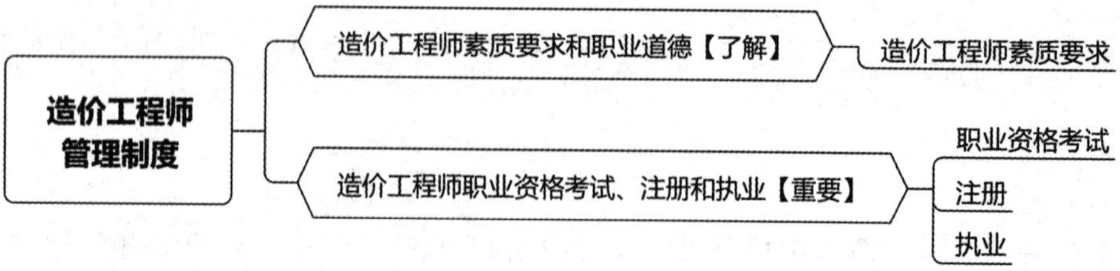

考点 1　造价工程师素质要求和职业道德【了解】

1.【单选】下列关于造价工程师的说法正确的是（　　）。
A. 取得造价工程师职业资格证书即可从事工程造价工作
B. 造价工程师仅是工程造价咨询企业的专业岗位职务
C. 工程建设活动中有关工程造价管理岗位应按需要配备造价工程师
D. 造价工程师分为全国造价工程师和地方造价工程师

考点 2　造价工程师职业资格考试、注册和执业【重要】

1.【单选】按照我国现有规定，造价工程师职业资格考试专业科目类别是指（　　）。

A. 土木建筑工程和安装工程

B. 土木建筑工程、运输工程和安装工程

C. 土木建筑工程、水利工程和安装工程

D. 土木建筑工程、交通运输工程、水利工程和安装工程

2.【单选】按照我国现有规定，下列关于造价工程师注册的有关说法正确的是（　　）。

A. 住房城乡建设部负责全部一级造价工程师的注册工作

B. 各省、自治区、直辖市住房城乡建设部门负责一级造价工程师注册工作

C. 造价工程师执业时应持注册证书和执业印章

D. 造价工程师执业时应持职业资格证书

3.【单选】下列关于造价工程师在工作中的说法错误的是（　　）。

A. 可以同时受聘于两个或两个以上单位执业

B. 不得允许他人以本人名义执业

C. 不可出租出借注册证书

D. 严禁“证书挂靠”

4.【多选】一级造价工程师的执业范围包括（　　）。

A. 项目评价造价分析

B. 建设工程招标投标文件工程量审核

C. 工程造价纠纷调解与仲裁

D. 建设工程计价依据、造价指标的编制与审定

E. 竣工决算价款的编制与管理

5.【单选】二级造价工程师的执业范围是指（　　）。

A. 项目评价造价分析

B. 建设工程量清单编制

C. 工程造价纠纷调解

D. 建设工程量清单审核

第四节　工程造价咨询管理制度

知识脉络

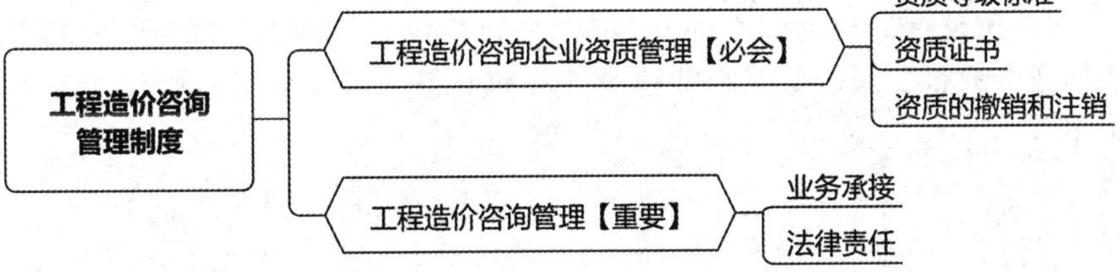

考点 1 工程造价咨询企业资质管理【必会】

1.【单选】根据《工程造价咨询企业管理办法》，属于甲级工程造价咨询企业资质标准的是（　　）。

A. 专职专业人员中取得二级造价工程师注册证书的人员不少于 6 人

B. 专职从事工程造价专业工作的人员（以下简称专职专业人员）不少于 10 人

C. 企业近 3 年工程造价咨询营业收入累计不低于人民币 500 万元

D. 在申请核定资质等级之日前无违规行为

2.【多选】根据《工程造价咨询企业管理办法》，属于甲级工程造价咨询企业资质标准的有（　　）。

A. 已取得乙级工程造价咨询企业资质证书满 3 年

B. 技术负责人从事工程造价专业工作 10 年以上

C. 专职从事工程造价专业工作的人员不少于 16 人

D. 近 3 年工程造价咨询营业收入累计不低于人民币 500 万元

E. 具有中级以上专业技术职称或二级造价工程师注册证书的人员不少于 10 人

3.【单选】根据《工程造价咨询企业管理办法》，乙级工程造价咨询企业中专职从事工程造价专业工作的人员不得少于（　　）人。

A. 6　　B. 8

C. 10　　D. 16

4.【单选】根据《工程造价咨询企业管理办法》，乙级工程造价咨询企业中暂定期内工程造价咨询营业收入累计不低于人民币（　　）万元。

A. 30　　B. 50

C. 70　　D. 100

5.【单选】根据《工程造价咨询企业管理办法》，申请甲级工程造价咨询企业资质，须取得乙级工程造价咨询企业资质资格证书满（　　）年。

A. 3　　B. 4

C. 5　　D. 6

6.【多选】根据《工程造价咨询企业管理办法》，关于乙级工程造价咨询企业资质标准的说法正确的有（　　）。

A. 企业技术负责人应当从事工程造价专业工作 10 年以上

B. 企业技术负责人应当从事工程造价专业工作 12 年以上

C. 企业近 3 年工程造价咨询营业收入累计不低于人民币 500 万元

D. 企业专职从事工程造价专业工作的人员中一级造价工程师注册证书的人员不少于 3 人

E. 在申请核定资质等级之日前无违规行为

7.【单选】根据我国现行的规定，乙级工程造价咨询单位的资质标准之一的专职人员中具有专业技术职称或者取得二级造价工程师注册证书和取得一级造价工程师注册证书的专业人员分别不少于（　　）人。

A. 2 和 1　　B. 3 和 2

C. 4 和 3　　D. 5 和 4

8.【单选】根据我国现行规定，甲级和乙级工程造价咨询企业专职从事工程造价专业工作的人员，分别不得少于（　　）人。

A. 20 和 12　　B. 16 和 8

C. 12 和 6
D. 8 和 6

9. 【多选】根据《工程造价咨询企业管理办法》，下列关于工程造价咨询企业的说法正确的有（　　）。
A. 工程造价咨询企业资质的有效期为 4 年
B. 工程造价咨询企业可鉴定工程造价经济纠纷
C. 工程造价咨询企业可编制工程项目经济评价报告
D. 工程造价咨询企业只能在一定行政区域内从事工程造价咨询活动
E. 工程造价咨询企业应在工程造价成果文件上加盖其执业印章

10. 【单选】根据我国现行的规定，工程造价咨询企业资质有效期届满，需要继续从事工程造价咨询活动的，需要提出资质延续申请，被准予延续的，其资质有效期可延续（　　）年。
A. 1
B. 2
C. 3
D. 5

考点 2 工程造价咨询管理【重要】

1. 【单选】根据《工程造价咨询企业管理办法》，乙级工程造价咨询企业可以从事工程造价（　　）元人民币以下的各类建设项目工程造价咨询业务。
A. 2000 万
B. 3000 万
C. 4000 万
D. 2 亿

2. 【单选】下列属于撤销资质的情形是（　　）。
A. 工程造价企业有效期满，未申请延续注册的
B. 工程造价咨询企业资质被撤销、撤回的
C. 工程造价咨询企业依法终止的
D. 资质许可机关滥用职权准予资质许可的

3. 【多选】根据我国现行规定，资质许可机关应当依法注销工程造价咨询企业资质的情形有（　　）。
A. 工程造价咨询企业资质有效期满而未申请延续
B. 工程造价咨询企业转包所承接的工程造价咨询业务
C. 工程造价咨询企业资质被撤销
D. 工程造价咨询企业资质被撤回
E. 工程造价咨询企业出借其资质证书

4. 【多选】工程造价咨询企业的业务范围包括（　　）。
A. 审批建设项目可行性研究中的投资估算
B. 确定建设项目合同价款
C. 编制与审核工程竣工决算报告
D. 仲裁工程结算纠纷
E. 提供工程造价信息服务

5. 【单选】以欺骗、贿赂等不正当手段取得工程造价咨询企业资质的，由资质许可机关予以警告，并处一定数额的罚款，申请人在规定期限内不得再次申请工程造价咨询企业资质。其罚款的数额和规定期限分别是（　　）。
A. 5000 元以上 2 万元以下，3 年
B. 1 万元以上 3 万元以下，3 年
C. 1 万元以上 3 万元以下，1 年

D. 5000元以上2万元以下，1年

6. 【多选】在下列情形中，由县级以上地方人民政府建设主管部门或者有关部门给予警告，责令限期改正，并处以1万元以上3万元以下的罚款的有（　　）。

A. 涂改、倒卖、出租、出借资质证书的

B. 同时接受招标人和投标人或两个以上投标人对同一工程项目的工程造价咨询业务的

C. 超越资质等级业务范围承接工程造价咨询业务的

D. 跨省、自治区、直辖市承接工程造价咨询业务的

E. 不及时办理资质证书变更手续的

7. 【单选】下列情形中，由县级以上地方人民政府建设主管部门或者有关部门给予警告，责令限期改正；逾期未改正的，可处以5千元以上2万元以下的罚款的是（　　）。

A. 未取得工程造价咨询企业资质从事工程造价咨询活动或者超越资质等级承接工程造价咨询业务的

B. 跨省、自治区、直辖市承接业务不备案的

C. 以给予回扣、恶意压低收费等方式进行不正当竞争的

D. 以欺骗、贿赂等不正当手段取得工程造价咨询企业资质的

第五节　国内外工程造价管理发展

■ 知识脉络

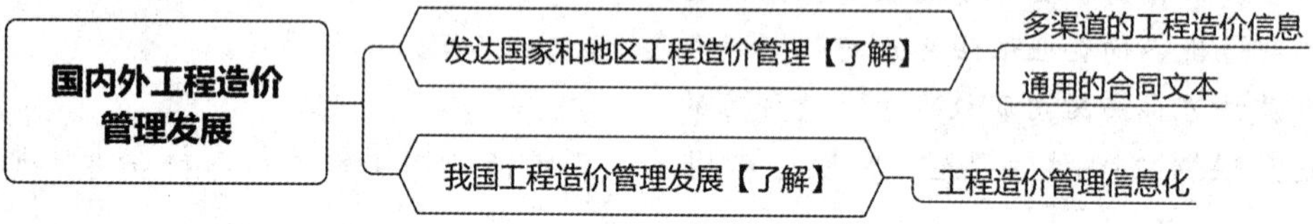

考点1　发达国家和地区工程造价管理【了解】

1. 【多选】美国工程新闻记录（ENR）发布的工程造价指数由（　　）个体指数组成。

A. 构件钢材　　B. 波特兰水泥

C. 木材　　D. 普通劳动力

E. 通用施工机械

2. 【多选】编制ENR造价指数的资料来源于（　　）。

A. 10个欧洲城市　　B. 20个美国城市

C. 5个亚洲城市　　D. 2个加拿大城市

E. 2个澳洲城市

3. 【单选】英国有着一套完整的建设工程标准合同体系，主要通用于房屋建筑工程的合同体系是（　　）。

A. JCT合同体系

B. ACA合同体系

C. ICE合同体系

D. 皇家政府合同体系

4.【单选】美国建筑师学会（AIA）标准合同体系中，A 系列合同文件是关于（　　）之间的合同文件。

A. 发包人与建筑师　　B. 建筑师与专业顾问公司

C. 发包人与承包人　　D. 建筑师与承包人

5.【单选】美国建筑师学会（AIA）合同条件体系中的核心是（　　）。

A. 财务管理表格　　B. 专用条件

C. 合同管理表格　　D. 通用条件

6.【单选】应用美国建筑师学会（AIA）合同条件时，采用不同的计价方式只需选用相应的（　　）即可。

A. 协议书格式与通用条件　　B. 通用条件与专用条件

C. 专用条件与财务管理表格　　D. 财务管理表格与协议书格式

考点 2　我国工程造价管理发展【了解】

1.【单选】发达国家和地区的工程造价管理已大量运用计算机网络和信息技术，实现工程造价管理的网络化、虚拟化。特别是（　　）技术的推广应用，必将推动工程造价管理的信息化发展。

A. 5D 模型　　B. 建筑信息建模

C. 装配式　　D. 互联网

2.【多选】从整个工程造价行业和工程造价咨询企业层面看，主要存在的问题有（　　）。

A. 还未建立统一规划的工程造价信息资源共享平台

B. 还未建立统一编码的工程造价信息资源共享平台

C. 工程造价管理的数据库、知识库尚未建立和完善

D. 工程量计算、汇总分析需要完善

E. 未形成专业的计算机系统和工程造价管理软件

学习笔记

第二章

相关法律法规

（建议学习时间：1周）

学习计划（第2周）：

Day 1

Day 2

Day 3

Day 4

Day 5

Day 6

Day 7

扫码即听
本章导学

第二章　相关法律法规

第一节　建筑法及相关条例

知识脉络

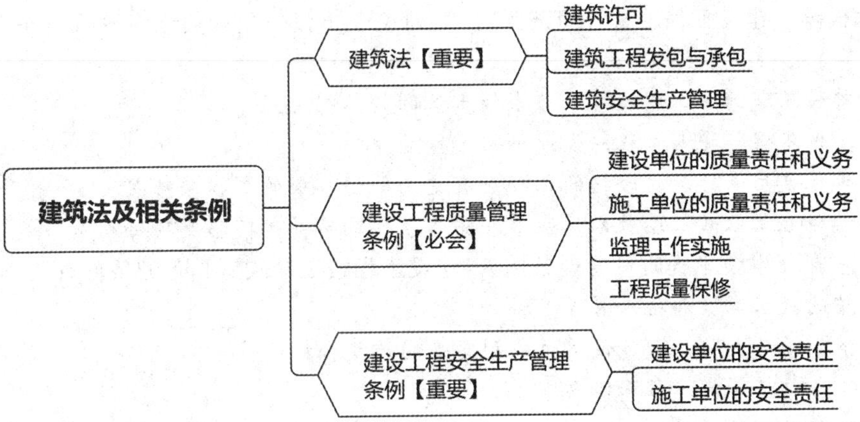

考点 1　建筑法【重要】

1. **【单选】**建设工程施工许可证应当由（　　）申请领取。

A. 施工单位　　B. 承包单位

C. 项目经理　　D. 建设单位

2. **【多选】**《建筑法》规定的建筑许可内容有（　　）。

A. 建筑工程施工许可　　B. 建筑工程监理许可

C. 建筑工程规划许可　　D. 从业资格许可

E. 建筑工程资质许可

3. **【单选】**根据《建筑法》，建筑工程由多个承包单位联合共同承包的，关于承包合同履行责任的说法正确的是（　　）。

A. 由牵头承包方承担主要责任

B. 由资质等级高的承包方承担主要责任

C. 由承包各方承担连带责任

D. 按承包各方资质等级承担相应责任

4. **【多选】**根据《建筑法》，申请领取施工许可证应当具备的条件有（　　）。

A. 建设资金已落实　　B. 已提交建筑工程用地申请

C. 已经确定建筑施工单位　　D. 有保证工程质量和安全的具体措施

E. 需要拆迁的，已全部拆迁完成

5. **【多选】**根据《建筑法》，下列说法中正确的有（　　）。

A. 施工单位应当自领取施工许可证之日起 3 个月内开工

B. 对中止施工满1年的工程，恢复施工前应当重新办理施工许可证
C. 因故中止施工的，建设单位应当自中止施工之日起1个月内向发证机关报告
D. 对于既不开工又不申请延期的，施工许可证自行废止
E. 延期的规定是以三次为限，每次不超过2个月

6. **【单选】** 某建设单位领取施工许可证后，因工程材料紧缺，不能按期开工，应当向发证机关申请延期，可延期次数和每次延期最长期限分别为（　　）。
A. 1次，3个月　　B. 3次，1个月
C. 2次，3个月　　D. 3次，2个月

考点2 建设工程质量管理条例【必会】

1. **【单选】** 根据《建设工程质量管理条例》，下列关于建设单位的质量责任和义务的说法正确的是（　　）。
A. 建设单位报审的施工图设计文件未经审批的，不得使用
B. 建设单位不得委托本工程的设计单位进行监理
C. 建设单位使用未经验收合格的工程应有施工单位签署的工程保修书
D. 建设单位在工程竣工验收后，应委托施工单位向有关部门移交项目档案

2. **【多选】** 根据《建设工程质量管理条例》，建设工程竣工验收应具备的条件有（　　）。
A. 有完整的技术档案和施工管理资料
B. 有勘察、设计、施工、建设单位分别签署的质量合格文件
C. 有施工单位签署的工程保修书
D. 有工程结清证明文件
E. 有工程使用的主要建筑材料的进场试验报告

3. **【多选】** 根据《建设工程质量管理条例》，关于施工单位承揽工程的说法正确的有（　　）。
A. 施工单位应在资质等级许可的范围内承揽工程
B. 施工单位不得以其他施工单位的名义承揽工程
C. 施工单位可允许个人以本单位的名义承揽工程
D. 施工单位不得转包所承揽的工程
E. 施工单位不得分包所承揽的工程

4. **【多选】** 根据《建设工程质量管理条例》，施工人员对涉及结构安全的试块、试件以及有关材料，应当（　　）。
A. 在建设单位监督下现场取样，并送具有相应资质等级的质量检测单位检测
B. 在施工单位技术负责人监督下现场取样，并送建设单位指定的质量检测单位检测
C. 在施工单位技术负责人监督下现场取样，并送具有相应资质等级的质量检测单位检测
D. 在工程监理单位监督下现场取样，并送工程监理单位指定的质量检测单位检测
E. 在工程监理单位监督下现场取样，并送具有相应资质等级的质量检测单位检测

5. **【单选】** 建设单位在领取施工许可证或者开工报告前，应当按照国家有关规定（　　）。
A. 递交材料进场试验报告　　B. 审查监理规划文件
C. 审查施工图设计文件　　D. 办理工程质量监督手续

6. **【单选】** 下列关于监理工作实施的说法正确的是（　　）。
A. 监理工程师应当采取旁站、巡视和平行检验等形式，对建设工程实施监理
B. 未经监理工程师签字，施工单位可以先进行下一道工序的施工
C. 未经总监理工程师签字，建设单位可以拨付工程款，不进行竣工验收

D. 工程监理单位应当选派具备相应资格的监理工程师进驻施工现场

7. 【多选】在正常使用条件下，建设工程最低保修期为 2 年的有（　　）。

A. 外墙面防渗漏
B. 电气管道
C. 装修工程
D. 给排水管道
E. 供热、供冷系统

8. 【单选】在正常使用条件下，供热与供冷系统的最低保修期限为（　　）个采暖期、供冷期。

A. 1
B. 2
C. 3
D. 4

9. 【单选】（　　）应当自建设工程竣工验收合格之日起（　　）内，将建设工程竣工验收报告报建设行政主管部门或者其他有关部门备案。

A. 建设单位，10 日
B. 建设单位，15 日
C. 施工单位，15 日
D. 监理单位，10 日

10. 【单选】根据《建设工程质量管理条例》，下列关于施工单位的质量责任和义务的说法，正确的是（　　）。

A. 施工单位从事建设工程具备资质证书即可
B. 施工单位主要负责人依法对本单位的安全生产工作全面负责
C. 施工单位应当对所承担的建设工程进行不定期的安全检查
D. 总承包单位对分包工程的质量不承担责任

11. 【单选】根据《建设工程质量管理条例》，建设工程经（　　）后，方可交付使用。

A. 工程价款结清
B. 竣工验收合格
C. 竣工审计通过
D. 保修期结束

12. 【单选】建设工程承包单位在向建设单位提交工程竣工验收报告时，应当向建设单位出具（　　）。

A. 质量合格文件
B. 主要建筑材料的进场试验报告
C. 质量保修书
D. 完整的施工管理资料

考点 3 建设工程安全生产管理条例【重要】

1. 【单选】2019 年 1 月 15 日，某住宅工程开工报告批准，则将保证安全施工的措施报送主管部门或其他有关部门备案的时间是（　　）。

A. 2019 年 1 月 10 日
B. 2019 年 1 月 15 日
C. 2019 年 1 月 30 日
D. 2019 年 1 月 25 日

2. 【多选】根据《建设工程安全生产管理条例》，下列关于建设工程安全生产责任的说法正确的有（　　）。

A. 设计单位应于设计文件中注明涉及施工安全的重点部位和环节
B. 施工单位对于安全作业费用有其他用途时须经建设单位批准
C. 施工单位应对管理人员和作业人员每年至少进行一次安全生产教育培训
D. 施工单位应向作业人员提供安全防护用具和安全防护服装
E. 施工单位应自施工起重机械验收合格之日起 60 日内向有关部门登记

3. 【单选】根据《建设工程安全生产管理条例》，建设单位将保证安全施工的措施报送建设行政主管部门或者其他有关部门备案的时间是（　　）。

A. 建设工程开工之日起 15 日内
B. 建设工程开工之日起 30 日内

C. 开工报告批准之日起 15 日内

D. 开工报告批准之日起 30 日内

4. **【单选】**根据《建设工程安全生产管理条例》，建设工程安全作业环境及安全施工措施所需费用，应当在编制（　　）时确定。

A. 投资估算

B. 工程概算

C. 施工图预算

D. 施工组织设计

5. **【多选】**对于列入建设工程概算的安全作业环境及安全施工措施所需的费用，施工单位应当用于（　　）。

A. 安全生产条件改善

B. 专职安全管理人员工资发放

C. 施工安全设施更新

D. 施工机械设备的更新

E. 施工机具安全性能的检测

6. **【单选】**下列工程中，施工单位还应当组织专家进行论证、审查的是（　　）。

A. 土方开挖工程

D. 拆除、爆破工程

C. 起重吊装工程

D. 地下暗挖工程

7. **【单选】**根据《建设工程安全生产实施条例》，施工单位应当对管理人员和作业人员每年至少进行（　　）安全生产教育培训。

A. 一次

B. 两次

C. 三次

D. 四次

8. **【多选】**下列特种作业人员中，必须按照国家有关规定经过专门的安全作业培训，并取得特种作业操作资格证书后，方可上岗作业的有（　　）。

A. 垂直运输机械作业人员

B. 模板作业人员

C. 安装拆卸工

D. 起重信号工

E. 爆破作业人员

第二节　招标投标法及其实施条例

知识脉络

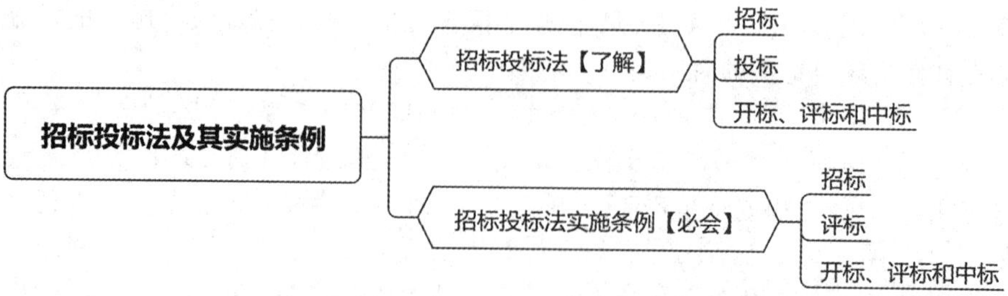

考点 1　招标投标法【了解】

1. **【单选】**根据《招标投标法》，下列关于招标投标的说法正确的是（　　）。

A. 招标分为公开招标、邀请招标和议标三种方式

B. 联合体中标后，联合体各方应分别与招标人签订合同

C. 招标人不得修改已发出的招标文件

D. 投标文件应当对招标文件提出的实质性要求和条件作出响应

2. 【单选】根据《招标投标法》，下列关于招标投标的说法正确的是（　　）。

A. 评标委员会成员为 7 人以上单数

B. 联合体中标的，由联合体牵头单位与招标人签订合同

C. 评标委员会中技术、经济等方面的专家不得少于成员总数的 2/3

D. 投标人应在递交投标文件的同时提交履约保函

3. 【单选】招标人于 2019 年 1 月 10 日发出招标文件，根据《招标投标法》投标人提交投标文件截止之日为（　　）。

A. 2019 年 1 月 15 日　　B. 2019 年 1 月 20 日

C. 2019 年 1 月 30 日　　D. 2019 年 1 月 25 日

4. 【多选】根据《招标投标法》，下列不属于必须进行招标的有（　　）。

A. 大型基础设施项目　　B. 使用国有资金投资的项目

C. 采购人依法能够自行建设的项目　　D. 使用国际组织资金的项目

E. 采用不可替代的专利的项目

5. 【单选】根据《招标投标法》，招标人对已发出的招标文件进行修改的，应当在招标文件要求提交投标文件截止时间至少（　　）日前，通知所有招标文件收受人。

A. 15　　B. 20

C. 30　　D. 60

6. 【单选】某评标委员会建设单位有 1 人参加，该评标委员会成员至少是（　　）人。

A. 4　　B. 5

C. 3　　D. 7

7. 【单选】根据《招标投标法》，下列关于联合投标说法正确的是（　　）。

A. 联合体中有一方具备承担招标项目的相应能力即可

B. 联合体投标中标的，应由联合体牵头方代表联合体与招标人签订合同

C. 联合体中标联合体各方承担各自相应责任

D. 由同一专业的单位组成的联合体，按照资质等级较低的单位确定资质等级

8. 【多选】根据《招标投标法》，下列关于投标和评标的说法正确的有（　　）。

A. 标底只能作为评标的参考，不得以投标报价是否接近标底作为中标条件

B. 联合体投标中标的，应由联合体牵头方代表联合体与招标人签订合同

C. 评标委员会由招标人的代表和有关技术、经济等方面的专家组成

D. 与投标人有利害关系的人不得进入相关项目的评标委员会

E. 评标委员会成员的名单在中标结果确定前应当保密

9. 【单选】根据《招标投标法》，投标人少于（　　）个的，招标人应当依照该法重新招标。

A. 3　　B. 4

C. 5　　D. 6

10. 【单选】招标人和中标人应当自中标通知书发出之日起（　　）日内，按照招标文件和中标人的投标文件订立书面合同。

A. 15　　B. 20

C. 25　　D. 30

考点 2　招标投标法实施条例【必会】

1. 【多选】根据《招投标法实施条例》，下列关于招投标的说法正确的有（　　）。

A. 采购人依法自行建设、生产的项目，可以不进行招标

B. 招标费用占合同金额比例过大的项目，可以不进行招标

C. 招标人发售招标文件收取的费用应当限于补偿招标文件所投入的成本支出

D. 潜在投标人对招标文件有异议的，应当在投标截止时间10日前提出

E. 招标人采用资格后审办法的，应当在开标后15日内由评标委员会公布审查结果

2. **【单选】**根据《招标投标法实施条例》，投标保证金不得超过（　　）。

A. 招标项目估算价的2%　　B. 招标项目估算价的3%

C. 投标报价的2%　　D. 投标报价的3%

3. **【多选】**根据《招标投标法实施条例》，评标委员会应当否决投标的情形有（　　）。

A. 投标文件中有含义不明确的内容　　B. 投标文件未经投标单位负责人签字

C. 投标文件中有计算错误　　D. 投标联合体没有提交共同投标协议

E. 投标人不符合招标文件规定的资格条件

4. **【单选】**某招标项目中标合同金额为1000万元，则该项目招标文件中履约保证金金额是（　　）。

A. 最高不超过20万元　　B. 最高不超过50万元

C. 最高不超过80万元　　D. 最高不超过100万元

5. **【多选】**根据《招标投标法实施条例》，依法必须进行招标的项目可以不进行招标的情形有（　　）。

A. 有特殊要求只有少量投标人可供选择

B. 特许经营项目投资人依法能够自行建设

C. 采用公开招标方式的费用占项目合同金额的比例过大

D. 受自然环境限制，只有少量潜在投标人可供选择

E. 需要向原中标人采购工程

6. **【单选】**根据《招标投标法实施条例》，国有资金占控股或者主导地位的依法必须进行招标的项目，可以邀请招标的情形是（　　）。

A. 需要向原中标人采购工程、货物或者服务

B. 受自然环境限制，只有少量潜在投标人可供选择

C. 需要采用不可替代的专利

D. 采购人依法能够自行建设

7. **【单选】**根据《招标投标法实施条例》，潜在投标人对招标文件有异议的，应当在投标截止时间（　　）日前提出。

A. 2　　B. 3

C. 5　　D. 10

8. **【单选】**根据《招标投标法实施条例》，资格预审文件和招标文件的发售期均不得少于（　　）日。

A. 3　　B. 5

C. 7　　D. 10

9. **【单选】**招标人下列的行为，不属于以不合理条件限制、排斥潜在投标人或投标人的是（　　）。

A. 就同一招标项目向潜在投标人或者投标人提供有差别的项目信息

B. 招标人指定特定的专利

C. 招标人组织部分潜在投标人踏勘项目现场

D. 对招标项目进行分阶段招标

10. 【单选】某招标项目投标截止日为 5 月 30 日，投标有效期为 6 月 25 日，则该项目投标保证金有效期应是（　　）。

A. 5 月 15 日　　B. 5 月 30 日

C. 6 月 15 日　　D. 6 月 25 日

11. 【单选】如潜在投标人或者其他利害关系人对资格预审文件有异议，应当在提交资格预审申请文件截止时间（　　）前提出；如对招标文件有异议，应当在投标截止时间（　　）前提出。

A. 2 日，15 日　　B. 2 日，10 日

C. 3 日，15 日　　D. 3 日，10 日

12. 【单选】某施工项目招标，招标文件开始出售的时间为 2019 年 3 月 20 日，停止出售的时间为 2019 年 3 月 30 日，提交投标文件的截止时间为 2019 年 4 月 25 日，评标结束的时间为 2019 年 4 月 30 日，则投标有效期开始的时间为（　　）。

A. 2019 年 3 月 20 日　　B. 2019 年 3 月 30 日

C. 2019 年 4 月 25 日　　D. 2019 年 4 月 30 日

13. 【多选】根据《招标投标实施条例》，关于两阶段招标的说法正确的有（　　）。

A. 技术复杂、有特殊要求的项目，招标人可以分两阶段进行招标

B. 第一阶段投标人提交不带报价的技术建议

C. 第一阶段投标人提交不带报价的技术方案

D. 第二阶段投标人提交技术建议和投标报价

E. 第二阶段投标人提交技术方案和投标报价

14. 【单选】两阶段招标中，如招标人要求提交投标保证金，应当在（　　）提出。

A. 发布招标公告时　　B. 发布投标邀请书时

C. 资格预审时　　D. 提供招标文件时

15. 【多选】下列行为中，属于招标人与投标人串通投标的有（　　）。

A. 招标人开标前开启投标文件并将有关信息泄露给其他投标人

B. 招标人授意投标人修改投标文件

C. 招标人向投标人提供有差异项目信息

D. 招标人向投标人透漏招标标底价

E. 招标人组织投标人进行现场踏勘

16. 【单选】下列行为中，不属于投标人相互串通投标的是（　　）。

A. 投标人之间协商投标报价

B. 投标人之间约定中标人

C. 投标人之间相互转让资质证书

D. 同一组织成员的投标人协同投标

17. 【单选】招标人最迟应当在书面合同签订后（　　）内向中标人和未中标的投标人退还投标保证金及银行同期存款利息。

A. 3 日　　B. 5 日

C. 7 日　　D. 10 日

18. 【多选】根据《招标投标法实施条例》，下列选项中关于时间信息描述错误的有（　　）。

A. 投标保证金有效期截止日应当为投标有效期截止日

B. 招标人对已经发出的资格预审文件进行修改，需在提交预审文件截止前 15 日

C. 自招标文件开始发出之日至投标人提交投标文件截止之日的期限不得少于 20 日
D. 招标人对已经发出者招标文件进行修改，需在提交投标截止时间至少 3 日
E. 潜在投标人如对招标文件有异议，应当在投标截止时间 10 日前提出

第三节　政府采购法及其实施条例

知识脉络

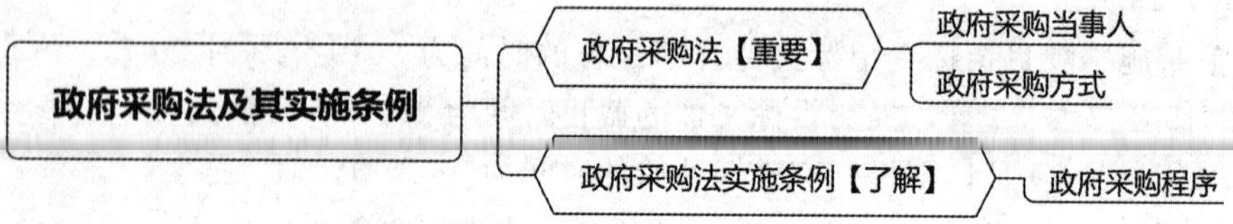

考点 1　政府采购法【重要】

1. **【单选】** 政府采购实行集中采购和分散采购相结合。集中采购的范围由省级以上人民政府公布的（　　）确定。
   A. 政府采购目录
   B. 分散采购目录
   C. 集中采购目录
   D. 供应商采购目录

2. **【单选】** 根据《政府采购法》，采购人采购纳入集中采购目录的政府采购项目，其做法是（　　）。
   A. 必须委托集中采购机构代理采购
   B. 可以自行采购
   C. 可以委托集中采购机构在委托的范围内代理采购
   D. 可以委托集中采购机构代理采购

3. **【单选】** 下列应作为政府采购的主要采购方式的是（　　）。
   A. 公开招标　　B. 邀请招标
   C. 竞争性谈判　　D. 单一来源采购

4. **【单选】** 根据《政府采购法》，针对具有特殊性，只能从有限范围的供应商处采购的货物或服务，可以采用的政府采购方式为（　　）。
   A. 邀请招标　　B. 竞争性谈判
   C. 单一来源采购　　D. 询价

5. **【多选】** 下列情形中，采购方式可采用竞争性谈判方式采购的有（　　）。
   A. 采用公开招标方式的费用占政府采购项目总价值的比例过大的
   B. 只能从唯一供应商处采购的
   C. 技术复杂或性质特殊，不能确定详细规格或具体要求的
   D. 属于地方预算的政府采购项目
   E. 采用招标所需时间不能满足用户紧急需要的

6.【单选】政府采购合同履行中，采购人需追加与合同标的相同的货物、工程或服务的，在不改变合同其他条款的前提下，可以与供应商协商签订补充合同，但所有补充合同的采购金额不得超过原合同采购金额的（　　）。

A. 10%　　B. 20%

C. 30%　　D. 40%

考点2　政府采购法实施条例【了解】

1.【多选】根据《政府采购法实施条例》，属于以不合理的条件对供应商实行差别待遇或者歧视待遇的情形有（　　）。

A. 就同一采购项目向供应商提供有差别的项目信息

B. 设定的商务条件与采购项目的具体特点和实际需要不相适应

C. 对供应商采取不同的采购方式

D. 限定或者指定特定的专利、商标、品牌或者供应商

E. 对供应商采取不同的资格审查或者评审标准

2.【单选】根据《政府采购法实施条例》，招标文件要求投标人提交投标保证金的，投标保证金不得超过采购项目预算金额的（　　）。

A. 2%　　B. 3%

C. 5%　　D. 10%

3.【单选】某通过招投标订立的政府采购合同金额为200万元，则履约保证金的数额应为（　　）万元。

A. 10　　B. 20

C. 40　　D. 50

第四节　合同法及价格法

知识脉络

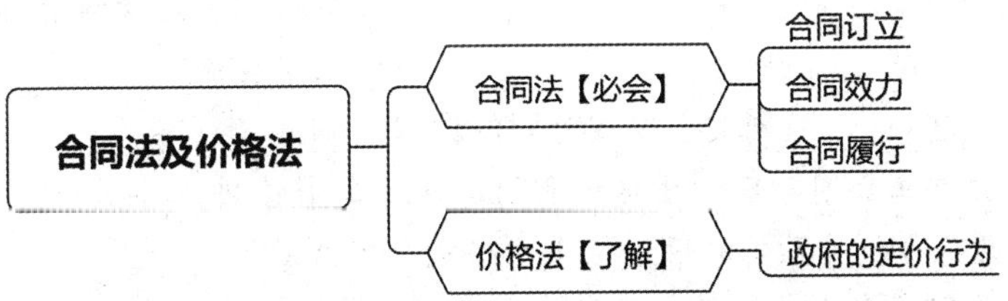

考点1　合同法【必会】

1.【多选】关于合同形式的说法正确的有（　　）。

A. 建设工程合同应当采用书面形式　　B. 电子邮件也是书面形式的一种

C. 合同只有书面形式　　D. 电话不是合同的书面形式

E. 口头形式是实践中广泛采用的一种合同形式

2.【单选】根据《民法典》，下列关于要约的说法正确的是（　　）。

A. 合同的订立，必须经过要约阶段　　B. 要约寄出即生效

C. 要约可以不具备合同的主要条款　　D. 要约可以撤回，不可以撤销

3. 【单选】招标人于2019年4月1日发布招标公告，2019年4月20日发布资格预审公告，2019年5月10日发售招标文件，投标人于投标截止日2019年6月10日及时递交了投标文件，2019年7月20日招标人发出中标通知书，则要约生效的时间是（　　）。

A. 2019年4月1日　　B. 2019年5月10日

C. 2019年6月10日　　D. 2019年7月20日

4. 【多选】根据《民法典》，下列关于承诺的说法正确的有（　　）。

A. 发出后的承诺通知不得撤回

B. 承诺通知到达要约人时生效

C. 超过承诺期限发出的承诺视为新要约

D. 承诺的内容可以与要约的内容不一致

E. 受要约人对要约内容作出实质性变更的，为新要约

5. 【多选】为使要约不生效，要约人可以发出撤销要约的通知，下列描述中成功撤销要约的有（　　）。

A. 要约人接到承诺通知之前发出要约撤销通知

B. 受要约人发出承诺通知之前收到要约撤销的通知

C. 要约人发出的要约通知中已明确规定了承诺期限

D. 受要约人发出承诺通知的同时，收到要约撤销的通知

E. 要约人发出的要约通知中未明确承诺期限

6. 【单选】某承诺文件超过要约规定时间1天到达要约人，按照邮寄文件收函邮局戳记标明的时间，受要约人是在要求的时间投邮，由于邮局错递而延误了到达时间，对此情况，该承诺文件（　　）。

A. 因迟到而自然无效

B. 必须经要约人发出接受通知后有效

C. 必须经要约人发出拒绝通知后才无效

D. 因非受要约人原因的迟到，要约人必须接受该承诺

7. 【单选】合同成立的依据是（　　）。

A. 合同生效　　B. 合同产生法律约束力

C. 要约生效　　D. 承诺生效

8. 【单选】根据《民法典》，下列关于格式合同的说法正确的是（　　）。

A. 采用格式条款订立合同，有利于保证合同双方的公平权利

B. 《民法典》规定的合同无效的情形适用于格式合同条款

C. 对格式条款的理解发生争议的，应当作出有利于提供格式条款一方的解释

D. 格式条款和非格式条款不一致的，应当采用格式条款

9. 【多选】下列情形中，不构成缔约过失责任的有（　　）。

A. 假借订立合同，恶意进行磋商

B. 故意隐瞒与订立合同有关的重要事实或者提供虚假情况

C. 有其他违背诚实信用原则的行为

D. 当事人在履行合同中没有全面地履行合同的内容

E. 一方以欺诈、胁迫的手段签订合同

10. 【单选】根据《民法典》，与限制行为能力人订立的合同属于（ ）。
A. 有效合同
B. 无效合同
C. 可撤销合同
D. 效力待定合同

11. 【多选】根据《民法典》，下列各类合同属于无效合同的有（ ）。
A. 恶意串通损害第三人利益的合同
B. 因重大误解订立的合同
C. 一方乘人之危订立的合同
D. 损害社会公共利益的合同
E. 订立合同时显失公平的合同

12. 【单选】甲施工单位于 2019 年 3 月 20 日与乙房地产公司签订了一份施工合同，随即甲施工单位又与丙施工单位于 2019 年 4 月 20 日签订了一份施工转包合同。合同履行过程中，甲与丙于 2019 年 12 月 1 日发生争议，丙于 2019 年 12 月 10 日单方要求解除合同。甲向法院提起诉讼，法院于 12 月 30 日判定该合同无效。则此合同自（ ）无效。
A. 2019 年 3 月 20 日
B. 2019 年 4 月 20 日
C. 2019 年 12 月 30 日
D. 2019 年 12 月 10 日

13. 【单选】根据《民法典》，下列各类合同中，属于可变更或可撤销合同的是（ ）。
A. 以合法形式掩盖非法目的的合同
B. 损害社会公共利益的合同
C. 订立合同时显失公平的合同
D. 恶意串通损害集体利益的合同

14. 【单选】根据《民法典》，具有合同撤销权的当事人应在知道或者应当知道撤销事由之日起（ ）年内行使撤销权。
A. 1
B. 2
C. 3
D. 4

15. 【单选】根据《民法典》，下列关于定金的说法正确的是（ ）。
A. 债务人准备履行债务时，定金应当收回
B. 给付定金的一方如不履行债务，无权要求返还定金
C. 收受定金的一方如不履行债务，应当返还定金
D. 当事人既约定违约金，又约定定金的，违约时适用违约金条款

16. 【单选】根据《民法典》，在执行政府定价的合同履行中，当事人一方逾期交付标的物的，则（ ）。
A. 无论价格升降，均按新价格执行
B. 遇价格上涨时，按照新价格执行
C. 无论价格升降，均按原价格执行
D. 遇价格上涨时，按照原价格执行

17. 【单选】根据《民法典》，债权人领取提存物的权利期限为（ ）年。
A. 1
B. 3
C. 5
D. 10

18. 【单选】甲、乙两单位签订了建设工程合同。在履行合同时，甲单位因第三方丙单位的原因使合同迟延履行，则（ ）。
A. 甲单位应向乙单位承担违约责任
B. 丙单位应向乙单位承担违约责任
C. 甲、乙两单位均可向丙单位提出索赔
D. 乙单位无权解除合同

19. 【单选】对于建设工程合同的纠纷，由（ ）人民法院管辖。
A. 发包人住所地
B. 承包人住所地
C. 施工行为地
D. 被告住所地

20. 【单选】根据《民法典》，双方当事人在合同中既约定违约金，又约定定金的，当一方违约时对方（　　）。

A. 只能适用违约金条款
B. 可以选择适用违约金或者定金条款
C. 只能适用定金条款
D. 可同时适用违约金和定金条款

21. 【多选】根据《民法典》，关于违约责任的说法正确的有（　　）。

A. 违约责任以无效合同为前提
B. 违约责任可由当事人在法定范围内约定
C. 违约责任以违反合同义务为要件
D. 违约责任必须以支付违约金的方式承担
E. 违约责任是一种民事赔偿责任

考点 2 价格法【了解】

1. 【多选】根据《价格法》，经营者享有的权利有（　　）。

A. 与国民经济发展关系重大的极少数商品价格
B. 自主制定属于市场调节的价格
C. 在政府指导价规定的幅度内制定价格
D. 除特定产品外，制定属于政府定价产品范围的新产品试销价格
E. 公益性服务价格

2. 【多选】政府应当依据有关商品或者服务的社会平均成本和市场供求状况、国民经济与社会发展要求以及社会承受能力，实行合理的（　　）和季节差价。

A. 购销差价
B. 气候差价
C. 批零差价
D. 地区差价
E. 民生差价

3. 【多选】根据《价格法》，在制定关系群众利益的（　　）时，政府应当建立听证会制度。

A. 公用事业价格
B. 公益性服务价格
C. 自然垄断经营的商品价格
D. 价格波动过大的农产品价格
E. 政府集中采购的商品价格

4. 【单选】省、自治区、直辖市人民政府采取干预措施时，应当报（　　）备案。

A. 地方人民政府价格主管部门
B. 地方人民政府
C. 国务院价格主管部门
D. 国务院

5. 【多选】根据《价格法》中的相关规定，经营者有权制定的价格包括（　　）。

A. 自主制定属于市场调节的价格
B. 自然垄断经营的商品价格
C. 在政府指导价规定的幅度内制定价格
D. 除特定产品外，制定属于政府指导价范围内的新产品的试销价格
E. 公益性服务价格

第三章

工程项目管理

（建议学习时间：1周）

学习计划（第3周）：

Day 1

Day 2

Day 3

Day 4

Day 5

Day 6

Day 7

扫码即听
本章导学

第三章　工程项目管理

第一节　工程项目管理概述

知识脉络

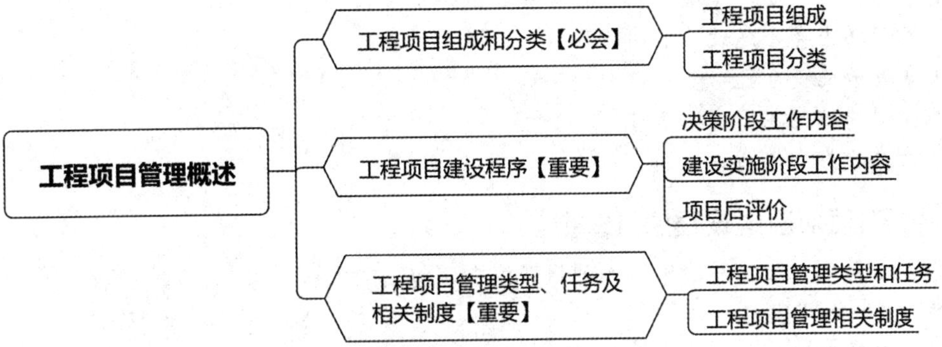

考点 1　工程项目组成和分类【必会】

1. 【单选】具备独立施工条件并能形成独立使用功能的建筑物及构筑物称为（　　）。

A. 单项工程　　B. 单位工程

C. 分部工程　　D. 分项工程

2. 【单选】对于一般工业与民用建筑工程而言，下列工程属于分部工程的是（　　）。

A. 模板工程　　B. 幕墙工程

C. 钢筋工程　　D. 电梯工程

3. 【单选】对于一般工业与民用建筑工程而言，下列工程属于分部工程的是（　　）。

A. 通风与空调工程　　B. 砖砌体工程

C. 玻璃幕墙工程　　D. 裱糊与软包工程

4. 【单选】根据《建筑工程施工质量验收统一标准》，下列工程属于分项工程的是（　　）。

A. 电气工程　　B. 钢筋工程

C. 屋面工程　　D. 桩基工程

5. 【多选】根据《建筑工程施工质量验收统一标准》，下列工程属于分项工程的有（　　）。

A. 木门窗安装工程　　B. 外墙防水工程

C. 土方开挖工程　　D. 智能建筑工程

E. 木结构工程

6. 【多选】下列关于工程建设项目论述正确的有（　　）。

A. 具有独立施工条件并能形成独立使用功能的建筑物为一个单位工程

B. 分部工程是建筑物按单位工程的部位、专业性质划分

C. 分项工程是计量工程用工、用料和机械台班消耗的基本单元

D. 工程较大或较复杂时，可按专业系统及类别等划分为若干分项工程

E. 分项工程一般是按主要工种、材料、施工工艺、设备类别等进行划分

7. 【多选】根据项目的投资效益和市场需求划分，可以将工程项目划分为（　　）。

A. 竞争性项目　　B. 政府投资项目

C. 基础性项目　　D. 非政府投资项目

E. 公益性项目

8. 【多选】下列工程中，需要实行项目法人责任制的有（　　）。

A. 某企业家投资兴建的工厂　　B. 司法机关的办公楼项目

C. 公立医院项目　　D. 集体单位的投资项目

E. 政府投资的铁路项目

9. 【单选】下列项目中，不能实行“代建制”的投资项目是（　　）。

A. 国家预算内资金建设的水利项目

B. 大学教学楼项目

C. 某大型三甲医院办公楼项目

D. 司法机关办公楼项目

考点 2　工程项目建设程序【重要】

1. 【多选】工程项目决策阶段编制的项目建议书应包括的内容有（　　）。

A. 项目提出的必要性和依据　　B. 建设地点的初步设想

C. 设计概算的编制方案　　D. 经济效益的初步估计

E. 项目进度安排

2. 【多选】建设项目可行性研究报告的内容包括（　　）。

A. 项目投资的必要性　　B. 项目设计方案

C. 投资估算和融资方案　　D. 价格预测及市场风险分析

E. 建厂条件与厂址方案

3. 【单选】根据《国务院关于投资体制改革的决定》，对于采用投资补助方式的政府投资项目政府需要审批的文件是（　　）。

A. 项目建议书　　B. 可行性研究报告

C. 资金申请报告　　D. 初步设计和概算

4. 【单选】根据《国务院关于投资体制改革的决定》，特别重大的政府投资项目应实行（　　）制度。

A. 网上公示　　B. 咨询论证

C. 专家评议　　D. 民众听证

5. 【单选】根据《国务院关于投资体制改革的决定》，企业不使用政府资金投资建设《政府核准的投资项目目录》中的项目时，企业仅需向政府提交（　　）。

A. 项目申请报告　　B. 项目可行性研究报告

C. 项目开工报告　　D. 项目初步设计文件

6. 【单选】关于工程项目后评价的说法正确的是（　　）。

A. 项目后评价应在竣工验收阶段进行

B. 项目后评价的基本方法是对比法

C. 项目效益后评价主要是经济效益后评价

D. 项目后评价全部采用实际运营数据

7. 【多选】根据《房屋建筑和市政基础设施工程施工图设计文件审查管理办法》，施工图审查机构对施工图设计文件审查的内容有（　　）。
   A. 是否按限额设计标准进行施工图设计
   B. 是否符合工程建设强制性标准
   C. 施工图预算是否超过批准的工程概算
   D. 地基基础和主体结构的安全性
   E. 危险性较大的工程是否有专项施工方案
8. 【单选】根据《建筑工程质量管理条例》，应当按照国家有关规定办理质量监督注册手续的是（　　）。
   A. 建设单位　　B. 设计单位
   C. 监理单位　　D. 施工单位
9. 【多选】建设单位办理工程质量监督注册手续时需提供的资料包括（　　）。
   A. 监理单位工程项目的负责人和机构组成
   B. 监理规划
   C. 施工、监理合同
   D. 施工图预算
   E. 专项施工方案
10. 【单选】下列项目开工建设准备工作中，在开工前，办理工程质量监督手续之后进行的工作是（　　）。
   A. 编制监理规划
   B. 编制施工组织设计
   C. 办理施工许可证
   D. 施工图设计文件审查报告

考点 3　工程项目管理类型、任务及相关制度【重要】

1. 【单选】根据《关于实行建设项目法人责任制的暂行规定》，项目总经理的基本职责是（　　）。
   A. 筹措工程建设投资
   B. 组织工程建设实施
   C. 提出项目开工报告
   D. 审定债券偿还计划
2. 【单选】实行建设项目法人责任制的项目，项目董事会需要负责的工作是（　　）。
   A. 筹措建设资金并按时偿还债务
   B. 组织编制并上报项目初步设计文件
   C. 编制和确定工程招标方案
   D. 组织工程建设实施并控制项目目标
3. 【单选】近年来推行的“全过程工程咨询”，就是将（　　）的重要体现。
   A. 传统项目管理转变为技术经济分析
   B. 传统“碎片化”咨询转变为“集成化”咨询
   C. 实施咨询转变为投资决策咨询
   D. 造价专项咨询转变为整体项目管理

第二节　工程项目组织

知识脉络

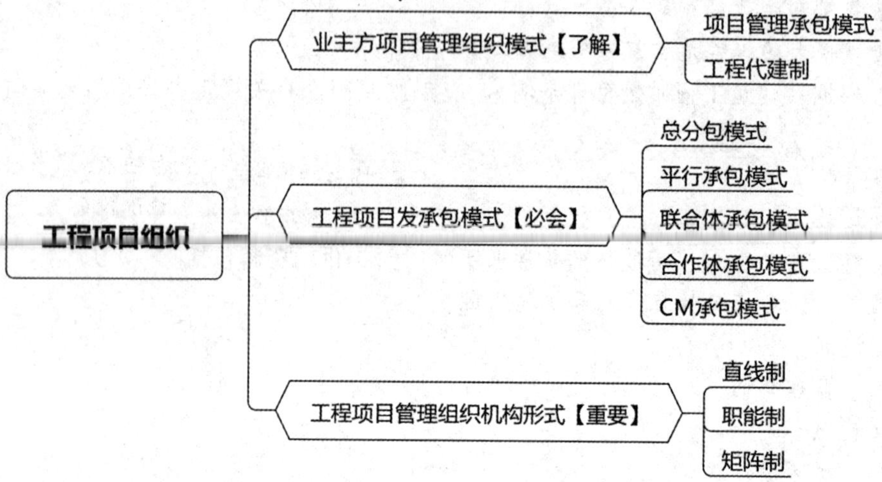

考点 1　业主方项目管理组织模式【了解】

1. **【多选】**下列关于 PMC 的说法正确的有（　　）。
   A. 采用 PMC 管理模式时，绝大部分项目管理工作均由项目管理承包商承担
   B. PMC 模式中项目管理承包商参与项目全寿命周期管理
   C. 承担 PMC 是项目管理咨询公司代表业主或承包商进行项目管理
   D. 采用 PMC 管理模式时，项目管理承包商承担了业主的大部分风险
   E. 业主仅对一些关键工作进行决策

2. **【多选】**PMC 模式下，按照工作范围不同，项目管理承包商的风险不同，下列关于项目管理承包商的风险的说法不正确的有（　　）。
   A. 项目管理承包商承担部分工程的设计、采购、施工（EPC）工作时，回报最高
   B. 项目管理承包商只是管理 EPC 承包商而不承担任何 EPC 工作时，回报低
   C. 项目管理承包商只是管理 EPC 承包商而不承担任何 EPC 工作时，回报高
   D. 项目管理承包商作为业主顾问，风险低，回报高
   E. 项目管理承包商作为业主顾问，风险最低，接近于零，但回报也低

3. **【多选】**PMC 模式下，项目管理承包商在项目前期阶段工作内容包括（　　）。
   A. 编制 EPC 招标文件，完成 EPC 评标工作
   B. 进行采购和施工工作
   C. 组织项目风险识别和分析，并制定项目风险应对策略
   D. 组织或完成基础设计
   E. 进行设计管理，协调有关技术条件

4. **【多选】**属于项目管理承包商在项目实施期的工作内容有（　　）。
   A. 完成项目总体中某些部分的详细设计
   B. 提出项目实施方案

C. 进行设计管理，协调有关技术条件

D. 完成项目总体中某些部分的详细设计

E. 组织或完成基础设计、初步设计和总体设计

5. **【单选】**与一般 EPC 总承包模式比较，关于 PMC 模式的优势的说法不正确的是（　　）。

A. 通过优化设计方案，可实现全寿命期成本最低

B. 通过选择合适的合同方式，可从整体上为业主节省建设投资

C. 项目管理承包商会从全寿命期成本最低角度对整个设计方案进行优化

D. EPC 总承包商可以获得建设投资节约后的奖励

6. **【单选】**不属于工程代建制与项目法人责任制区别的是（　　）。

A. 项目管理责任范围不同

B. 项目建设资金责任不同

C. 项目保值增值责任不同

D. 在建设项目实施阶段的工作任务不同

7. **【多选】**下列关于工程代建制的说法正确的有（　　）。

A. 在项目建设期间，工程代建单位只收取代理费和咨询费

B. 如果在项目建设期间使投资节约，代建单位可获得相应的奖励

C. 工程代建合同生效后，代建单位需要提交 15％的履约保函

D. 工程代建单位通常参与项目的决策与实施工作

E. 工程代建单位不对投资收益负责

8. **【多选】**下列关于工程代建制和项目法人责任制的说法正确的有（　　）。

A. 对于实施工程代建制的项目不负责项目运营期间的资产保值增值

B. 工程代建制适用于非经营性政府投资项目

C. 对于实施工程代建制的项目，工程代建单位不负责建设资金的筹措

D. 对于实施项目法人责任制的项目，项目法人需要在项目全寿命期内负责资产的保值增值

E. 对于实施项目法人责任制的项目，项目法人的责任范围只是在工程项目建设实施阶段

考点 2　工程项目发承包模式【必会】

1. **【多选】**建设工程总分包模式的特点有（　　）。

A. 总承包商的责任重，获利潜力大

B. 业主合同结构简单，组织协调工作量小

C. 业主选择总承包商的范围大，合同总价较低

D. 总包合同价格可以较早确定，业主的风险小

E. 承包商内部增加了控制环节，有利于控制工程质量

2. **【多选】**属于建设工程平行承包模式特点的有（　　）。

A. 建设单位选择承包单位的范围大

B. 合同数量多，组织协调工作量大

C. 总合同价不易在短期内确定，影响造价控制的实施

D. 建设周期长，增加时间成本

E. 工程招标任务量大，需控制多项合同价格

3. **【多选】**下列关于联合体承包模式特点的说法正确的有（　　）。

A. 业主的合同结构简单，组织协调工作量小

B. 业主的合同结构复杂，组织协调工作量大

C. 施工合同总价可以较早确定，业主可承担较少风险

D. 对业主而言，有利于建设工期的控制

E. 对联合体而言，可增强竞争能力，提高抗风险能力

4. 【单选】工程项目承包模式中，建设单位组织协调工作量小，但风险较大的是（　　）。

A. 总分包模式　　B. 合作体承包模式

C. 联合体承包模式　　D. 平行承包模式

5. 【单选】CM 承包模式分为代理型和非代理型两种模式，分包单位的签约对象为（　　）。

A. 无论代理型或非代理型，均为建设单位

B. 无论代理型或非代理型，均为 CM 单位

C. 代理型为 CM 单位，非代理型为建设单位

D. 代理型为建设单位，非代理型为 CM 单位

6. 【单选】采用非代理型 CM 承包模式时，如果实际工程费用超过保证最大工程费用（GMP），超出部分将由（　　）承担。

A. 业主　　B. CM 单位

C. 分包商　　D. CM 单位和分包商

7. 【单选】代理型 CM 合同由建设单位与分包单位直接签订，一般采用（　　）的合同形式。

A. 固定单价　　B. 可调总价

C. GMP 加酬金　　D. 简单的成本加酬金

8. 【单选】关于 CM 承包模式的说法正确的是（　　）。

A. CM 单位负责分包工程的发包

B. CM 合同总价在签订 CM 合同时即确定

C. GMP 可大大减少 CM 单位的承包风险

D. CM 单位不赚取总包与分包之间的差价

9. 【多选】下列关于 CM 承包模式的说法正确的有（　　）。

A. CM 承包模式下采用快速路径法施工

B. CM 单位直接与分包单位签订分包合同

C. CM 合同采用成本加酬金的计价方式

D. CM 单位与分包单位之间的合同价是保密的

E. CM 单位不赚取总包与分包之间的差价

10. 【单选】关于 Partnering 模式的说法正确的是（　　）。

A. Partnering 协议是业主与承包商之间的协议

B. Partnering 模式是一种独立存在的承发包模式

C. Partnering 模式特别强调工程参建各方基层人员的参与

D. Partnering 协议不是法律意义上的合同

考点 3 工程项目管理组织机构形式【重要】

1. 【单选】工程项目管理组织机构采用直线制形式的优点是（　　）。

A. 强调管理专门化　　B. 多方指导、辅助决策

C. 结构简单、权利集中　　D. 各层次之间设置职能部门

2. 【单选】下列阐述中，属于工程项目管理组织机构采用直线制形式的缺点是（　　）。

A. 隶属关系明确，易实现统一指挥　　B. 部门间横向联系强，管理效率高

C. 管理业务专门化，易提高工作质量　　D. 无法实现管理工作专业化

3.【单选】属于工程项目管理组织机构采用职能制形式的优点的是（　　）。
A. 人员机动、组织灵活　　B. 多方指导、辅助决策
C. 管理专门化、发挥专家作用　　D. 横向联系、信息流畅

4.【单选】属于工程项目管理组织机构采用职能制形式的缺点的是（　　）。
A. 多头领导、多方指令　　B. 多方指导、辅助决策
C. 管理专门化、发挥专家作用　　D. 横向联系、职责不清

5.【多选】直线职能制组织结构的特点包括（　　）。
A. 信息传递路径较长　　B. 信息传递路径较短
C. 各职能部门间横向联系强　　D. 集中领导，职责清楚
E. 各管理层次之间设置职能部门

6.【多选】属于矩阵制组织形式特点的有（　　）。
A. 机动性和灵活性
B. 能够实现集权与分权的最优结合
C. 信息传递路径较短
D. 集中领导，职责清楚
E. 双重领导，容易产生扯皮现象

7.【多选】关于强矩阵制组织形式的说法正确的有（　　）。
A. 项目经理全权负责项目　　B. 需要配备训练有素的协调人员
C. 项目组织成员只对项目经理负责　　D. 适用于技术复杂且时间紧迫的项目
E. 项目经理直接向最高领导负责

8.【单选】对于技术复杂且时间紧迫的工程项目，宜采用的项目组织形式是（　　）组织形式。
A. 直线制　　B. 弱矩阵制
C. 中矩阵制　　D. 强矩阵制

9.【单选】下列项目管理组织机构形式中，项目经理被授予一定权力的组织机构是（　　）。
A. 职能制　　B. 弱矩阵制
C. 中矩阵制　　D. 强矩阵制

10.【单选】下列关于弱矩阵制组织形式的说法正确的是（　　）。
A. 项目经理具有较大权限
B. 需要配备训练有素的协调人员
C. 项目经理直接向最高领导负责
D. 适用于技术简单的工程项目

11.【单选】下列工程项目管理组织机构形式中，易于实现统一指挥的是（　　）。
A. 直线职能制和直线制　　B. 直线制和职能制
C. 职能制和矩阵制　　D. 矩阵制和直线职能制

12.【单选】下列工程项目管理组织机构形式中，容易形成多头领导的是（　　）。
A. 矩阵制和职能制　　B. 职能制和直线制
C. 直线制和直线职能制　　D. 直线职能制和矩阵制

13.【多选】下列关于工程项目管理组织形式特点的论述中正确的有（　　）。
A. 直线制组织专业分工合理　　B. 职能制组织专业分工合理
C. 矩阵制组织中每一成员都接受双重领导　　D. 职能制组织主要是发挥职能人员作用

E. 直线制组织纵向信息传递迅速

14. **【单选】**下列关于工程项目管理组织机构形式的表述错误的是（　　）。

A. 直线制组织机构中虽然无职能部门，但隶属关系明确，职责分明

B. 职能制组织机构强调管理业务专门化，注意发挥各类专家在项目管理中的作用

C. 直线职能制组织机构中各职能部门既保持统一指挥，又可以管理工作专业化，但信息传递路线长

D. 矩阵制组织机构实现了集权和分权的最优组合，具有较强的稳定性

第三节　工程项目计划与控制

知识脉络

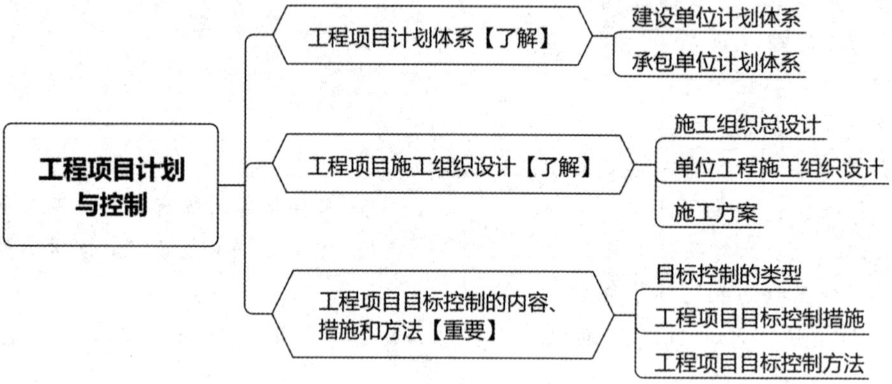

考点 1　工程项目计划体系【了解】

1. **【多选】**建设单位编制的计划体系包括（　　）。

A. 项目管理规划大纲　　B. 工程项目前期工作计划

C. 工程项目年度计划　　D. 工程项目建设总进度计划

E. 项目管理实施规划

2. **【多选】**建设单位编制的工程项目建设总进度计划包括的内容有（　　）。

A. 竣工投产交付使用计划表　　B. 工程项目一览表

C. 年度建设资金平衡表　　D. 工程项目进度平衡表

E. 投资计划年度分配表

3. **【单选】**下列工程项目计划表中，用来阐明工程项目总进度计划，安排各个年度投资的表格是（　　）。

A. 年度竣工投产交付实用计划表　　B. 年度计划项目表

C. 年度建设资金平衡表　　D. 投资计划年度分配表

4. **【单选】**下列进度计划表中，用来确定年度施工项目的投资额和年末形象进度，并说明建设条件落实情况的是（　　）。

A. 投资计划年度分配表

B. 年度建设资金平衡表

C. 年度计划项目表

D. 工程项目进度平衡表

5.【单选】下列工程项目计划表中，用来阐明各单位工程的建筑面积、投资额、新增固定资产、新增生产能力等建筑总规模及本年计划完成情况的是（　　）。

A. 年度竣工投产交付使用计划表　　B. 年度计划项目表

C. 年度建设资金平衡表　　D. 按资计划年度分配表

6.【单选】施工承包单位的项目管理规划大纲应由（　　）组织编制。

A. 施工企业管理层　　B. 施工项目经理

C. 施工项目技术负责人　　D. 施工企业技术负责人

7.【单选】施工承包单位计划体系中的项目管理实施规划应由（　　）组织编制。

A. 施工企业经营负责人　　B. 施工项目项目经理

C. 施工项目技术负责人　　D. 施工企业技术负责人

考点 2　工程项目施工组织设计【了解】

1.【单选】根据现行国家标准《建筑施工组织设计规范》（GB/T 50502—2009），施工组织设计是以(　　)为对象编制的。

A. 单位工程　　B. 分项工程　　C. 分部工程　　D. 施工项目

2.【多选】根据现行国家标准《建筑施工组织设计规范》（GB/T 50502—2009），按编制对象不同施工组织设计的三个层次包括（　　）。

A. 施工组织总设计　　B. 单位工程施工组织设计

C. 施工方案　　D. 施工进度计划

E. 指导性施工组织设计

3.【单选】根据现行国家标准《建筑施工组织设计规范》（GB/T 50502—2009），施工组织总设计的主持编制人和负责审批人分别是（　　）。

A. 总承包单位技术负责人，施工项目负责人

B. 施工项目负责人，总承包单位技术负责人

C. 总承包单位法定代表人，总承包单位技术负责人

D. 施工项目负责人，施工项目技术负责人

4.【单选】根据现行国家标准《建筑施工组织设计规范》（GB/T 50502—2009），单位工程施工组织设计应由（　　）主持编制。

A. 建设单位项目负责人　　B. 施工项目负责人

C. 施工单位技术负责人　　D. 施工项目技术负责人

5.【多选】根据现行国家标准《建筑施工组织设计规范》（GB/T 50502—2009），施工部署是对工程项目进行统筹规划和全面安排，内容包括（　　）。

A. 施工目标、进度安排和空间组织　　B. 施工资源配置计划

C. 施工重点和难点分析　　D. 工程项目管理组织机构

E. 施工现场平面布置

6.【单选】根据现行国家标准《建筑施工组织设计规范》（GB/T 50502—2009），施工方案是以(　　)为对象编制的。

A. 单位工程　　B. 单项工程

C. 分部（分项）工程　　D. 施工项目

7.【单选】施工方案中的专项施工方案由（　　）组织审核。

A. 建设单位技术部门　　B. 监理单位技术部门

C. 监督机构技术部门　　D. 施工单位技术部门

考点 3 工程项目目标控制的内容、措施和方法【重要】

1.【多选】下列控制措施中，属于工程项目目标主动控制措施的有（　　）。

A. 调查并分析外部环境条件，制定实施计划时，考虑影响目标实现和计划实施的不利因素

B. 将各种影响目标实现和计划实施的潜在因素揭示出来，说明和揭示影响目标实现和计划实施的潜在风险因素

C. 做好计划可行性分析，用科学的方法制订计划

D. 跟踪目标实施情况，发现目标偏离时及时采取纠偏措施

E. 建立有效的信息反馈系统，及时反馈偏离计划目标值的情况

2.【单选】下列选项中，属于工程项目目标控制的组织措施的是（　　）。

A. 对技术方案进行可行性研究

B. 对工程概预算进行审核

C. 编制资金使用计划

D. 事先委任执行人员，授予相应职权进行纠偏活动

3.【单选】下列建设工程项目目标控制方法中，属于用于工程进度控制的有效方法是（　　）。

A. 因果分析图法　　B. 网络计划法

C. 排列图法　　D. 直方图法

4.【单选】下列工程项目目标控制方法中，可以来判断工程造价偏差的是（　　）。

A. 控制图法　　B. 鱼刺图法

C. S 曲线法　　D. 网络计划法

5.【单选】下列工程项目目标控制方法组中，控制的原理基本相同，目的也相同的是（　　）。

A. 香蕉曲线法和 S 曲线法　　B. 网络计划法和香蕉曲线法

C. 排列图法和网络计划法　　D. S 曲线法和排列图法

6.【单选】香蕉曲线法和 S 曲线法的原理基本相同，二者的主要区别是香蕉曲线以（　　）为基础绘制。

A. 施工横道计划　　B. 流水施工计划

C. 工程网络计划　　D. 挣值分析计划

7.【单选】下列工程项目目标控制方法中，可用来找出工程质量主要影响因素的是（　　）。

A. 直方图法　　B. 鱼刺图法

C. 排列图法　　D. S 曲线法

8.【单选】用来寻找某种质量问题产生原因的有效统计分析工具是（　　）。

A. 直方图　　B. 控制图

C. 因果分析图　　D. 主次因素分析图

9.【多选】采用频数分布直方图分析工程质量波动情况时，如果出现孤岛型分布，说明（　　）。

A. 数据分组不当　　B. 少量材料不合格

C. 组距确定不当　　D. 短时间内工人操作不熟练

E. 两个分布相混淆

10.【多选】采用频数分布直方图分析工程质量波动情况时，如果出现折齿型分布，说明（　　）。

A. 数据分组不当　　B. 组距确定不当

C. 少量材料不合格　　　　D. 两个分布相混淆

E. 短时间内工人操作不熟练

11. **【单选】** 采用频数分布直方图分析工程质量波动情况时，如果出现绝壁型分布，说明（　　）。

A. 数据分组不当　　　　B. 是由主观因素造成

C. 少量材料不合格　　　　D. 数据分类工作不够好

12. **【单选】** 采用频数分布直方图分析工程质量波动情况时，如果出现双峰型分布，说明（　　）。

A. 组距确定不当　　　　B. 质量不合格

C. 少量材料不合格　　　　D. 数据分类工作不够好

13. **【多选】** 采用控制图法控制生产过程质量时，说明生产正常的点子分布情形有（　　）。

A. 点子没有跳出控制界限

B. 点子随机排列且没有缺陷

C. 点子连续在中心线一侧出现 7 个以上

D. 连续 7 个以上的点子上升或下降

E. 点子出现周期性波动

14. **【多选】** 下列建设工程项目目标控制方法中，可用来判断工程进度偏差的有（　　）。

A. 直方图法　　　　B. 网络计划法

C. S 曲线法　　　　D. 香蕉曲线法

E. 控制图法

15. **【多选】** 下列关于工程项目目标控制方法的表述中正确的有（　　）。

A. 排列图是一种用来寻找影响工程质量主要因素的有效工具

B. 通过因果分析图，可以发现工程项目中的主要质量问题

C. S 曲线与香蕉曲线都可以用来控制工程造价和工程进度

D. 控制图法属于质量控制的静态分析方法

E. 直方图法属于质量控制的动态分析方法

第四节　流水施工组织方法

知识脉络

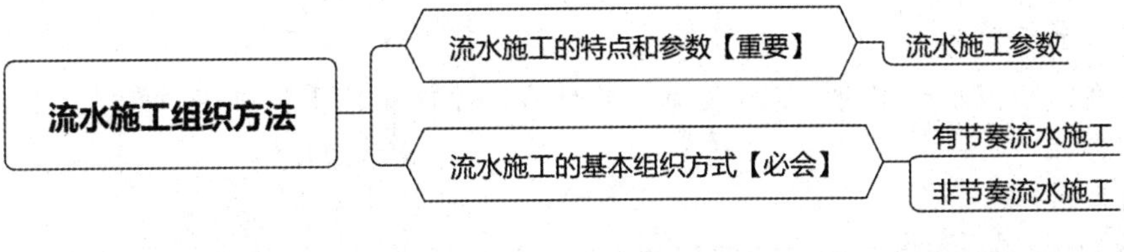

考点 1　流水施工的特点和参数【重要】

1. **【单选】** 建设工程组织流水施工时，用来描述工艺流程、空间布置和时间安排等方面的状态参数，不包括（　　）。

A. 工艺参数　　　　B. 空间参数

C. 时间参数　　D. 流水参数

2. 【多选】建设工程组织流水施工时，用以表达流水施工在施工工艺方面进展状态的参数，通常包括（　　）。

A. 工作面　　B. 流水步距

C. 施工过程　　D. 流水节拍

E. 流水强度

3. 【单选】建设工程组织流水施工时，根据施工组织及计划安排需要而将计划任务划分成的子项称为（　　）。

A. 流水节拍　　B. 流水步距

C. 流水节奏　　D. 施工过程

4. 【多选】建设工程组织流水施工时，某施工过程（专业工作队）在单位时间内完成的工程量称为（　　）。

A. 流水节拍　　B. 流水步距

C. 流水节奏　　D. 流水能力

E. 生产能力

5. 【多选】建设工程组织流水施工时，用以表达流水施工在空间布置上开展状态的参数，通常包括（　　）。

A. 工作面　　B. 流水步距

C. 施工段　　D. 施工过程

E. 流水节拍

6. 【单选】供某专业工种的工人或某种施工机械进行施工的活动空间被称为（　　）。

A. 工作面　　B. 流水步距

C. 施工段　　D. 施工过程

7. 【多选】将施工对象在平面或空间上划分成若干个劳动量大致相等的施工段落，称为（　　）。

A. 工作面　　B. 施工过程

C. 流水步距　　D. 施工段

E. 流水段

8. 【多选】在组织流水施工时，用以表达流水施工在时间安排上所处状态的参数，主要包括（　　）。

A. 施工过程　　B. 流水步距

C. 流水节拍　　D. 流水强度

E. 流水施工工期

9. 【单选】在组织流水施工时，某个专业工作队在一个施工段上的施工时间被称为（　　）。

A. 流水能力　　B. 流水强度

C. 流水步距　　D. 流水节拍

10. 【多选】在确定流水节拍时，可采用的方法有（　　）。

A. 定额计算法

B. 差额计算法

C. 经验估算法

D. 统计分析法
E. 工料分析法

11.【单选】组织流水施工时，相邻两个施工过程（或专业工作队）相继开始施工的最小间隔时间称为（　　）。
A. 流水节拍
B. 流水步距
C. 流水强度
D. 流水段

12.【单选】建设工程流水施工中，从第一个专业工作队投入流水施工开始，到最后一个专业工作队完成流水施工为止的整个持续时间称为（　　）。
A. 流水步距
B. 流水节拍
C. 流水强度
D. 流水施工工期

考点 2　流水施工的基本组织方式【必会】

1.【多选】建设工程组织固定节拍流水施工的特点有（　　）。
A. 各专业工作队能够在各施工段上连续作业
B. 相邻施工过程的流水步距相等
C. 专业工作队数大于施工过程数
D. 施工段之间没有空闲时间
E. 各施工段上的流水节拍均相等

2.【单选】某工程划分为 5 个施工过程、6 个施工段，组织固定节拍流水施工，流水节拍为 3 天，累积间歇时间为 3 天，累计提前插入时间为 2 天，该工程流水施工工期为（　　）天。
A. 30
B. 31
C. 34
D. 35

3.【多选】关于建设工程异步距异节奏流水施工特点的说法正确的有（　　）。
A. 同一施工过程在各个施工段上的流水节拍均相等
B. 流水步距等于流水节拍
C. 施工段之间可能存在空闲时间
D. 相邻施工过程之间的流水步距不尽相等
E. 每个施工过程成立一个专业工作队

4.【多选】关于建设工程等步距异节奏流水施工特点的说法正确的有（　　）。
A. 专业工程队数等于施工过程数
B. 流水步距等于流水节拍
C. 施工段之间可能存在空闲时间
D. 相同施工过程各个施工段的流水节拍相等
E. 相邻施工过程的流水步距相等

5.【单选】某工程划分为 3 个施工过程、4 个施工段，组织加快的成倍节拍流水施工，流水节拍分别为 4 天、4 天和 2 天，则应派（　　）个专业工作队参与施工。
A. 2
B. 3
C. 4
D. 5

6.【单选】工程项目有 3 个施工过程、4 个施工段，施工过程在施工段上的流水节拍分别为 4 天、6 天和 4 天，组织成倍节拍流水施工，则流水施工工期为（　　）天。
A. 14
B. 16
C. 18
D. 20

7.【多选】非节奏流水施工的特点有（　　）。

A. 各施工段上的流水节拍均相等

B. 相邻施工过程的流水步距相等

C. 专业工作队数等于施工过程数

D. 施工段之间可能有空闲时间

E. 有的专业工作队不能连续作业

8.【单选】某分部工程划分为3个施工过程、3个施工段，组织流水施工，流水节拍分别为3、4、2天；3、5、4天；4、1、5天，则流水步距为（　　）天。

A. 8　　B. 9　　C. 10　　D. 11

9.【单选】某分部工程划分为3个施工过程、4个施工段，组织流水施工，流水节拍分别为3、5、4、4天；4、4、3、4天；3、4、2、3天，则流水施工工期（　　）天。

A. 10　　B. 20

C. 21　　D. 23

10.【多选】建设工程组织非节奏流水施工时，其特点包括（　　）。

A. 各专业工作队能够在施工段上连续作业，但有的施工段之间可能有空闲时间

B. 同一施工过程的流水节拍不全相等，从而使专业工作队有时无法连续作业

C. 相邻施工过程的流水步距不全相等，从而使专业工作队数大于施工过程数

D. 虽然在施工段上没有空闲时间，但有的专业工作队有时无法连续作业

E. 各施工过程在各施工段的流水节拍不全相等

11.【单选】等节奏流水施工与非节奏流水施工的共同特点是（　　）。

A. 相邻施工过程的流水步距相等

B. 施工段之间可能有空闲时间

C. 专业工作队数等于施工过程数

D. 各施工过程在各施工段的流水节拍相等

第五节　工程网络计划技术

知识脉络

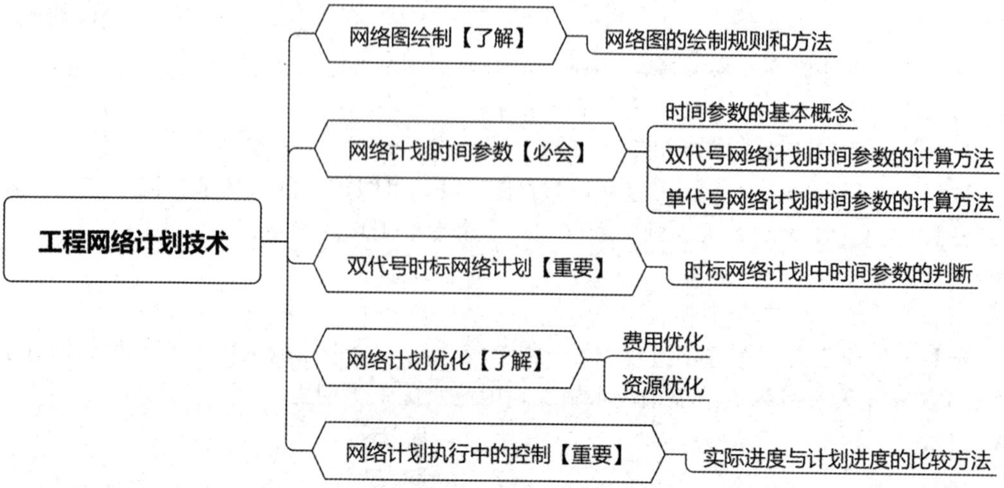

考点 1　网络图绘制【了解】

1.【多选】下列关于双代号网络图绘制规则的说法正确的有（　　）。

A. 一个节点表示一项工作

B. 以波形线表示工作，以实箭线表示虚工作

C. 以波形线表示工作，以虚箭线表示工作的自由时差

D. 以实箭线表示工作，节点表示工作的开始或结束以及工作之间的连接状态

E. 两个节点一条箭线代表一项工作

2.【多选】某工程双代号网络图如下图所示，存在的绘图错误有（　　）。

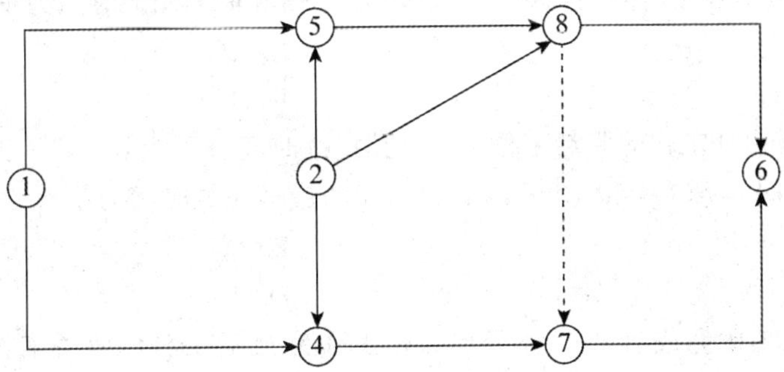

A. 多个起点节点

B. 多个终点节点

C. 节点编号有误

D. 存在循环回路

E. 有多余虚工作

3.【多选】某工作双代号网络计划如下图所示，存在的绘图错误有（　　）。

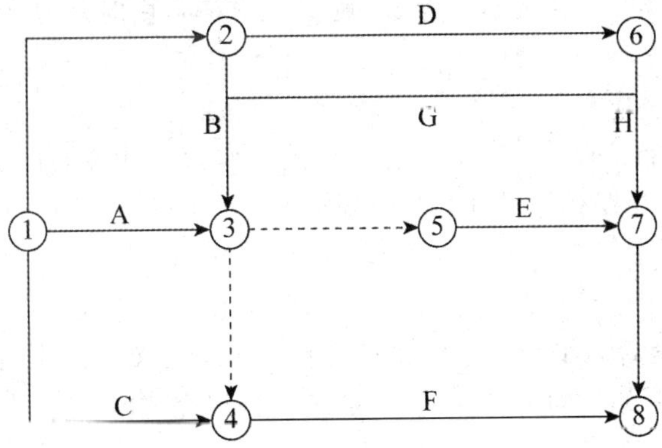

A. 多个起点节点

B. 多个终点节点

C. 双向箭头节点

D. 无箭头节点

E. 有多余虚工作

考点 2　网络计划时间参数【必会】

1.【单选】下列关于时差的叙述正确的是（　　）。

A. 关键工作的总时差为 0

B. 自由时差可以大于总时差

C. 关键工作的总时差最小

D. 自由时差和总时差只是表述不同，实质相同

2. **【单选】**下列有关工作的总时差和自由时差的叙述正确的是（　　）。

A. 当某工作的总时差为零时，其自由时差必然为零

B. 当利用某项工作总时差时，则有可能使该工作后续工作总时差增大

C. 在网络计划中，自由时差最小的工作为关键工作

D. 对于同一项工作而言，自由时差有可能超过总时差

3. **【单选】**已知 A、B 工作的紧后工作为 C、D，其持续时间分别为 3 天、5 天、3 天、4 天，A、B 工作的最早开始时间均为第 2 天，则 D 工作的最早完成时间为第（　　）天。

A. 9　　B. 10

C. 11　　D. 12

4. **【单选】**已知 D、E 工作的紧后工作为 F，其持续时间分别为 5 天、3 天、2 天，D、E 工作的最早开始时间为第 7 天和 10 天，则 F 工作的最早完成时间为第（　　）天。

A. 9　　B. 10

C. 13　　D. 15

5. **【单选】**A、B 工作完成后 C 工作开始，C 工作完成后 D、E 两项工作开始。已知 A、B、C、D、E 五项工作持续时间分别为 3 天、2 天、4 天、3 天、5 天，A、B 工作最早开始时间分别为第 8 天、第 12 天，D、E 工作最迟完成时间分别为第 15 天、第 16 天，则 A 工作的最迟开始时间应为第（　　）天。

A. 1　　B. 4

C. 9　　D. 7

6. **【单选】**某工程网络计划中，F 工作有两项紧后工作，最早开始时间分别为 11 和 13，F 工作的最早开始时间为 5，持续时间为 5，则 F 工作的自由时差为（　　）。

A. 1　　B. 2

C. 3　　D. 4

7. **【单选】**某工程网络计划中，E、F 工作的紧前工作为 D 工作，D 工作的最早开始时间为 6，持续时间为 8，E、F 工作最早开始时间分别为 14 和 15，则 D 工作的自由时差为（　　）。

A. 0　　B. 1

C. 2　　D. 3

8. **【单选】**A 工作的紧后工作为 B 工作和 C 工作。A、B、C 工作持续时间分别为 6 天、5 天、5 天，A 工作最早开始时间为 2 天，B、C 工作最迟完成时间分别为 15 天、16 天，则 A 工作的总时差应为（　　）天。

A. 1　　B. 2

C. 3　　D. 4

9. **【单选】**某工程网络计划中，E 工作的持续时间为 5 天，最迟完成时间为第 25 天，该工作有三项紧前工作，其最早完成时间分别为第 15 天，第 18 天和第 19 天，则 E 工作的总时差是（　　）天。

A. 1　　B. 2

C. 3　　D. 6

10. **【单选】**工程双代号网络计划如下图所示。当计划工期等于计算工期时，D 工作的自由时差和总时差分别是（　　）。

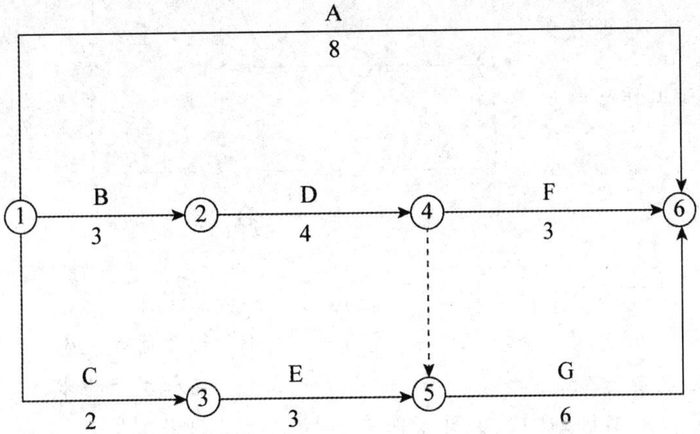

A. 2 和 2
B. 1 和 2
C. 0 和 0
D. 0 和 1

11. **【单选】**已知某工作总时差为 6 天，最迟完成时间为第 15 天，最早开始时间为第 7 天，则该工作的持续时间为（　　）天。

A. 1
B. 2
C. 3
D. 4

12. **【单选】**某工程双代号网络计划如下图所示，其中关键线路有（　　）条。

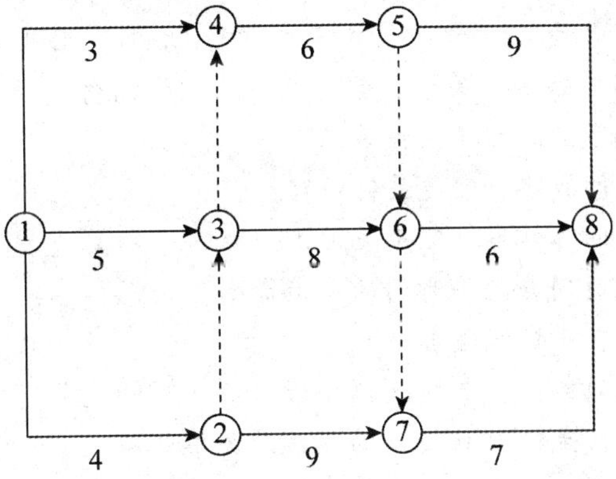

A. 4
B. 3
C. 2
D. 1

13. **【单选】**某工程双代号网络计划如下图所示，其中关键线路有（　　）条。

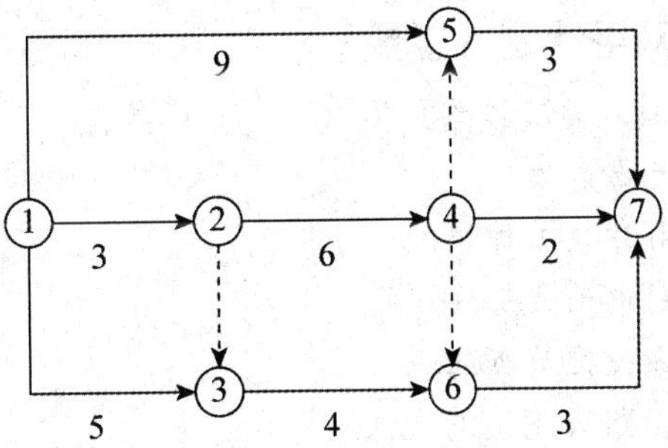

A. 1
B. 2
C. 3
D. 4

14.【单选】某工程双代号网络计划如下图所示，其中关键线路有（　　）条。

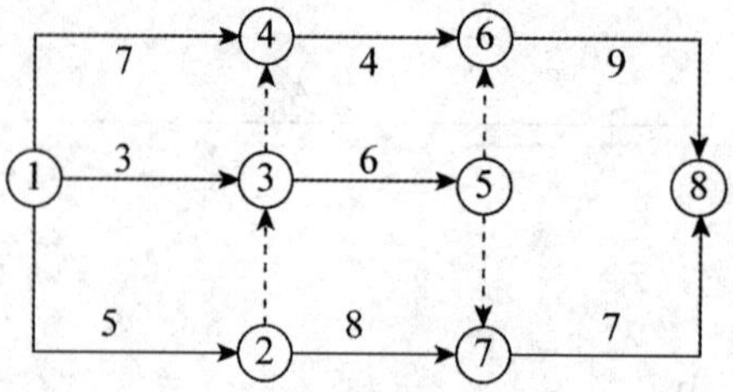

A. 2　　B. 3
C. 4　　D. 5

15.【单选】在工程网络计划中，关键工作是指（　　）的工作。
A. 时间间隔为零　　B. 自由时差最小
C. 总时差最小　　D. 流水步距为零

16.【单选】在工程网络计划中，关键工作是指（　　）的工作。
A. 最迟完成时间与最早完成时间的差值最小
B. 双代号网络计划中开始节点和完成节点均为关键节点
C. 双代号时标网络计划中无波形线
D. 单代号网络计划中时间间隔为零

17.【单选】在双代号网络计划中，当计划工期等于计算工期时，如果某工作的开始节点和完成节点均为关键节点时，说明该工作（　　）。
A. 一定是关键工作　　B. 总时差为零
C. 总时差等于自由时差　　D. 自由时差为零

18.【多选】双代号网络计划中，关于关键节点说法正确的有（　　）。
A. 关键工作两端等节点必然是关键节点
B. 由关键节点组成的线路一定是关键线路
C. 两端为关键节点的工作不一定是关键工作
D. 关键节点的最迟时间与最早时间的差值最小
E. 关键节点必然处在关键线路上

19.【单选】单代号网络计划中，关键线路是指（　　）的线路。
A. 相邻两项工作自始至终 $LAG=0$ 的线路是关键线路
B. 由关键工作组成
C. 由关键节点组成
D. 相邻两项工作之间时距均为零

考点 3 双代号时标网络计划【重要】

1.【单选】工程网络计划中，关键线路是指（　　）的线路。
A. 双代号网络计划中无虚箭线
B. 单代号网络计划中由关键工作组成
C. 双代号时标网络计划中无波形线
D. 双代号网络计划中由关键节点组成

2.【多选】关于网络图关键路线正确的说法有（　　）。
A. 双代号网络图中持续时间最长的线路是关键线路
B. 双代号网络图中由关键节点连接而成的线路是关键线路

C. 双代号时标网络图中自始至终没有虚箭线的线路是关键线路

D. 单代号网络图中自始至终 $LAG=0$ 的线路是关键线路

E. 单代号网络图中总时差最小的工作组成的线路是关键线路

考点 4 网络计划优化【了解】

1. 【单选】工程网络计划费用优化的目的是（　　）。

A. 按要求工期寻求最低成本的计划安排的过程

B. 工期固定条件下的工程费用的均衡安排

C. 工程总成本固定条件下的最短工期安排

D. 工期最短条件下的最低工程总成本安排

2. 【单选】工程网络计划费用优化的基本思路是：在网络计划中，当有多条关键线路时，应找出（　　）的关键工作，缩短其持续时间。

A. 直接费总和最大

B. 组合间接费用率最小

C. 间接费总和最大

D. 直接费用率最小

3. 【单选】工程网络计划资源优化是通过改变（　　），使资源按照时间的分布符合优化目标。

A. 工作的强度

B. 资源的供给

C. 工作的开始时间和完成时间

D. 工作间的逻辑关系

4. 【多选】工程网络计划优化是指（　　）的过程。

A. 按要求工期寻求最低成本

B. 在满足资源限制条件下使工期延长最少

C. 在工期保持不变的条件下使资源需用量最少

D. 寻求工程总成本最低时工期安排

E. 使计算工期满足要求工期

考点 5 网络计划执行中的控制【重要】

1. 【多选】某工程时标网络图如下图所示。计划执行到第 5 周检查实际进度，发现 D 工作需要 2 周完成，E 工作需要 2 周完成，F 工作刚刚开始。下列说法正确的有（　　）。

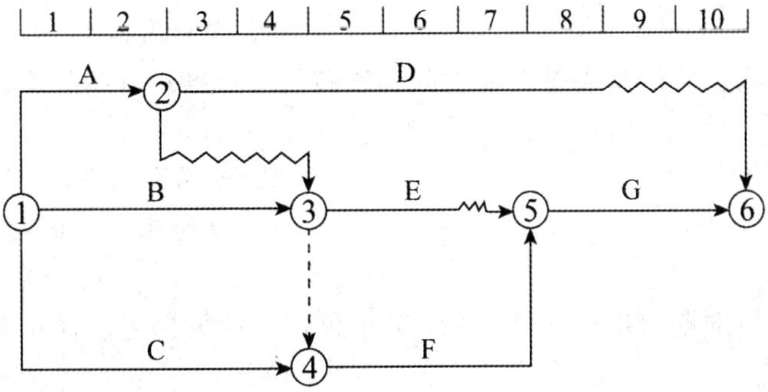

A. A、B、C 工作均已完成

B. D 工作提前 1 周

C. E 工作提前 1 周

D. F 工作进度不影响总工期

E. 总工期需延长 1 周

第六节　工程项目合同管理

知识脉络

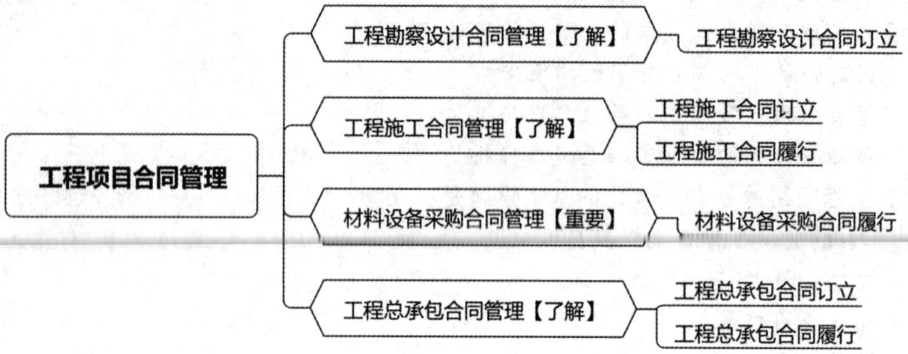

考点 1　工程勘察设计合同管理【了解】

1. **【单选】**根据《标准勘察招标文件》（2017 年版）的相关规定，勘察合同条款由（　　）组成。

A. 通用合同条款和专用合同条款

B. 协议书、通用合同条款和专用合同条款

C. 合同协议书、履约保证金

D. 协议书、通用合同条款、专用合同条款和履约保证金

2. **【多选】**下列属于九部委联合发布的《标准勘察招标文件》（2017 年版）中规定的内容有（　　）。

A. 通用合同条款　　B. 履约保证金

C. 合同协议书格式　　D. 履约保证金格式

E. 专用合同条款

3. **【单选】**根据《标准勘察招标文件》（2017 年版）的相关规定，合同文件解释效力最高的文件是（　　）。

A. 勘察纲要　　B. 专用合同条款

C. 通用合同条款　　D. 中标通知书

4. **【多选】**根据国家发展改革委等九部委联合发布的《标准设计招标文件》（2017 年版）中的相关规定，设计合同条款由（　　）组成。

A. 通用合同条款　　B. 专用合同条款

C. 合同协议书　　D. 履约保证金格式

E. 履约保证金

5. **【单选】**根据《标准勘察招标文件》（2017 年版）的相关规定，合同文件解释效力最高的文件是（　　）。

A. 设计费用清单　　B. 专用合同条款

C. 设计方案　　D. 中标通知书

6. **【单选】**根据九部委联合发布的《标准勘察招标文件》（2017 年版）中规定，勘察服务期限自（　　）起计算。
A. 开始勘察通知中载明的开始勘察日期
B. 发出开始勘察通知的日期
C. 收到开始勘察通知的日期
D. 签订协议书的日期

7. **【多选】**根据九部委联合发布的《标准勘察招标文件》（2017 年版）中规定，属于勘察人违约情形的有（　　）。
A. 停止履行合同
B. 转包、违法分包勘察任务
C. 未经发包人同意擅自分包勘察任务
D. 未按合同计划完成勘察，从而造成工程损失
E. 勘察人未在约定的开始勘察日期开始勘察工作

8. **【多选】**根据九部委联合发布的《标准设计招标文件》（2017 年版）中规定，属于设计合同发包人违约情形的有（　　）。
A. 未按合同约定支付设计费用　　B. 自身原因造成设计停止
C. 不履行或停止履行合同　　D. 延迟提供设计任务书
E. 未按约定发出开始设计通知

9. **【多选】**根据九部委联合发布的《标准设计招标文件》（2017 年版）中规定，由于发包人不履行合同约定造成设计合同无法正常履行，发包人应当承担的责任有（　　）。
A. 延长设计服务期限　　B. 增加设计费用
C. 赔偿设计人损失　　D. 双方协商解决
E. 可不进行赔偿

考点 2　工程施工合同管理【了解】

1. **【单选】**根据九部委联合发布的《标准施工招标文件》（2007 年版）中关于合同条款及格式的规定，施工合同条款由（　　）组成。
A. 合同协议书、履约担保和预付款担保
B. 合同协议书、通用合同条款和专用合同条款
C. 通用合同条款和专用合同条款
D. 合同协议书、通用合同条款、专用合同条款和履约担保

2. **【单选】**根据九部委联合发布的《标准施工招标文件》（2007 年版）中关于合同文件优先解释的规定，下列施工合同文件解释效力最高的文件是（　　）。
A. 投标函及投标函附录　　B. 中标通知书
C. 合同协议书　　D. 专用合同条款

3. **【多选】**根据九部委联合发布的《标准施工招标文件》（2007 年版）规定，承包人在合同履行过程中的一般义务有（　　）。
A. 办理法律规定的有关施工证件和批件
B. 编制施工组织设计和施工措施计划
C. 应按合同约定及时组织竣工验收
D. 应按有关法律规定纳税
E. 负责施工场地及其周边环境与生态的保护工作

4.【多选】根据九部委联合发布的《标准施工招标文件》（2007 年版）规定，发包人违约情形有（　　）。

A. 未能按合同约定支付预付款

B. 监理人无正当理由没有在预定期限内发出复工指示

C. 未能按合同进度计划提前完成合同约定的工作

D. 拖延付款申请和支付凭证

E. 使用了不合格材料或工程设备

5.【单选】根据《施工合同法律解释一》的规定，对于建设工程施工合同无效，但建设工程经竣工验收合格，承包人请求参照合同约定支付工程价款的情形，下列说法正确的是（　　）。

A. 不予支持　　B. 应予支持

C. 双方协商解决　　D. 折价支付工程价款

6.【多选】根据《施工合同法律解释一》的规定，当事人对建设工程竣工日期有争议的，正确的处理方式有（　　）。

A. 建设工程经竣工验收合格的，以承包人提交验收报告之日为竣工日期

B. 建设工程经竣工验收合格的，以竣工验收合格之日为竣工日期

C. 承包人已经提交竣工验收报告，发包人拖延验收的，以承包人提交验收报告之日为竣工日期

D. 建设工程未经竣工验收，发包人擅自使用的，以承包人完成建设工程之日为竣工日期

E. 建设工程未经竣工验收，发包人擅自使用的，以转移占有建设工程之日为竣工日期

7.【多选】根据《施工合同法律解释二》的规定，当事人对建设工程开工日期有争议的，人民法院认定开工日期的依据有（　　）。

A. 开工日期为发包人或者监理人发出的开工通知载明的开工日期

B. 开工通知发出后，尚不具备开工条件的，以开工条件具备的时间为开工日期

C. 因发包人原因导致开工时间推迟的，以开工通知载明的时间为开工日期

D. 承包人经发包人同意已经实际进场施工的，以实际进场施工时间为开工日期

E. 承包人未经发包人同意提前进场施工的，以实际进场施工时间为开工日期

考点 3　材料设备采购合同管理【重要】

1.【单选】根据《标准材料采购招标文件》（2017 年版）规定，卖方未能按时交付合同材料的，应向买方支付迟延交货违约金。迟延交付违约金的最高限额为合同价格的（　　）。

A. 5%　　B. 0.08%

C. 10%　　D. 2%

2.【单选】根据《标准材料采购招标文件》（2017 年版）规定，买方未能按时交付合同价款的，应向卖方支付延迟付款违约金。迟延付款违约金的总额不得超过合同价格的（　　）。

A. 5%　　B. 0.08%

C. 10%　　D. 2%

3.【单选】根据《标准设备采购招标文件》（2017 年版）规定，卖方未能按时交付合同设备的，应向买方支付迟延交付违约金。从迟交的第一周到第四周，每周迟延交付违约金为迟交合同设备价格的（　　）。

A. 1%　　B. 0.5%

C. 1.5%　　D. 10%

考点 4　工程总承包合同管理【了解】

1. 【单选】根据《标准设计施工总承包招标文件》（2012 年版）关于合同文件解释顺序的相关规定，合同文件包括下列内容：①价格清单；②投标函及投标函附录；③中标通知书；仅就上述三项内容而言，合同文件优先解释顺序为（　　）。

A. ①②③　　B. ②①③

C. ③①②　　D. ③②①

2. 【多选】根据《标准设计施工总承包招标文件》（2012 年版）规定，属于承包人义务的有（　　）。

A. 提供施工场地

B. 依法纳税

C. 对设计、施工作业和施工方法，以及工程的完备性负责

D. 组织竣工验收

E. 办理证件和批件

3. 【多选】根据《标准设计施工总承包招标文件》（2012 年版）规定，属于承包人违约情形的有（　　）。

A. 私自将合同的全部或部分权利转让给其他人

B. 拖延付款申请和支付凭证

C. 未能按合同约定支付价款

D. 未按合同进度计划完成合同约定的工作，造成工期延误

E. 监理人未发出施工开工通知

第七节　工程项目信息管理

知识脉络

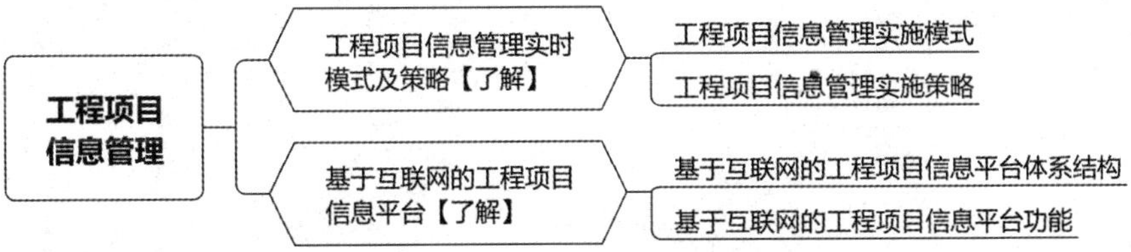

考点 1　工程项目信息管理实时模式及策略【了解】

1. 【多选】下列属于工程项目信息管理实施模式的有（　　）。

A. 自行开发　　B. 直接购买

C. 租用服务　　D. 招标购买

E. 借用

2. 【单选】工程项目信息管理实施模式中自行开发的优点是（　　）。

A. 对项目的针对性最强

B. 开发费用最高

C. 实施周期长

D. 维护工作量较大

3. 【单选】工程项目信息管理实施模式中，直接购买的缺点是（　　）。

A. 维护费用较高　　B. 对项目的针对性较差

C. 实施周期最长　　D. 安全性和可靠性较差

4. 【单选】下列属于工程项目管理信息系统得以正常运行基础的是（　　）。

A. 非结构化数据　　B. 结构化数据

C. 计算机网络环境　　D. 信息管理制度

考点 2　基于互联网的工程项目信息平台【了解】

1. 【单选】项目信息平台实施的关键是（　　）。

A. 基于互联网技术标准的信息集成平台

B. 项目信息发布与传递层

C. 项目信息搜索层

D. 数据安全层

2. 【单选】基于互联网的工程项目信息平台的核心功能是（　　）。

A. 基本功能　　B. 关键功能

C. 核心功能　　D. 辅助功能

3. 【多选】下列属于基于互联网的工程项目信息平台基本功能的有（　　）。

A. 视频会议　　B. 在线项目管理

C. 日历和任务管理　　D. 集成电子商务

E. 工作流管理

学习笔记

第四章

工程经济

（建议学习时间：2周）

学习计划（第4～5周）：

Day 1

Day 2

Day 3

Day 4

Day 5

Day 6

Day 7

Day 8

Day 9

Day 10

Day 11

Day 12

Day 13

Day 14

扫码即听
本章导学

第四章　工程经济

第一节　资金的时间价值及其计算

知识脉络

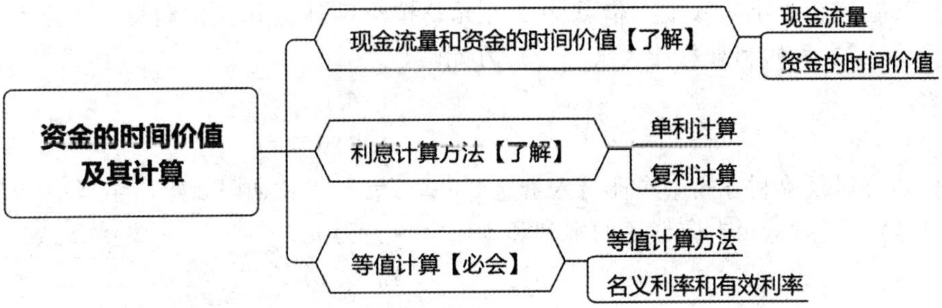

考点 1　现金流量和资金的时间价值【了解】

1. **【多选】**关于现金流量图绘制规则说法正确的有（　　）。

A. 横轴为时间轴，整个横轴表示经济系统寿命期

B. 横轴上的起点表示时间序列第一期期末

C. 横轴上每一间隔代表一个时间单位

D. 与横轴相连的垂直箭线代表不同时点的现金流量

E. 时点表示前一时间单位结束及后一时间单位的开始

2. **【单选】**下列选项中，作为衡量资金时间价值的绝对尺度是（　　）。

A. 利率　　B. 利息

C. 投资回收期　　D. 内部收益率

3. **【单选】**在工程经济中，利息常常被视为资金的一种（　　）。

A. 沉没成本　　B. 机会成本

C. 使用成本　　D. 寿命期成本

4. **【单选】**影响利率的因素有多种，通常情况下，利率的最高界限是（　　）。

A. 社会最大利润率　　B. 社会平均利润率

C. 社会最大利税率　　D. 社会平均利税率

5. **【多选】**关于利率高低影响因素的说法正确的有（　　）。

A. 从本质上看，利息是利润的一种再分配

B. 借出资本所承担的风险越大，利率越低

C. 资本借出期间的不可预见因素越多，利率越高

D. 社会平均利润不变的情况下，借贷资本供过于求会导致利率上升

E. 借出资本期限越长，利率越高

考点 2 利息计算方法【了解】

1.【单选】甲公司从银行借入1000万元，年利率8%，单利计息，借期4年，到期一次还本付息，则该公司第四年末一次偿还的本利和为（　　）万元。

A. 1360　　B. 1324

C. 1320　　D. 1160

2.【单选】某施工企业从银行借款100万元，期限3年，年利率8%，按年计息并于每年末付息，则第三年末企业需偿还的本利和为（　　）万元。

A. 100　　B. 124

C. 108　　D. 126

3.【单选】某施工企业年初从银行借款200万元，按季度计息并支付利息，季度利率1.5%，则该企业一年支付的利息总计为（　　）万元。

A. 6.00　　B. 6.05

C. 12.00　　D. 12.27

4.【单选】某公司以单利方式一次性借入资金2000万元，借款期限3年，年利率8%，期满一次还本付息，则第三年末应偿还的本利和为（　　）万元。

A. 2160　　B. 2240

C. 2480　　D. 2519

5.【单选】某企业借款100万元，年利率8%，借款期限为2年，单利计息，则借款期内计算两次和计算一次的利息差额为（　　）万元。

A. 0.00　　B. 0.32

C. 0.64　　D. 1.28

6.【单选】在工程经济分析中，通常采用（　　）计算资金的时间价值。

A. 连续复利　　B. 间断复利

C. 连续单利　　D. 瞬时单利

7.【单选】企业对外借款1000万元，借款期为4年，年利率8%，复利计息，则第四年末需偿还的本利和为（　　）万元。

A. 1030　　B. 1060

C. 1360　　D. 1262

8.【单选】企业向银行借款2000万元，借款期为5年，年利率7%，复利计息，则第五年末需向银行支付的利息为（　　）万元。

A. 700　　B. 805.10

C. 2805.10　　D. 2700

考点 3 等值计算【必会】

1.【单选】在资金时间价值的作用下，下列现金流量图（单位：万元）中，有可能与现金流入现值1500万元等值的是（　　）。

A. 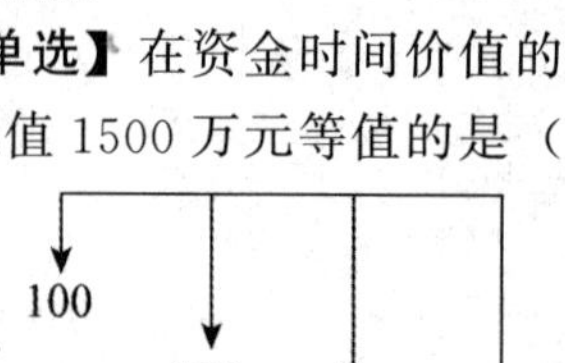

B. 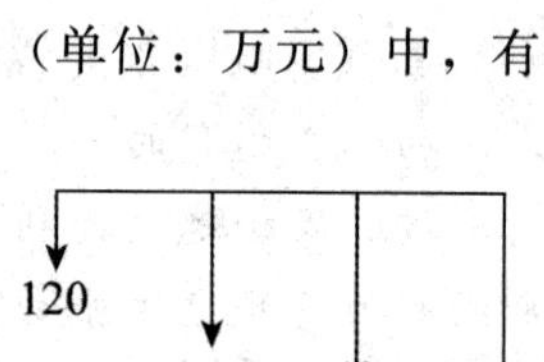

C. 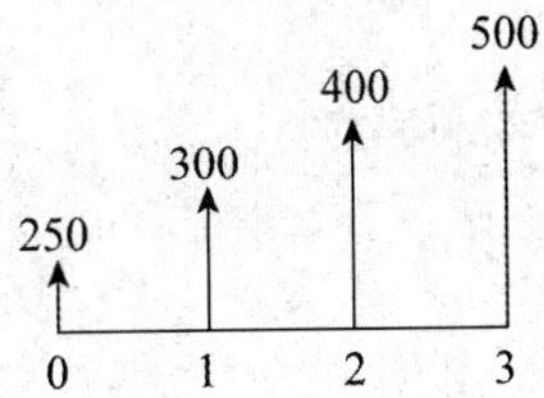

D. 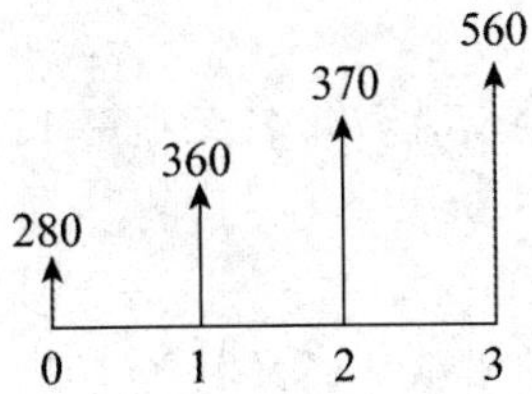

2. 【单选】某企业借款 2000 万元，期限 2 年，年利率 9%，按年复利计算，到期一次性还本付息，则第二年应计的利息为（　　）万元。

A. 80.0　　B. 180.0

C. 196.2　　D. 2376.2

3. 【单选】某企业连续 3 年每年初从银行借入资金 500 万元，年利率 8%，按年计息，第三年末一次性还本付息，则第三年末应还本付息（　　）万元。

A. 1893.30　　B. 1753.06

C. 1623.20　　D. 1620.00

4. 【单选】某企业希望 5 年内每年年末从银行提款 10000 元，银行利率 10%，那么该企业应在期初存入银行（　　）元。

A. 37910　　B. 37908.10

C. 43500　　D. 50000

5. 【单选】某企业第一至五年每年初等额投资，年收益率 10%，按复利计息，该企业若想在第五年末一次性回收投资本息 1000 万元，应在每年初投资（　　）万元。

A. 124.18　　B. 148.91

C. 163.80　　D. 181.82

6. 【单选】某工程项目建设期为 2 年，建设期内第一年初和第二年初分别贷款 600 万元和 400 万元，年利率 8%。若运营期前 3 年每年末等额还贷款本息，到第三年末全部还清，则每年末应偿还本息（　　）万元。

A. 406.66　　B. 439.19

C. 587.69　　D. 634.70

7. 【单选】某工程建设期 2 年，建设单位在建设期第一年初和第二年初分别从银行借入资金 600 万元和 400 万元，年利率 8%。按年计息。建设单位在运营期第三年末偿还了贷款 500 万元后，自运营期第五年末应偿还（　　）万元，才能还清贷款本息。

A. 925.78　　B. 956.66　　C. 1079.84　　D. 1163.04

8. 【单选】某工程建设期为 2 年，建设单位在建设期第一年初和第二年初分别从银行借入 700 万元和 500 万元，年利率 8%，按年计息。建设单位在运营期前 3 年每年末等额偿还贷款本息，则每年应偿还（　　）万元。

A. 452.16　　B. 487.37　　C. 526.36　　D. 760.67

9. 【多选】某企业从银行借入一笔 1 年期的短期借款，年利率 12%，按月复利计算，则关于该项借款利率的说法正确的有（　　）。

A. 利率为连续复利　　B. 年有效利率为 12%

C. 月有效利率为 1%　　D. 月名义利率为 1%

E. 季度有效利率大于 3%

10. 【单选】某项 2 年期借款，年名义利率 12%，按月计息，则每月的有效利率为（　　）。

A. 1.00%　　B. 2.00%

C. 3.00%　　D. 4.00%

11. 【单选】某项借款，年名义利率12%，按月复利计息，则季有效利率为（　　）。

A. 2.41%　　B. 2.50%

C. 3.00%　　D. 3.03%

12. 【单选】某项借款，名义利率10%，计息周期为月时，则年有效利率为（　　）。

A. 8.33%　　B. 10.38%

C. 10.47%　　D. 10.52%

13. 【单选】企业从银行借入资金500万元，年利率6%，期限1年，按季复利计息，到期还本付息，该项借款的年利息为（　　）万元。

A. 30　　B. 30.68

C. 30.75　　D. 30.86

14. 【单选】某企业从银行借入1年期的短期借款500万元，年利率12%，按季度计算并支付利息，则每季度需支付利息（　　）万元。

A. 15.00　　B. 15.15

C. 15.69　　D. 20.00

15. 【单选】某施工企业拟从银行借款500万元，期限5年，年利率8%，按复利计息，则企业支付本利和最多的还款方式为（　　）。

A. 每年年末偿还当期利息，第5年年末一次还清本金

B. 每年年末等额本金还款，另付当期利息

C. 每年年末等额本息还款

D. 第5年年末一次还本付息

16. 【单选】某施工企业欲借款500万元，借款期限2年，到期一次还本。现有甲、乙、丙、丁四家银行都提供贷款，年名义利率均为7%。其中，甲要求按月计息并支付利息，乙要求按季度计息并支付利息，丙要求按半年计息并支付利息，丁要求按年计息并支付利息。若其他条件相同，则该企业应选择的银行是（　　）。

A. 丁　　B. 丙　　C. 乙　　D. 甲

第二节　投资方案经济效果评价

知识脉络

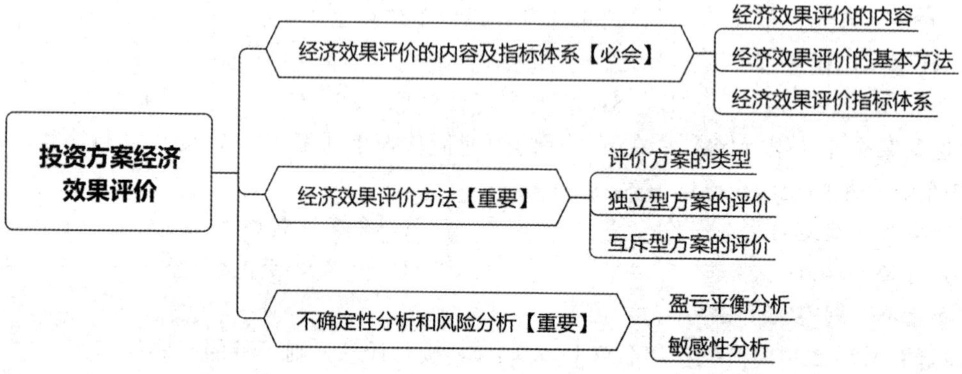

考点 1 经济效果评价的内容及指标体系【必会】

1. 【多选】投资方案经济效果评价的内容主要包括（ ）。

A. 盈利能力分析
B. 偿债能力分析
C. 财务生存能力分析
D. 抗风险能力分析
E. 经济合理性分析

2. 【单选】在投资方案经济效果评价的主要内容中，用来判断投资方案能否持续运行的分析是（ ）。

A. 盈利能力分析
B. 偿债能力分析
C. 财务生存能力分析
D. 抗风险能力分析

3. 【单选】在投资方案经济效果评价的主要内容中属于非经营性项目财务分析的主要内容的是（ ）。

A. 财务生存能力分析
B. 偿债能力分析
C. 盈利能力分析
D. 抗风险能力分析

4. 【单选】用来分析投资方案在建设期和运营期可能遇到的不确定性因素和随机因素对项目经济效果的影响程度的是（ ）。

A. 抗风险能力分析
B. 盈利能力分析
C. 偿债能力分析
D. 财务生存能力分析

5. 【单选】按是否考虑资金的时间价值，投资方案经济效果评价方法分为（ ）。

A. 线性评价方法和非线性评价方法
B. 静态评价方法和动态评价方法
C. 确定性评价方法和不确定性评价方法
D. 定量评价方法和定性评价方法

6. 【多选】下列评价指标中，可用于评价投资方案盈利能力的动态指标有（ ）。

A. 净产值
B. 净现值
C. 净年值
D. 投资收益率
E. 偿债备付率

7. 【多选】下列评价指标中，属于投资方案经济效果静态评价指标的有（ ）。

A. 内部收益率
B. 利息备付率
C. 投资收益率
D. 资产负债率
E. 净现值率

8. 【单选】反映技术方案资本金盈利水平的经济效果评价指标是（ ）。

A. 内部收益率
B. 总投资收益率
C. 资本积累率
D. 资本金净利润率

9. 【单选】总投资收益率指标中的收益是指项目建成后（ ）。

A. 正常生产年份的年税前利润或运营期年平均税前利润
B. 正常生产年份的年税后利润或运营期年平均税后利润
C. 正常生产年份的年息税前利润或运营期内年平均息税前利润
D. 投产期和达产期的盈利总和

10. 【单选】某项目总投资为2000万元，其中债务资金为500万元，项目运营期内年平均净利润为200万元，年平均息税为20万元，则该项目的总投资收益率为（ ）。

A. 10.0%
B. 11.0%

C. 13.3%　　D. 14.7%

11. 【单选】采用投资收益率指标评价投资方案经济效果的优点是（　　）。

A. 指标的经济意义明确，直观

B. 考虑了投资收益率的时间因素

C. 容易选择正常生产年份

D. 反映了资本的周转速率

12. 【单选】在工程经济分析中，以投资收益率指标作为主要决策依据，其可靠性较差的原因在于（　　）。

A. 正常生产年份的选择比较困难

B. 计算期的确定比较困难

C. 未考虑投资回收后的经济效果

D. 需要事先确定基准收益率

13. 【单选】某技术方案投资现金流量的数据见下表，则该技术方案的静态投资回收期为（　　）年。

计算期/年	0	1	2	3	4	5	6	7	8
现金流入/万元	—	—	—	800	1200	1200	1200	1200	1200
现金流出/万元	—	600	900	500	700	700	700	700	700

A. 5.0　　B. 5.2

C. 6.0　　D. 5.4

14. 【单选】关于静态投资回收期特点的说法正确的是（　　）。

A. 静态投资回收期只考虑了方案投资回收之前的效果

B. 静态投资回收期可以单独用来评价方案是否可行

C. 若静态投资回收期大于基准投资回收期，则表明该方案可以接受

D. 静态投资回收期越长，表明资本周转速度越快

15. 【多选】关于投资回收期指标优缺点的说法正确的有（　　）。

A. 计算简便，但其包含的经济意义不明确

B. 不能全面反映方案整个计算期内的现金流量

C. 在一定程度上显示了资本的周转速度

D. 可以单独用于投资方案的选择

E. 可以独立用于投资项目的排队

16. 【单选】现有甲和乙两个项目，静态投资回收期分别为 4 年和 6 年，该行业的基准投资回收期为 5 年，关于这两个项目的静态投资回收期的说法正确的是（　　）。

A. 甲项目的静态投资回收期只考虑了前 4 年的投资效果

B. 乙项目考虑全寿命周期各年的投资效果确定静态投资回收期为 6 年

C. 甲项目投资回收期小于基准投资回收期，据此可以准确判断甲项目可行

D. 乙项目的资本周转速度比甲项目更快

17. 【多选】下列技术方案经济效果评价指标中，属于偿债能力分析指标的有（　　）。

A. 利息备付率　　B. 资本积累率

C. 偿债备付率　　D. 投资回收期

E. 资产负债率

18. 【单选】偿债备付率是指投资方案在借款偿还期内（ ）的比值。
A. 息税前利润与当期应还本付息金额
B. 税后利润与上期应还本付息金额
C. 可用于还本付息的资金与上期应还本付息金额
D. 可用于还本付息的资金与当期应还本付息金额

19. 【多选】偿债备付率指标中“可用于还本付息的资金”包括（ ）。
A. 无形资产摊销费
B. 营业税及附加
C. 利润
D. 固定资产大修理费
E. 固定资产折旧费

20. 【单选】下列选项属于采用净现值指标评价投资方案经济效果缺点的是（ ）。
A. 没有考虑资金的时间价值
B. 确定基准收益率比较困难
C. 不能够直接通过金额直接表示项目盈利水平
D. 指标计算的主观随意性太强

21. 【单选】某企业拟新建一项目，有两个备选方案技术均可行。甲方案投资 5000 万元，计算期 15 年，财务净现值为 200 万元；乙方案投资 8000 万元，计算期 20 年，财务净现值为 800 万元。关于两方案比选的说法正确的是（ ）。
A. 甲乙方案必须构造一个相同的分析期限才能比选
B. 甲方案投资少于乙方案，净现值大于零，故甲方案较优
C. 乙方案净现值大于甲方案，且都大于零，故乙方案较优
D. 甲方案计算期短，说明甲方案的投资回收速度快于乙方案

22. 【单选】采用净现值指标评价投资方案经济效果的优点是（ ）。
A. 能够全面反映投资方案中单位投资的使用效果
B. 能够全面反映投资方案在整个计算期内的经济状况
C. 能够直接反应投资方案运营期各年的经营成果
D. 能够直接反应投资方案中的资本调整速度

23. 【单选】投资方案经济评价中的基准收益率是指投资资金应当获得的（ ）盈利率水平。
A. 最低
B. 最高
C. 平均
D. 组合

24. 【多选】确定基准收益率的基础有（ ）。
A. 资金成本
B. 机会成本
C. 投资风险
D. 通货膨胀
E. 基准折现率

25. 【单选】某企业投资项目，总投资 3000 万元，其中借贷资金占 40%，借贷资金的资金成本为 12%，企业自有资金的投资机会成本为 15%，在不考虑其他影响因素的条件下，基准收益率至少应达到（ ）。
A. 12.0%
B. 13.5%
C. 13.8%
D. 15.0%

26. 【多选】关于基准收益率的说法正确的有（ ）。
A. 基准收益率是投资资金应获得的最低盈利水平
B. 测定基准收益率应考虑资金成本因素

C. 基准收益率取值高低应体现对项目风险程度的估计

D. 测定基准收益率不需要考虑通货膨胀因素

E. 债务资金比例高的项目应降低基准收益率取值

27. 【单选】关于技术方案财务净现值与基准收益率关系的说法正确的是（　　）。

A. 基准收益率越大，财务净现值越小

B. 基准收益率越大，财务净现值越大

C. 基准收益率越小，财务净现值越小

D. 两者之间没有关系

28. 【单选】下列投资方案经济效果评价指标中，能够直接用来衡量项目未回收资金的获利能力水平的评价指标为（　　）。

A. 投资回收期

B. 净现值率

C. 内部收益率

D. 投资收益率

29. 【单选】关于财务内部收益率的说法正确的是（　　）。

A. 财务内部收益率大于基准收益率时，技术方案在经济上可以接受

B. 财务内部收益率是一个事先确定的基准折现率

C. 财务内部收益率受项目外部参数的影响较大

D. 独立方案用财务内部收益率评价与财务净现值评价，结论通常不一致

30. 【单选】与净现值比较，采用内部收益率法评价投资方案经济效果的优点最能够（　　）。

A. 考虑资金的时间价值

B. 反映项目投资中单位投资的盈利能力

C. 反映投资过程收益程度

D. 考虑项目在整个计算期内的经济状况

31. 【单选】某常规技术方案的净现值函数曲线如下图所示，则该方案的内部收益率为（　　）。

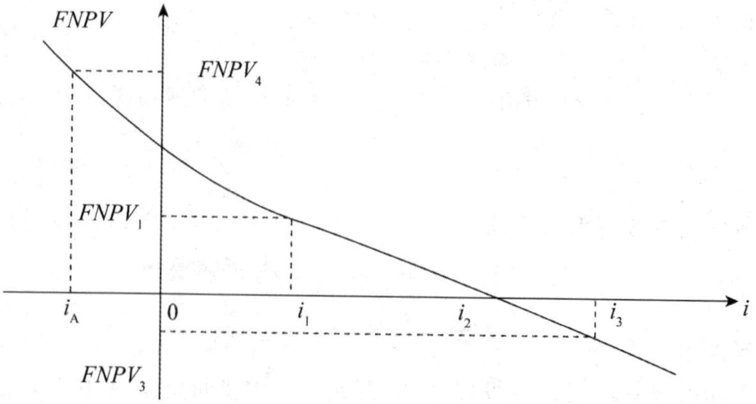

A. i_1

B. i_2

C. i_3

D. i_A

32. 【单选】某技术方案具有常规现金流量，当基准收益率为12%时，财务净现值为－67万元；当基准收益率为8%时，财务净现值为242.76万元；当基准收益率为6%时，财务净现值为341.76万元。则该技术方案的内部收益率最可能的范围为（　　）。

A. 小于6%

B. 大于6%，小于8%

C. 大于12%

D. 大于8%，小于12%

33.【多选】采用净现值和财务内部收益率指标投资方案经济效果的共同特点有（　　）。
A. 均受外部参数的影响
B. 均考虑资金的时间价值
C. 均可对独立方案进行评价
D. 均能反映投资回收过程的收益程度
E. 均能全面考虑整个计算期内经济状况

34.【多选】在投资方案经济效果评价的指标中，既考虑了项目在整个计算期内经济状况，又考虑了资金的时间价值的指标有（　　）。
A. 静态投资回收期
B. 总投资收益率
C. 净年值
D. 净现值
E. 内部收益率

考点 2　经济效果评价方法【重要】

1.【单选】某投资方欲投资 20000 万元，4 个可选投资项目所需投资分别为 5000 万元、6000 万元、8000 万元、12000 万元，投资方希望至少投资 2 个项目，则可供选择的组合方案共有（　　）个。
A. 5
B. 6
C. 7
D. 8

2.【单选】采用增量内部投资收益率（ΔIRR）法，挑选计算期相同的两个可行互斥方案时，基准收益率为 i_c，则保留投资额大的方案的前提条件是（　　）。
A. $\Delta IRR>0$
B. $\Delta IRR<0$
C. $\Delta IRR>i_c$
D. $\Delta IRR<i_c$

3.【多选】对于计算周期相同的互斥方案，可采用的经济效果动态评价方法有（　　）。
A. 增量投资收益率法
B. 净现值法
C. 增量投资回收期法
D. 净年值法
E. 增量投资内部收益率法

4.【多选】下列评价方法属于互斥投资方案的静态评价指标的有（　　）。
A. 增量投资收益率法
B. 增量投资内部收益率法
C. 年折算费用法
D. 增量投资回收期法
E. 净年值法

5.【单选】采用增量投资内部收益率（ΔIRR）法对不同计算期互斥方案进行比选时，首先对于已通过绝对效果检验的投资方案后，确定优选方案的标准是（　　）。
A. ΔIRR 大于基准收益率时，选择初始投资额小的方案
B. ΔIRR 大于基准收益率时，选择初始投资额大的方案
C. 无论 ΔIRR 是否大于基准收益率时，均选择初始投资额小的方案
D. 无论 ΔIRR 是否大于基准收益率时，均选择初始投资额大的方案

6.【多选】当采用净现值法对计算期不同的互斥方案进行评价时，确定共同计算期的方法有（　　）。
A. 平均寿命期法
B. 无限计算期法
C. 最小公倍数法
D. 研究期法
E. 最大公约数法

7. 【单选】在对互斥方案进行比选时，对于效益相同、但效益难以用货币直接计量投资方案，常用（　　）替代净现值进行比选。

A. 费用现值　　B. 净现值率
C. 增量投资　　D. 年折算费用

8. 【单选】利用净现值法进行互斥方案比选，甲和乙两个方案的计算期分别为 2 年和 3 年，则在最小公倍数法下，甲方案的循环次数是（　　）次。

A. 3　　B. 4　　C. 5　　D. 6

考点 3 不确定性分析和风险分析【重要】

1. 【多选】投资项目财务评价中的不确定性分析有（　　）。

A. 盈亏平衡分析　　B. 增长率分析
C. 敏感性分析　　D. 发展速度分析
E. 均值分析

2. 【单选】在对投资方案进行经济效果评价中，对于投资方案进行不确定性分析的说法正确的是（　　）。

A. 盈亏平衡分析只适用于国民经济评价
B. 盈亏平衡分析只适用于财务评价
C. 风险分析只适用于国民经济评价
D. 敏感性分析只适用于财务评价

3. 【单选】某公司生产单一产品，设计年生产能力为 3 万件；单位产品的售价为 380 元/件，单位产品可变成本为 120 元/件；单位产品税金及附加为 70 元/件，年固定成本为 285 万元。该公司盈亏平衡点的产销量为（　　）件。

A. 20000　　B. 19000
C. 15000　　D. 7500

4. 【单选】某技术方案，年设计生产能力为 8 万台，年固定成本为 100 万元，单位产品售价为 50 元，单位产品变动成本为售价的 55%，单位产品销售税金及附加为售价的 5%，则达到盈亏平衡点时的生产能力利用率为（　　）。

A. 55.50%　　B. 60.00%
C. 62.50%　　D. 41.67%

5. 【单选】某项目设计年生产能力为 50 万件，年固定成本为 300 万元，单位产品可变成本为 80 元，单位产品营业税金及附加为 5 元，则以单位产品价格表示的盈亏平衡点是（　　）元。

A. 91.00　　B. 86.00
C. 95.00　　D. 85.00

6. 【多选】项目盈亏平衡分析中，若其他条件不变，可以降低盈亏平衡点产量的途径有（　　）。

A. 提高设计生产能力　　B. 降低产品售价
C. 提高营业税金及附加率　　D. 降低固定成本
E. 降低单位产品变动成本

7. 【单选】以生产能力利用率表示的项目盈亏平衡点越低，表明项目建成投产后的（　　）越小。

A. 盈利的可能性　　B. 适应市场能力

C. 抗风险能力

D. 盈亏平衡总成本

8. 【单选】某投资方案设计生产能力为1000台/年，盈亏平衡点产量为500台/年，方案投产后前4年的达产率见下表。则该方案首次实现盈利的年份为投产后的第（　　）年。

投产年份	第一年	第二年	第三年	第四年
达产率	30%	50%	70%	90%

A. 一

B. 二

C. 三

D. 四

9. 【单选】采用盈亏平衡分析法进行投资方案不确定性分析的优点是（　　）。

A. 揭示产生项目风险的根源

B. 度量项目风险的大小

C. 投资项目风险的降低途径

D. 说明不确定因素的变化情况

10. 【单选】在对投资方案进行不确定分析中，属于盈亏平衡分析特点的是（　　）。

A. 能够度量项目风险的大小，但不能揭示产生项目风险的根源

B. 能够预测项目风险发生的概率，但不能确定项目风险的影响程度

C. 能够分析产生项目风险的根源，但不能提出应对项目风险的策略

D. 能够确定项目风险的影响范围，但不能量化项目风险的影响效果

11. 【单选】在对方案进行盈亏平衡分析中，项目的产量与项目投资效果的关系是（　　）。

A. 盈亏平衡点越高，项目风险越小

B. 盈亏平衡点越高，项目产品单位成本越高

C. 盈亏平衡点越低，项目抗风险能力越弱

D. 盈亏平衡点越低，项目抗风险能力越强

12. 【单选】在建设项目敏感性分析中，确定敏感性因素可以通过计算敏感度系数和（　　）来判断。

A. 盈亏平衡点

B. 评价指标变动率

C. 临界点

D. 不确定因素变动概率

13. 【单选】在对投资方案进行经济效果评价时，进行投资方案敏感性分析的目的是（　　）。

A. 分析不确定因素在未来发生变动的概率

B. 说明不确定因素在未来发生变动的范围

C. 度量不确定因素对投资效果的影响程度

D. 揭示不确定因素的变动对投资效果的影响

14. 【单选】某技术方案进行单因素敏感性分析的结果是：产品售价下降10%时内部收益率的变化率为55%，原材料上涨10%时内部收益率的变化率为39%，建设投资上涨10%时内部收益率变化率为50%，人工工资上涨10%时内部收益率的变化率为30%，则该技术方案的内部收益率对（　　）最敏感。

A. 人工工资

B. 产品售价

C. 原材料价格

D. 建设投资

15. 【单选】关于敏感度系数 S_{AF} 的说法正确的是（　　）。

A. S_{AF} 越大，表示评价指标 A 对于不确定因素 F 越敏感

B. $S_{AF}>0$，表示评价指标 A 与不确定因素 F 同方向变化

C. S_{AF} 表示不确定因素 F 的变化额与评价指标 A 的变化额之间的比例

D. S_{AF} 可以直接显示不确定因素 F 变化后评价指标 A 的值

16.【多选】某技术方案经济评价指标对甲、乙、丙三个不确定因素的敏感度系数分别为−0.1、0.05、0.09，据此可以得出的结论有（　　）。

A. 经济评价指标对于甲因素最敏感

B. 甲因素下降10%，方案达到盈亏平衡

C. 经济评价指标与丙因素反方向变化

D. 经济评价指标对于乙因素最不敏感

E. 丙因素上升9%，方案由可行转为不可行

17.【单选】关于技术方案敏感性分析的说法正确的是（　　）。

A. 敏感性分析只能分析单一不确定因素变化对技术方案经济效果的影响

B. 敏感度系数越大，表明评价指标对不确定因素越不敏感

C. 敏感性分析必须考虑所有不确定因素对评价指标的影响

D. 敏感性分析的局限性是依靠分析人员主观经验分析判断，有可能存在片面性

18.【单选】某项目采用净现值指标进行敏感性分析，有关数据见下表，则各因素的敏感程度由大到小的顺序是（　　）。

变化幅度 / 因素	−10%	0	+10%
建设投资/万元	623	564	505
营业收入/万元	393	564	735
经营成本/万元	612	564	516

A. 建设投资—营业收入—经营成本

B. 营业收入—经营成本—建设投资

C. 营业收入—建设投资—经营成本

D. 经营成本—营业收入—建设投资

19.【多选】若选定静态评价指标进行技术方案敏感性分析，可以选择（　　）作为不确定因素。

A. 投资额

B. 产品销售量

C. 产品单价

D. 折现率

E. 生产成本

20.【多选】某投资方案单因素敏感性分析如下图所示，其中表明的正确结论有（　　）。

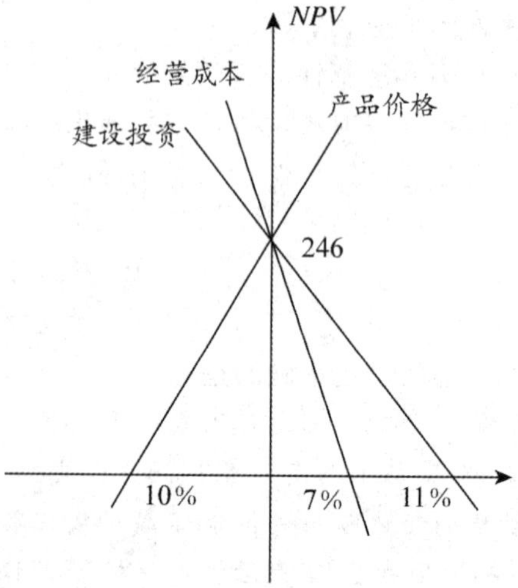

A. 净现值对经营成本波动最敏感

B. 初始投资方案的净现值为 246

C. 净现值对建设投资变动的敏感性高于对产品价格变动的敏感性

D. 为保证项目可行，投资方案不确定性因素变动幅度最大不超过 7%

E. 按净现值判断，产品价格变动临界点比初始方案价格下降 7%

第三节 价值工程

知识脉络

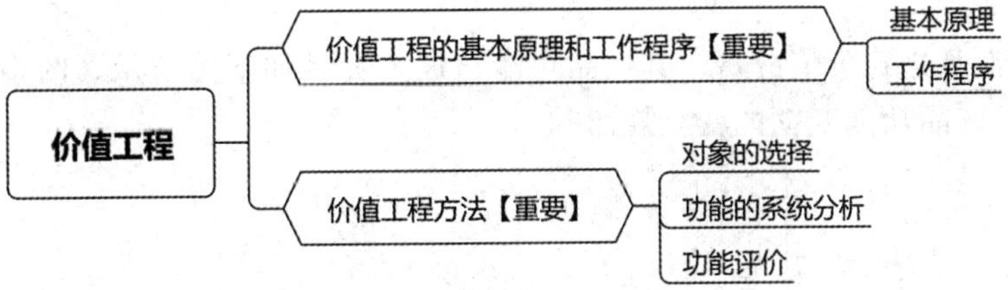

考点 1 价值工程的基本原理和工作程序【重要】

1. **【单选】** 价值工程中的“价值”是相对概念，它是对象的（　　）价值。

A. 使用　　B. 交换

C. 有效　　D. 比较

2. **【单选】** 价值工程是以提高产品（或作业）价值和有效利用资源为目的，寻找用最低的（　　），以获得最佳的综合效益的一种管理技术。

A. 寿命周期成本

B. 资金筹集成本

C. 生产成本

D. 使用成本

3. **【单选】** 价值工程的目标是（　　）。

A. 以最低的寿命周期成本，使产品具备它所必须具备的功能

B. 以最低的生产成本，使产品具备其所必须具备的功能

C. 以最低的寿命周期成本，获得最佳经济效果

D. 以最低的生产成本，获得最佳经济效益

4. **【单选】** 价值工程的核心是对产品进行（　　）分析。

A. 功能　　B. 成本

C. 价值　　D. 结构

5. **【单选】** 某产品的功能与成本关系如下图所示，功能水平 F_1、F_2、F_3、F_4 均能满足用户需求，从价值工程的角度，最适宜的功能水平应是（　　）。

A. F_1　　B. F_2

C. F_3　　D. F_4

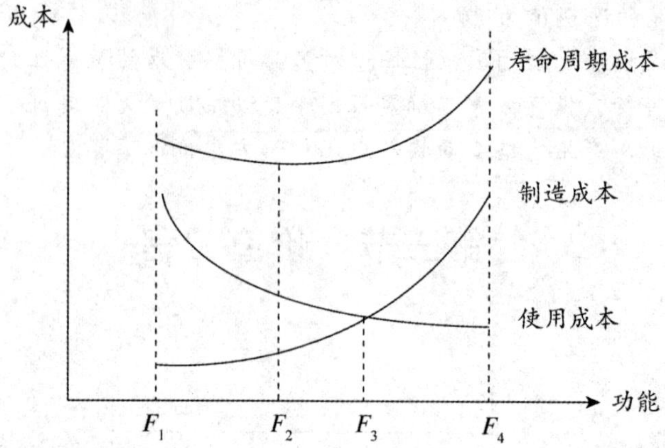

6.【单选】对某产品进行价值分析，其产品功能与成本关系如下图所示，图中 C_1 最有可能表示（　　）随产品功能变动的变化规律。

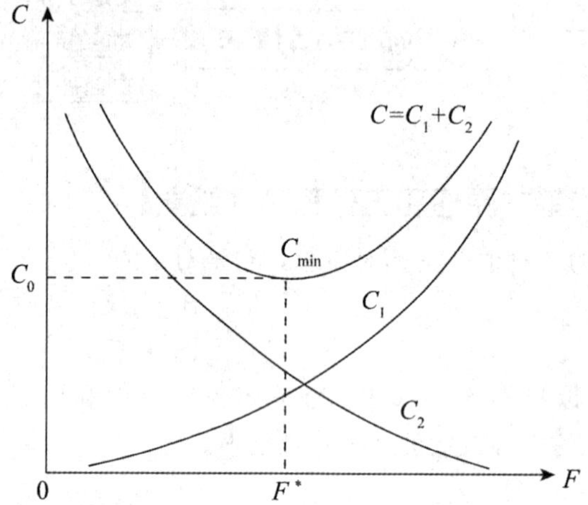

A. 用户购买产品的费用　　B. 产品使用成本

C. 产品维护成本　　D. 产品报废拆除所需费用

7.【单选】下列关于价值工程的说法不正确的是（　　）。

A. 价值工程中的价值是指研究对象的使用价值

B. 价值工程的核心，是对产品进行功能分析

C. 在提高产品功能的同时降低产品成本，可以提升产品价值

D. 价值工程研究产品成本与功能的最佳匹配

8.【单选】根据价值工程的原理，提高产品价值最理想的途径是（　　）。

A. 在产品成本不变的条件下，提高产品功能

B. 在保持产品功能不变的前提下，降低成本

C. 在提高产品功能的同时降低产品成本

D. 产品功能有较大幅度提高，产品成本有较少提高

9.【单选】提高价值的途径中，（　　）是指在产品功能略有下降，产品成本大幅度降低的情况下，也可达到提高产品价值的目的。

A. 投资型　　B. 改进型

C. 节约型　　D. 牺牲型

10.【单选】某城市电视塔初步设计的功能是发射电视和广播信号，每年需数百万的运行维护费用。后改进设计，利用塔的高度，在塔上增加综合利用机房，可为气象、环保、交通、

通信等部门服务，还增加了观景厅和旋转餐厅，虽然增加了工程造价，但功能大增。从价值工程角度分析，这样做是提高价值的（　　）途径。

A. 节约型　　B. 投资型

C. 牺牲型　　D. 双向型

11. 【单选】提高价值的途径中，“节约型”途径的基本思想是（　　）。

A. 在保持产品功能不变的前提下，通过降低成本达到提高价值的目的

B. 在提高产品功能的同时，降低产品成本

C. 产品功能有较大幅度提高，产品成本有较少提高

D. 在产品功能略有下降，产品成本大幅度降低的情况下，达到提高产品价值的目的

12. 【多选】对于大型复杂的建设工程，应用价值工程的重点是在（　　），因为这些阶段是提高技术方案效果的关键环节。

A. 决策阶段　　B. 准备阶段

C. 产品研究阶段　　D. 设计阶段

E. 实施阶段

13. 【多选】价值工程活动过程中，分析阶段的主要工作有（　　）。

A. 价值工程对象选择　　B. 功能定义

C. 功能评价　　D. 方案评价

E. 方案审批

14. 【单选】在产品价值工程工作程序中，功能定义和功能整理是工作阶段中的（　　）。

A. 评价阶段　　B. 准备阶段

C. 分析阶段　　D. 创新阶段

15. 【多选】下列关于价值工程的说法正确的有（　　）。

A. 价值工程的核心是对产品进行功能分析

B. 价值工程的应用重点是在产品生产阶段

C. 价值工程将产品的价值、功能和成本作为一个整体考虑

D. 价值工程需要将产品的功能定量化

E. 价值工程可用来寻找产品价值的提高途径

考点 2　价值工程方法【重要】

1. 【多选】价值工程对象选择的常用的方法有（　　）。

A. 因素分析法　　B. ABC 分析法

C. 强制确定法　　D. 百分比分析法

E. 问卷调查法

2. 【单选】抓住成本比重大的零部件或工序作为研究对象，有利于集中精力重点突破，取得较大效果，同时简便易行的价值工程分析方法是（　　）。

A. 因素分析法　　B. ABC 分析法

C. 强制确定法　　D. 百分比分析法

3. 【单选】在选择价值工程对象时，首先求出分析对象的成本系数、功能系数，然后求得价值系数。当分析对象的功能与成本不相符时，将价值低的选为价值工程的研究对象的方法称为（　　）。

A. 重点选择法　　B. 因素分析法

C. 强制确定法　　D. 价值指数法

4. 【单选】基于“关键的少数和次要的多数”原理对一个产品的零部件进行分类，并选择“占产品成本比例高而占零部件总数比例低”的零部件作为价值工程对象，这种方法称为（　　）。

A. 强制确定法　　B. 价值指数法

C. ABC 分析法　　D. 头脑风暴法

5. 【单选】价值工程活动中，针对具体改进目标而寻求必要功能实现途径的关键工作是（　　）。

A. 功能分析　　B. 功能整理　　C. 方案创造　　D. 方案评价

6. 【单选】产品功能可从不同的角度进行分析，按功能的性质不同，产品的功能可分为（　　）。

A. 必要功能和不必要功能　　B. 基本功能和辅助功能

C. 使用功能和美学功能　　D. 过剩功能和不足功能

7. 【多选】价值工程中，不符合用户要求的功能称为不必要功能，包括（　　）。

A. 辅助功能　　B. 多余功能

C. 重复功能　　D. 次要功能

E. 过剩功能

8. 【单选】价值工程应用中，功能整理的主要任务是（　　）。

A. 划分功能类别　　B. 解剖分析产品功能

C. 建立功能系统图　　D. 进行产品功能计量

9. 【多选】价值工程研究对象的功能量化方法有（　　）。

A. 类比类推法　　B. 流程图法

C. 理论计算法　　D. 技术测定法

E. 统计分析法

10. 【多选】价值工程活动中，用来确定产品功能重要性系数的方法有（　　）。

A. 环比评分法　　B. 替代评分法

C. 强制评分法　　D. 逻辑评分法

E. 循环评分法

11. 【单选】某产品各功能区采用环比评分法得到暂定重要性系数见下表，则功能区 F_2 的功能重要性系数为（　　）。

功能区	F_1	F_2	F_3
暂定重要性系数	2.0	1.5	1.0

A. 0.27　　B. 0.33　　C. 0.43　　D. 0.50

12. 【单选】采用 0—4 评分法确定产品各部件功能重要性系数时，各部件功能得分见下表，零部件 A 的功能重要性系数是（　　）。

零部件	A	B	C	D	E
A	×	4	2	2	1
B		×	3	3	1
C			×	1	0
D				×	3
E					×

A. 0.100
B. 0.150
C. 0.225
D. 0.250

13. 【单选】价值工程应用中，采用 0—4 评分法确定的产品各部件功能得分见下表，则部件Ⅱ的功能重要性系数是（　　）。

零部件	Ⅰ	Ⅱ	Ⅲ	Ⅳ	Ⅴ
Ⅰ	×	2	4	3	1
Ⅱ		×	3	4	2
Ⅲ			×	1	3
Ⅳ				×	2
Ⅴ					×

A. 0.125
B. 0.150
C. 0.250
D. 0.275

14. 【多选】某产品目标总成本为 1000 元，各功能区现实成本及功能重要性系数见下表，则应降低成本的功能区有（　　）。

功能区	F_1	F_2	F_3	F_4	F_5
功能重要性系数	0.36	0.25	0.03	0.28	0.08
现实成本/元	340	240	40	300	100

A. F_1
B. F_2
C. F_3
D. F_4
E. F_5

15. 【单选】某既有产品功能现实成本和重要性系数见下表。若保持产品总成本不变，按成本降低幅度考虑，应优先选择的改进对象是（　　）。

功能区	功能现实成本	功能重要性系数
F_1	160	0.35
F_2	190	0.45
F_3	80	0.10
F_4	70	0.10
总计	500	1.00

A. F_1
B. F_2
C. F_3
D. F_4

16. 【单选】某产品甲、乙、丙、丁 4 个部件的功能重要性系数分别为 0.25、0.30、0.37、0.08，现实成本分别为 200 元、220 元、350 元、30 元。按照价值工程原理，应优先改进的部件是（　　）。

A. 甲
B. 乙
C. 丙
D. 丁

17. 【多选】造成价值工程活动对象的价值系数 V 小于 1 的可能原因有（　　）。

A. 评价对象的现实成本偏低
B. 功能现实成本大于功能评价值
C. 实现功能的条件或方法不佳
D. 可能存在着过剩的功能
E. 可能存在着不足的功能

18. 【单选】在价值工程活动中，通过分析求得某研究对象的价值指数 V_I 后，对该研究对象可采取的策略是（　　）。

A. $V_I<1$ 时，增加现实成本

B. $V_I>1$ 时，提高功能水平

C. $V_I<1$ 时，降低现实成本

D. $V_I>1$ 时，降低现实成本

19. 【单选】应用价值工程原理进行功能评价时，表明评价对象的功能与成本较匹配，暂不需考虑改进的情形是价值系数（　　）。

A. 大于0　　B. 等于1

C. 大于1　　D. 小于1

20. 【单选】价值工程应用中，如果评价对象的价值系数 $V<1$，则正确的策略是（　　）。

A. 剔除不必要功能或降低现实成本

B. 剔除过剩功能及降低现实成本

C. 不作为价值工程改进对象

D. 提高现实成本或降低功能水平

21. 【多选】价值工程方案评价中，可针对方案进行综合评价的定量方法有（　　）。

A. 头脑风暴法

B. 直接评分法

C. 加权评分法

D. 优缺点列举法

E. 专家检查法

22. 【单选】某工程有甲、乙、丙、丁四个设计方案，各方案的功能系数和单方造价见下表，按价值系数应优选设计方案（　　）。

设计方案	甲	乙	丙	丁
功能系数	0.26	0.25	0.20	0.29
单方造价/（元/m^2）	2200	1960	1680	2140

A. 甲　　B. 乙

C. 丙　　D. 丁

23. 【单选】在价值工程活动的方案创造阶段，是在会议上提方案，但究竟研究什么问题，目的是什么，只有会议的主持人知道，以免其他人受约束。当会议进行到一定时机，再宣布会议的具体要求，在此联想的基础上研究和提出各种新的具体方案。这种方案创造的方法称为（　　）。

A. 德尔菲法　　B. 哥顿法

C. 头脑风暴法　　D. 强制确定法

24. 【多选】价值工程的方案评价阶段中，其评价内容包括（　　）。

A. 技术评价　　B. 综合评价

C. 经济评价　　D. 社会评价

E. 环境评价

25. 【单选】应用价值工程时，应作为改进对象的零部件为（ ）。
A. 价值较低
B. 结构简单
C. 成本较高
D. 功能较弱

26. 【多选】下列有关功能价值分析的表述正确的有（ ）。
A. 价值系数等于1，说明此时评价对象的功能比重与成本比重大致平衡，合理匹配
B. 价值系数小于1，可能是存在过剩功能，则评价对象需要改进
C. 价值系数大于1，可能是成本偏低，致使对象功能也偏低，则评价对象需要改进
D. 价值系数大于1，说明该评价对象的功能比较重要，但分配的成本较少
E. 价值系数小于1，说明此时评价对象的成本比重小于其功能比重

27. 【单选】在价值工程中，选择对象过程中，如果被研究对象彼此相差比较大以及时间紧迫的情况下比较适用（ ）。
A. 因素分析法
B. ABC 分析法
C. 强制确定法
D. 功能指数法

28. 【单选】某分项工程施工采用方案 A 的成本为 5 万元，在相同条件下，采用其他方案的合理成本为 4.5 万元。对方案实施价值工程，可以认为方案 A 的价值系数为（ ）。
A. 0.10
B. 0.90
C. 0.53
D. 1.11

第四节 工程寿命周期成本分析

知识脉络

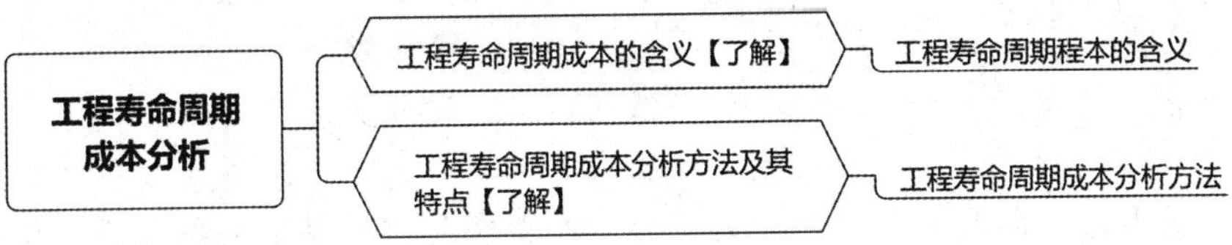

考点 1 工程寿命周期成本的含义【了解】

1. 【单选】下列工程寿命周期成本属于社会成本的是（ ）。
A. 建筑产品使用过程中的电力消耗
B. 工程施工对原有植被可能造成的破坏
C. 建筑产品使用阶段的人力资源消耗
D. 工程建设征地拆迁可能引发的不安定因素

2. 【单选】关于工程寿命周期社会成本的说法正确的是（ ）。
A. 产品使用阶段的人力资源消耗
B. 社会成本主要发生在工程项目运营期
C. 社会成本只在项目财务评价中考虑
D. 工程建设引起大规模移民是一种社会成本

3.【单选】在寿命周期成本分析中，对于不直接表现为量化成本的隐性成本，正确的处理方法是（　　）。

A. 不予计算和评价

B. 采用一定方法使其转化为可直接计量的成本

C. 将其作为可直接计量成本的风险看待

D. 将其按可直接计量成本的1.5～2倍计算

考点 2　工程寿命周期成本分析方法及其特点【了解】

1.【多选】常用的寿命周期成本评价方法有（　　）。

A. 费用模型估算法　　B. 权衡分析法

C. 费用效率（CE）法　　D. 固定效率法

E. 固定费用法

2.【多选】费用效率（CE）法是指（　　）与（　　）的比值。

A. 工程系统效率　　B. 维持费

C. 工程寿命周期成本　　D. 利用率

E. 年均产量

3.【多选】工程寿命周期成本分析中，估算费用可采用的方法有（　　）。

A. 动态比率法　　B. 费用模型估算法

C. 参数估算法　　D. 连环置换法

E. 类比估算法

4.【单选】对于住宅项目预算只有一个规定的数额，要根据这个数额的预算选出效果最佳的方案，进行工程成本评价应采用（　　）。

A. 费用效率法　　B. 固定费用法

C. 固定效率法　　D. 权衡分析法

5.【多选】进行工程寿命周期成本分析时，应将（　　）列入设置费。

A. 后勤支援费　　B. 设计费

C. 试运转费　　D. 运行费

E. 研发费

6.【单选】工程寿命周期成本分析中，为了权衡设置费与维持费之间的关系，可采取的手段是（　　）。

A. 进行充分研发，降低制造费用

B. 购置备用部件，提高可修复性

C. 提高材料周转速度，降低生产成本

D. 聘请操作人员，减少维修费用

7.【单选】建设工程寿命周期成本分析在很大程度上依赖于权衡分析，下列分析方法可用于权衡分析的是（　　）。

A. 计划评审技术（PERT）

B. 挣值分析法（EVM）

C. 工程结构分解法（WBS）

D. 关键线路法（CPM）

第五章

工程项目投融资

（建议学习时间：**1**周）

学习计划（第6周）：

Day 1

Day 2

Day 3

Day 4

Day 5

Day 6

Day 7

扫码即听
本章导学

第五章 工程项目投融资

第一节 工程项目资金来源

知识脉络

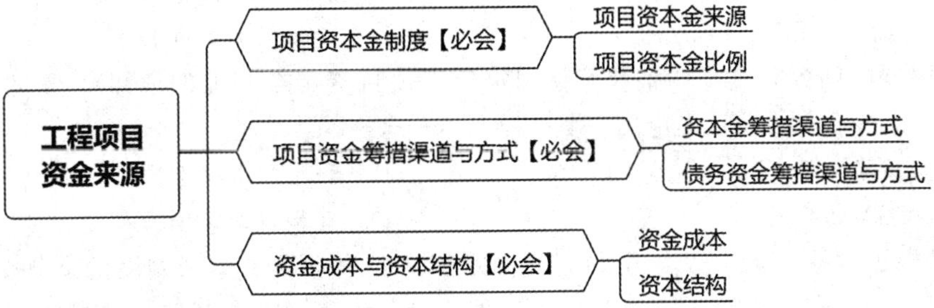

考点 1 项目资本金制度【必会】

1. **【单选】** 项目资本金是指（　　）。

A. 项目建设单位的注册资金　　B. 项目总投资的固定资产投资部分

C. 项目总投资中由投资者认缴的出资额　　D. 项目开工时已经到位的资金

2. **【单选】** 关于项目资本金的说法正确的是（　　）。

A. 项目资本金是债务性资金　　B. 项目法人要承担项目资本金的利息

C. 投资者可转让项目资本金　　D. 投资者可抽回项目资本金

3. **【单选】** 按照《国务院关于固定资产投资项目试行资本金制度的通知》规定，不试行资本金制度的项目是指（　　）。

A. 基本建设项目　　B. 技术改造项目

C. 房地产开发项目　　D. 公益性投资项目

4. **【多选】** 项目资本金的出资形式有（　　）。

A. 企业商誉　　B. 土地使用权

C. 非专利技术　　D. 工业产权

E. 实物

5. **【单选】** 除国家对采用高新技术成果有特别规定以外，以工业产权、非专利技术作价出资的比例不得超过投资项目资本金总额的（　　）。

A. 10%　　B. 15%

C. 20%　　D. 25%

6. **【多选】** 投资者以货币方式认缴的资本金，其资金来源有（　　）。

A. 政府财政预算内资金　　B. 非法募集到的资金

C. 社会个人合法所有的资金　　D. 企业折旧金

E. 从资金市场上筹措的资金

7. 【多选】下列关于项目资本金的表述不正确的有（　　）。

A. 项目资本金是指项目总投资中必须包括一定比例的由出资方实缴的资金，这部分资金对项目的法人而言属于非负债资金

B. 除了主要由中央和地方政府用财政预算投资建设的公益性项目等部分特殊项目外，大部分项目实行资本金制度

C. 项目资本金形式，可以是现金、实物、无形资产，各部分所占比例没有特殊要求

D. 根据出资方的不同，项目资本金分为国家出资、法人出资和个人出资

8. 【单选】根据《国务院关于调整和完善固定资产投资项目资本金制度的通知》，下列固定资产投资项目中，资本金占总投资比例维持40%不变的项目是（　　）。

A. 铁路、公路项目　　B. 普通商品住房项目

C. 钢铁、电解铝项目　　D. 玉米深加工项目

9. 【单选】根据《国务院关于调整和完善固定资产项目资本金制度的通知》，资本金占总投资比例维持20%不变的项目是电力等其他项目与（　　）。

A. 铁路、公路项目　　B. 普通商品住房项目

C. 钢铁、电解铝项目　　D. 玉米深加工项目

10. 【单选】根据《国务院关于调整和完善固定资产投资项目资本金制度的通知》，各种经营性固定资产投资项目必须实行资本金制度，用来计算资本金基数的总投资是指投资项目的（　　）。

A. 静态投资与动态投资之和

B. 固定资产投资与铺底流动资金之和

C. 固定资产总投资

D. 建筑安装工程总造价

11. 【单选】根据《国务院关于调整和完善固定资产投资项目资本金制度的通知》，作为计算资本金基数的总投资，具体核定时以经批准的（　　）为依据。

A. 投资估算　　B. 动态概算

C. 投资预算　　D. 总概算

12. 【单选】对某些投资回报率稳定、收益可靠的基地设施、基础产业投资项目，以及经济效益好的竞争性投资项目，经国务院批准，可以试行（　　）。

A. 降低资本金比例

B. 增加政策性贷款比重

C. 适当延长政策性贷款的还款期

D. 组建股份制公司发行股票方式

13. 【多选】按照我国现行规定，有些项目不允许国外资本控股，有些项目要求国有资本控股。《外商投资产业指导目录》（2017年修订）中明确规定，必须由中方控股的项目有（　　）。

A. 电网项目　　B. 水利枢纽项目

C. 核电站项目　　D. 铁路干线路网项目

E. 地下铁道交通项目

14. 【单选】实行资本金制度的投资项目，资本金的筹措情况应当在（　　）中作出详细说明，包括出资方、出资方式、资本金来源及数额、资本金认缴进度等有关内容。

A. 项目建议书　　B. 项目可行性研究报告

C. 初步设计文件　　D. 施工招标文件

考点 2　项目资金筹措渠道与方式【必会】

1.【多选】下列选项中，不属于项目资金筹措应遵循的基本原则的有（　　）。
A. 时机最早原则
B. 中方控股原则
C. 结构合理原则
D. 规模适宜原则
E. 经济效益原则

2.【多选】既有法人项目资本金筹措其内部资金来源主要包括（　　）。
A. 企业的现金
B. 未来生产经营中获得的可用于项目的资金
C. 企业增资扩股
D. 企业资产变现
E. 国家预算内投资

3.【多选】既有法人筹措新建项目资本金时，属于其外部资金来源的有（　　）。
A. 企业增资扩股
B. 资本市场发行股票
C. 企业现金
D. 企业资产变现
E. 企业产权转让

4.【多选】降低（　　），可以增加企业可使用的现金，这类流动资产的变现通常体现在企业外来净现金流量估算中。
A. 应收款项
B. 存货
C. 有价证券
D. 短期投资
E. 优先股

5.【单选】资产变现表现为一个企业资产总额构成的变化，即非现金货币资产的（　　），现金货币资产的（　　），资产总额（　　）。
A. 减少、减少、减少
B. 减少、增加、没有变化
C. 增加、增加、增加
D. 增加、减少、没有变化

6.【单选】企业未来经营净现金流量中，可用于项目资本金的资金是（　　）。
A. 财务费用
B. 盈余公积金
C. 折旧
D. 流动资金占用的增加

7.【单选】实践中常采用经营收益间接估算企业未来的经营净现金流量。其计算公式是（　　）。
A. 经营净现金流量＝净利润＋折旧＋无形及其他资产摊销＋财务费用
B. 经营净现金流量＝净利润＋折旧＋无形及其他资产摊销＋财务费用－流动资金占用的增加
C. 经营净现金流量＝净利润＋折旧＋无形及其他资产摊销－流动资金占用的增加
D. 经营净现金流量＝净利润＋折旧＋财务费用－流动资金占用的增加

8.【单选】下列关于优先股的说法正确的是（　　）。
A. 优先股股息固定，与普通股特征相似
B. 与债券特征相似的是没有还本期限
C. 相对于普通股股东来说，优先股通常要优先受偿
D. 优先股股东不参与公司的经营管理，但是有公司的控制权

9.【单选】新设项目法人的项目资本金，可通过（　　）方式筹措。
A. 企业产权转让
B. 在证券市场上公开发行股票

C. 商业银行贷款　　D. 在证券市场上公开发行债券

10.【单选】新设项目法人项目资本金通常以（　　）方式投入。

A. 资本公积金　　B. 企业增资扩股

C. 注册资本　　D. 企业的现金

11.【单选】下列新设法人项目资本金筹措形式中，筹资费用较高，筹资时间较长的是（　　）。

A. 合资合作　　B. 私募

C. 公开募集　　D. 信贷方式

12.【单选】根据项目资本金筹措的主体不同，可分为既有法人项目资本金筹措和新设法人项目金筹措。下列对于既有法人项目资本金筹措描述错误的是（　　）。

A. 外部资金来源包括企业增资扩股、优先股、国家预算内投资

B. 企业增资扩股通过原有股东增资扩股或吸收新股东增资扩股

C. 企业增资扩股包括国家股、企业法人股、个人股和外资股

D. 优先股股东没有控制权，股息固定（税后支付），还本期固定

13.【多选】项目资本金的筹措方式有（　　）。

A. 发行股票　　B. 发行债券

C. 设备融资租赁　　D. 吸收国外资本直接投资

E. 申请国际金融组织优惠贷款

14.【多选】债务融资的缺点有（　　）。

A. 融资速度快　　B. 融资成本低

C. 融资风险大　　D. 有还本付息压力

E. 企业控制权增大

15.【单选】（　　）是项目负债融资的重要组成部分，是公司融资和项目融资中最基本和最简单，也是比重最大的债务融资形式。

A. 债券方式融资　　B. 租赁方式融资

C. 海外融资　　D. 信贷方式融资

16.【多选】债务资金筹措应考虑的主要因素包括（　　）。

A. 合资合作　　B. 银行贷款

C. 债务偿还　　D. 违约风险

E. 债务期限

17.【单选】下列关于出口信贷的说法正确的是（　　）。

A. 按照获得贷款资金的借款人，出口信贷分为商业银行信贷和政策银行信贷

B. 出口信贷通常是设备价款全额贷款

C. 出口信贷利率通常要低于国际上商业银行的贷款利率

D. 出口信贷期限长，设备出口商不再给予设备的购买方延期付款条件

18.【单选】与发行股票相比，发行债券融资的优点是（　　）。

A. 企业财务负担小　　B. 企业经营灵活性高

C. 便于调整资本结构　　D. 无需第三方担保

19.【单选】融资租赁作为一种融资方式，不属于融资租赁的优点是（　　）。

A. 融资租赁是一种融资与融物相结合的融资方式

B. 不需要支付租赁资产的利息

C. 融资租赁可以避免长期借款筹资所附加的各种限制性条款

D. 可以减少设备进口费，从而降低设备取得成本

20. 【单选】在下列筹资方式中，可能改变企业控制权，不能将资金使用代价计入产品成本的是（ ）。

A. 发行股票和债券
B. 银行贷款和发行债券
C. 合作经营和发行债券
D. 发行股票和合作经营

考点 3 资金成本与资本结构【必会】

1. 【单选】在融资成本中，不属于资金筹集成本的是（ ）。

A. 发行手续费
B. 担保费
C. 资信评估费
D. 债券利息

2. 【单选】下列资金成本中，属于筹资阶段发生且具有一次性特征的是（ ）。

A. 债券发行手续费
B. 债券利息
C. 股息和红利
D. 银行贷款利息

3. 【单选】在资金的使用成本中，（ ）一般与所筹集的资金多少以及使用时间的长短有关，具有经常性、定期性的特征，是资金成本的主要内容。

A. 债券发行手续费
B. 支付股东的红利
C. 资信评估费
D. 债券发行担保费

4. 【单选】资金筹集成本的主要特点是（ ）。

A. 在资金使用多次发生
B. 与资金使用时间的长短有关
C. 可作为筹资金额的一项扣除
D. 与资金筹集的次数无关

5. 【多选】下列对于资金成本的描述错误的有（ ）。

A. 资金成本一般表现为时间的函数
B. 资金成本是资金使用人的筹资费用和利息费用
C. 与资金成本参与交易活动没有代价
D. 资金成本是企业的耗费
E. 资金成本具有一般产品成本的基本属性

6. 【单选】在资金成本中，具有产品成本性质的部分应计入产品成本，另一部分应作为（ ）。

A. 产品净收益
B. 利润的分配
C. 实收资本
D. 未分配利润

7. 【单选】（ ）的高低可作为比较各种融资方式优劣的一个依据。

A. 综合资金成本
B. 个别资金成本
C. 边际资金成本
D. 资金筹集成本

8. 【单选】（ ）是项目公司资本结构决策的依据。

A. 综合资金成本
B. 个别资金成本
C. 边际资金成本
D. 资金筹集成本

9. 【单选】某公司发行票面总额为 300 万元的优先股股票，筹资费费率为 5%，年股息率为 15%，公司所得税税率为 25%，则其资金成本率为（ ）。

A. 11.84%
B. 15.00%

C. 15.79%　　D. 20.00%

10. 【单选】某公司发行普通股股票融资，社会无风险投资收益率为8%，市场投资组合预期收益率为15%，该公司股票的投资风险系数为1.2，采用资本资产定价模型确定，发行该股票的成本率为（　　）。

A. 16.4%　　B. 18.0%

C. 23.0%　　D. 24.6%

11. 【单选】某企业从银行借款1000万元，年利息120万元，手续费等筹资费用30万元，企业所得税税率为25%，该项目借款的资金成本率为（　　）。

A. 9.00%　　B. 9.28%

C. 11.25%　　D. 12.00%

12. 【单选】某公司发行总面额400万元的5年期债券，发行价格为500万元，票面利率为8%，发行费率为5%，公司所得税税率为25%，发行该债券的成本率是（　　）。

A. 5.05%　　B. 6.32%

C. 6.40%　　D. 10.00%

13. 【单选】狭义的企业资本结构是指（　　）各自所占比例。

A. 长期债务资本和权益资本

B. 自筹资本和股票筹集资本

C. 自筹资本和国家预算内资本

D. 长期债务资本和短期债务资本

14. 【单选】项目资金结构中，如果项目资本金所占比重过小，则对项目的可能影响是（　　）。

A. 财务杠杆作用下滑

B. 负债融资成本提高

C. 负债融资难度降低

D. 市场风险承受力增强

15. 【单选】项目公司资本结构是否合理，一般是通过分析（　　）的变化进行衡量。

A. 折现系数　　B. 经营杠杆系数

C. 股票筹资　　D. 每股收益

16. 【单选】下列对于债务偿还顺序的说法正确的是（　　）。

A. 先偿还硬货币的债务

B. 先偿还软货币的债务

C. 先偿还利率较低的债务

D. 先偿还固定利率的债务

17. 【单选】在融资的每股收益分析中，根据每股收益的无差别点，可以分析判断（　　）。

A. 企业长期资金的加权平均资金成本

B. 市场投资组合条件下股东的预期收益率

C. 不同销售水平下适用的资本结构

D. 债务资金比率的变化所带来的风险

第二节 工程项目融资

知识脉络

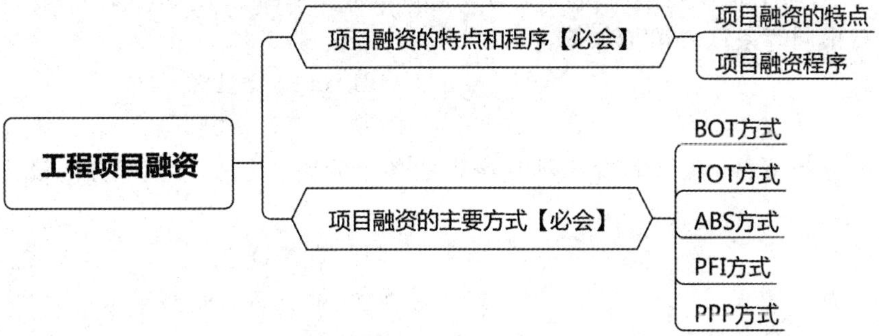

考点 1 项目融资的特点和程序【必会】

1. **【单选】**与传统贷款方式相比，项目融资有其自身的特点。项目融资主要具有（　　）的特点。

A. 无限追索　　　　B. 非公司负债型融资

C. 对投资人信用要求高　　　　D. 融资成本低

2. **【多选】**与传统融资方式相比较，项目融资的特点有（　　）。

A. 具有项目导向　　　　B. 信用结构多样化

C. 风险种类多　　　　D. 融资成本高

E. 属于公司负债型融资

3. **【多选】**与传统的贷款融资方式不同，项目融资主要是以（　　）来安排融资。

A. 项目资产和预期收益　　　　B. 项目投资者的资信水平

C. 项目第三方担保　　　　D. 项目管理的能力和水平

E. 项目预期现金流

4. **【单选】**在某种意义上，（　　）是区分融资是属于项目融资还是属于传统形式融资的重要标志。

A. 项目导向　　　　B. 追索形式

C. 风险分担　　　　D. 信用结构

5. **【单选】**非公司负债型融资，指的是（　　）之外的融资。

A. 资本金现金流量表　　　　B. 投资现金流量表

C. 资产负债表　　　　D. 利润表

6. **【单选】**在工程建设方面，为了减少风险，可以要求工程承包公司提供（　　）的合同。

A. 固定价格、可调工期　　　　B. 可调价格、固定工期

C. 固定价格、固定工期　　　　D. 可调价格、可调工期

7. **【单选】**在工程建设方面，"交钥匙"工程合同指的是（　　）合同。

A. 固定价格、可调工期　　　　B. 可调价格、固定工期

C. 固定价格、固定工期　　　　D. 可调价格、可调工期

8.【单选】下列关于项目融资成本的说法正确的是（　　）。

A. 融资的前期费用与项目的规模有直接关系，一般占贷款金额的0.3%～1.5%

B. 项目规模越小，前期费用所占融资总额的比例就越小

C. 项目融资的利息成本一般要高出同等条件公司贷款的0.5%～2%

D. 项目规模越小，前期费用所占融资总额的比例就越大

9.【单选】项目融资的成本包括融资的前期费用和利息成本两个主要组成部分。其中，利息成本一般要高出同等条件公司贷款的（　　）。

A. 0～0.3%　　B. 0.3%～1%

C. 0.3%～1.5%　　D. 1.5%～2%

10.【单选】充分利用（　　）贯穿于项目融资的各个阶段、各个组成部分的设计之中，可降低融资成本。

A. 融资成本　　B. 有偿追索

C. 税务优势　　D. 非公司负债型融资

11.【单选】项目融资过程中，投资决策分析后首先应进行的工作是（　　）。

A. 融资谈判　　B. 融资决策分析

C. 融资执行　　D. 融资结构设计

12.【单选】项目融资过程中，设计和选择合适的融资结构前应完成的工作是（　　）。

A. 建立项目的信用保证结构　　B. 决定项目的资金估算

C. 确定项目的投资结构　　D. 选择项目的组织结构

13.【单选】（　　）的选择将影响到项目融资的结构和资金来源的选择；反过来，项目融资结构的设计也会对其安排作出调整。

A. 投资结构　　B. 产品形式

C. 融资方式　　D. 投资决策

14.【单选】项目融资过程中，评价项目风险因素和选择项目融资方式所处的项目融资阶段分别为（　　）阶段。

A. 融资结构设计和融资决策分析　　B. 融资决策分析和融资执行

C. 融资决策分析和融资结构设计　　D. 投资决策分析和融资执行

15.【单选】下列项目融资工作中，属于融资决策分析阶段的是（　　）。

A. 进行融资谈判　　B. 进行项目可行性研究

C. 组织贷款银团　　D. 选择项目融资方式

16.【单选】根据项目融资程序，组织贷款银团应在（　　）阶段进行。

A. 投资决策分析　　B. 融资谈判

C. 融资决策分析　　D. 融资结构设计

考点 2　项目融资的主要方式【必会】

1.【单选】项目公司以（　　）方式进行项目融资时，没有项目的所有权，只有建设和经营权。

A. BT　　B. 典型 BOT

C. BOOT　　D. BOO

2.【单选】项目所在国政府或其所属机构为项目的建设和经营提供一种特许权协议作为项目融资的基础的融资方式为（　　）。

A. BOT 方式　　B. TOT 方式

C. ABS 方式　　D. PFI 方式

3. 【单选】BOT 融资方式需要政府参与的是（　　）阶段。

A. 决策和设计　　B. 建造

C. 融资　　D. 运营

4. 【单选】从具体运作过程看，（　　）方式只涉及转让经营权，不存在产权、股权等问题，在项目融资谈判过程中比较容易使双方意愿达成一致，并且不会威胁国内基础设施的控制权与国家安全。

A. BOT　　B. TOT

C. ABS　　D. PFI

5. 【单选】TOT 是从 BOT 方式演变而来的一种新型项目融资方式，特别受投资者的青睐。与 BOT 相比，TOT 是通过（　　）进行融资。

A. 项目的期望收益率　　B. 转让已建成项目的产权和经营权

C. 政府财政收入　　D. 资产证券化

6. 【单选】采用 ABS 融资方式进行项目融资的物质基础是（　　）。

A. 债券发行机构的注册资金　　B. 项目原始权益人的全部资产

C. 债券承销机构的担保资产　　D. 具有可靠未来现金流量的项目资产

7. 【单选】在项目融资活动中，SPV 是指具有特定用途的公司。在下列融资方式中需要组建 SPV 的是（　　）。

A. BOT 和 TOT　　B. ABS 和 TOT

C. BOT 和 PFI　　D. ABS 和 BOT

8. 【单选】下列关于项目融资 BOT 方式与 ABS 方式的说法正确的是（　　）。

A. ABS 风险主要由政府、投资者/经营者、贷款机构承担

B. BOT 方式比 ABS 方式过程简单

C. BOT 与 ABS 融资方式的资金来源主要都是民间资本，可以是国内资金，也可以是外资

D. ABS 容易造成国家税收流失，使国家承担价格、外汇等多种风险

9. 【多选】与 BOT 融资方式相比，ABS 融资方式的特点有（　　）。

A. 项目的所有权、运营权在特许期内属于项目公司

B. 有利于引进先进的管理方式

C. 适用范围广

D. 融资风险与项目未来收入无关

E. 风险分散度高

10. 【单选】采用 PFI 融资方式，政府部门与私营部门签署的合同类型是（　　）。

A. 服务合同　　B. 特许经营合同

C. 承包合同　　D. 融资租赁合同

11. 【单选】BOT、ABS、TOT、PFI 等均是项目融资的有效方式，其中能够通过融资获得国外管理经验的方式是（　　）。

A. ABS 和 PFI　　B. ABS 和 TOT

C. ABS 和 BOT　　D. BOT 和 TOT

12. 【单选】下列项目中，适合以 PFI 典型模式实施的是（　　）。

A. 向公共部门出售服务的项目　　B. 公共部门经营的项目

C. 由私营企业承担全部经营风险的项目　　D. 由政府部门掌握项目经营权的项目

13.【多选】下列关于 PPP 方式的说法正确的有（　　）。
A. 广义上的 PPP 泛指公共部门与私营部门为提供公共产品或服务而建立的长期合作关系
B. 广义上的 PPP 泛指政府在项目公司中占股份来加强对项目的控制
C. 广义上的 PPP 包含 BOT、TOT、PFI 等多种方式
D. PPP 模式适用于风险小、价格稳定的基础设施项目
E. 财政部门（或政府和社会资本合作中心）组织编制 PPP 项目实施方案

14.【单选】PPP 合同体系中，最核心的法律文件是指（　　）。
A. 项目合同　　B. 运营服务合同
C. 保险合同　　D. 工程承包合同

15.【多选】在物有所值定性评价中，属于定性评价指标中补充评价指标的有（　　）。
A. 全寿命期整合程度　　B. 风险识别与分配
C. 全寿命期成本测算准确性　　D. 项目规模大小
E. 可融资性

16.【单选】PPP 项目全生命周期过程的财政支出责任，主要包括（　　）。
A. 股权投资、运营补贴、风险承担、配套投入
B. 立项费用、运营补贴、风险承担、配套投入
C. 立项费用、建设补贴、风险承担、配套投入
D. 股权投资、立项费用、风险承担、配套投入

17.【单选】每一年度全部 PPP 项目需要从预算中安排的支出责任，其支出比例为（　　）。
A. 占地方财政预算支出比例应当不超过 10%
B. 占一般公共预算支出比例应当不超过 10%
C. 占一般公共预算支出比例应当不超过 20%
D. 占地方预算支出比例应当不超过 5%

第三节　与工程项目有关的税收及保险规定

知识脉络

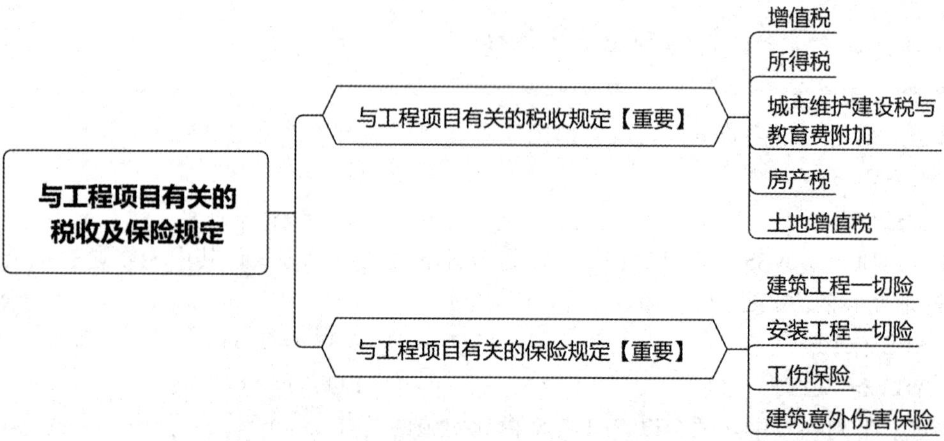

考点 1 与工程项目有关的税收规定【重要】

1.【单选】建筑业增值税一般计税方法的计算式是（　　）。

A. 销售额×税率
B. 工程造价×税率
C. 税前造价×税率
D. 税后造价×税率

2.【单选】下列关于增值税说法正确的是（　　）。

A. 纳税人分为一般纳税人和小规模纳税人
B. 当采用一般计税方法时，税前造价包含增值税可抵扣进项税额的价格计算
C. 简易计税方法可以抵扣进项税额
D. 小规模纳税人增值税应纳税额的计算式：销售额/（1－征收率）×征收率

3.【单选】企业计算应纳税所得额时，下列项目中，允许从收入中扣除的是（　　）。

A. 向投资者支付的股息
B. 生产成本
C. 由公益性赞助支出
D. 税收滞纳金

4.【多选】在计算应纳税所得额时不得扣除的支出有（　　）。

A. 向投资者支付的股息
B. 赞助支出
C. 所有捐赠支出
D. 税收滞纳金
E. 未核定的准备金支出

5.【单选】企业发生的年度亏损，在连续（　　）年内可税前利润弥补。

A. 3
B. 5
C. 10
D. 15

6.【多选】计算企业所得税应纳税额时，可以列为免税收入的有（　　）。

A. 接受捐赠收入
B. 国债利息收入
C. 特许权使用费收入
D. 存款利息收入
E. 符合条件的非营利组织的收入

7.【单选】对于需要国家重点扶持的高新技术企业，减按（　　）的税率征收企业所得税。

A. 12%
B. 15%
C. 20%
D. 25%

8.【多选】下列企业所得中，可以免征、减征企业所得税的有（　　）。

A. 农业项目的所得
B. 符合条件的环境保护所得
C. 高新技术所得
D. 接受捐赠所得
E. 符合条件的技术转让所得

9.【单选】城市维护建设税的计税依据是实际缴纳的（　　）税额之和。

A. 增值税、消费税
B. 消费税、营业税
C. 增值税、所得税
D. 消费税、所得税

10.【单选】教育费附加的应纳税额的计算式是（　　）。

A. 实际缴纳的增值税、消费税税额之和×征收税率
B. 实际缴纳的营业税、消费税税额之和×征收税率
C. 实际缴纳的增值税、消费税、营业税税额之和×征收税率
D. 实际缴纳的增值税、消费税、所得税税额之和×征收税率

11.【单选】下列关于房产税计税依据的说法正确的是（　　）。

A. 融资租赁房屋的，以房产余值为计税依据
B. 融资租赁房屋的，以房产原值为计税依据
C. 以房产联营投资、共担经营风险的，以房产原值为计税依据

D. 以房产联营投资、不承担经营风险的，以房产余值为计税依据

12. 【多选】计算土地增值税时，允许从房地产转让收入中扣除的项目有（　　）。
A. 取得土地使用权支付的金额
B. 旧房及建筑物的评估价格
C. 与转让房地产有关的税金
D. 房地产开发利润
E. 房地产开发成本

13. 【单选】计算房地产开发企业应纳土地增值税时，可以从收入中据实扣除的是（　　）。
A. 房地产开发成本
B. 开发项目有关的管理费用
C. 开发项目有关的财务费用
D. 开发项目有关的销售费用

14. 【单选】根据我国现行规定，土地增值税的税率实行（　　）。
A. 四级超率累进税率
B. 差别比例税率
C. 五级超率累进税率
D. 定额税率

15. 【单选】对个人转让房地产的，凡居住满（　　）年或以上的，免征土地增值税。
A. 1
B. 3
C. 5
D. 7

16. 【单选】下列关于契税计税依据的说法正确的是（　　）。
A. 房屋赠与，以房屋评估价为计税依据
B. 房屋交换，以房屋的原值之和为计税依据
C. 国有土地使用权出让，以成交价格为计税依据
D. 划拨取得的土地使用权，以土地评估价为计税依据

考点2　与工程项目有关的保险规定【重要】

1. 【单选】建筑工程一切险的保险项目包括（　　）。
A. 物质损失部分、第三者责任及附加险三部分
B. 物质损失部分、第三者责任及免赔额三部分
C. 物质损失部分、附加险及免赔额三部分
D. 物质损失部分、第三者责任及安装工程险三部分

2. 【多选】建筑工程一切险的保险项目包括物质损失部分、第三者责任及附加险三部分。其中，物质损失部分包括（　　）。
A. 业主提供的物料及项目
B. 施工用机器、装置及设备
C. 工地内现成的建筑物
D. 建筑工程的技术资料
E. 有公共运输执照的车辆

3. 【单选】下列实物项目中，属于建筑工程一切险除外责任的是（　　）。
A. 已完成尚未移交业主的工程
B. 业主采购并已运抵工地范围内的材料
C. 工地范围内施工用的推土机
D. 工地范围内施工用的规范、文件

4. 【单选】某投保建筑工程一切险（含第三者责任保险）的工程项目，在保险期限内出现如下情况，其中应由保险人负责赔偿损伤的是（　　）。
A. 两个施工班组的工人打架致伤
B. 施工单位拆除临边防护未及时恢复导致工人摔伤

C. 工人上班时间突发疾病死亡

D. 业主提供的物料因突降冰雹受损

5. 【单选】某工程投保建筑工程一切险，在工程建设期间发生的下列情况中，应由保险人承担保险责任的是（ ）。

A. 设计错误引起的损失

B. 施工机械装置失灵造成损坏

C. 工程档案文件损毁

D. 地面下降下沉造成的损失

6. 【单选】下列不属于建筑工程一切险中物质损失的除外责任的是（ ）。

A. 维修保养发生的费用

B. 设计错误引起损失

C. 原材料缺陷引起损失

D. 现场火灾造成损失

7. 【单选】建筑工程一切险保险期限是在保险单列明的建筑期限内，自投保工程动工日或自被保险项目被卸至建筑工地时起生效，直至建筑工程（ ）时终止。

A. 缺陷责任期结束

B. 完工提交验收报告

C. 完工验收合格

D. 保修期结束

8. 【单选】某公司承接一土建项目，并为该项目购买了建筑工程一切险，与保险公司签订了保险合同。合同约定投保材料 2019 年 4 月 1 日保单生效，该公司为了赶工期，2019 年 3 月 25 日将投保的工程材料运至现场，由于看管不到位，3 月 28 日部分材料被盗。4 月 5 日该项目破土动工。保险公司保险责任开始日期为（ ）。

A. 2019 年 4 月 1 日

B. 2019 年 3 月 25 日

C. 2019 年 3 月 28 日

D. 2019 年 4 月 5 日

9. 【单选】安装工程一切险是以设备的购货合同价和安装合同价加各种费用或以安装工程的最后建成价格为保额的，以（ ）进行赔偿。

A. 实际价值

B. 损失价值

C. 重置价值

D. 账面原值

10. 【多选】下列关于安装工程一切险的保险项目说法不正确的有（ ）。

A. 安装工程一切险在机器安装好之后风险最小

B. 安装工程一切险风险集中

C. 安装工程一切险承担的风险主要为自然灾害损失

D. 安装工程一切险承担的风险主要为人为事故损失

E. 安装工程一切险保险费率高于建筑工程一切险

11. 【多选】安装工程险承保的主要保险项目包括（ ）。

A. 被安装的机械设备

B. 工程所需临时用水设施

C. 巨型吊车的组装工程

D. 推土机等机器设备

E. 领有公共运输执照的车辆

12. 【单选】下列关于安装工程一切险保险期限的说法正确的是（ ）。

A. 试车考核期的保险责任一般不超过 6 个月

B. 保证期的保险期限一般与工程合同中规定的质量保修期一致

C. 保证期自工程验收合格或工程所有人使用时开始，以后发生者为准

D. 安装期保险责任的终止是安装工程质量保修期结束之日

13. 【单选】安装工程一切险的试车考核期的保险责任一般不超过（　　）个月，若超过该期限，应另行加费。

A. 2　　B. 3

C. 6　　D. 9

14. 【单选】新建、扩建厂矿必须有的土木建筑工程项目，该项保险金额超过（　　）时，应按建筑工程保险费率计收保险费。超过（　　）时，则需单独投保建筑工程一切险。

A. 10%，20%　　B. 20%，30%

C. 20%，50%　　D. 30%，50%

学习笔记

第六章

工程建设全过程造价管理

（建议学习时间：**1**周）

学习计划（第7周）：

Day 1

Day 2

Day 3

Day 4

Day 5

Day 6

Day 7

扫码即听
本章导学

第六章　工程建设全过程造价管理

第一节　决策阶段造价管理

知识脉络

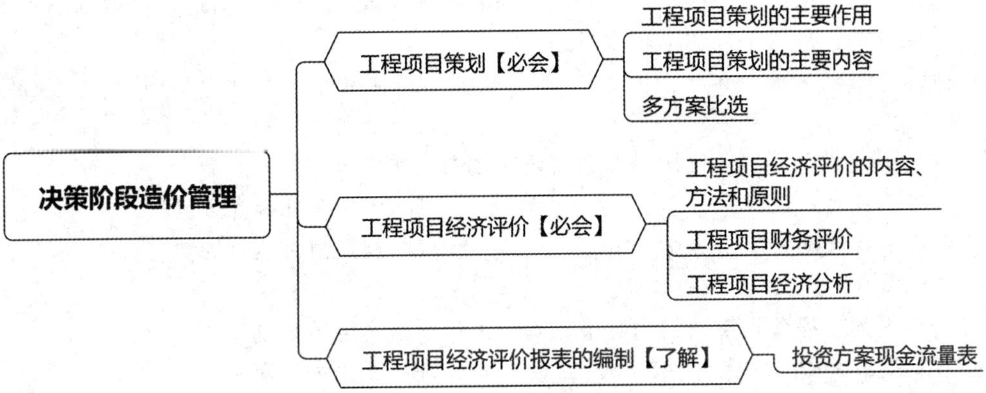

考点 1　工程项目策划【必会】

1. **【单选】**将建设意图转换为定义明确、系统清晰、目标具体且具有策略性运作思路的高智力的系统活动，称为（　　）。

A. 工程项目设计　　B. 工程项目计划

C. 工程项目规划　　D. 工程项目策划

2. **【单选】**工程项目策划的首要任务是根据建设意图进行（　　）。

A. 工程项目的定义和定位　　B. 项目目标定义

C. 确定建设方案　　D. 制定项目融资方案

3. **【单选】**工程项目策划中，具体描述工业项目的主要用途和目的的活动是指（　　）策划。

A. 项目系统　　B. 功能

C. 定位　　D. 定义

4. **【单选】**工程项目策划中，定义是要明确界定工程项目的（　　）。

A. 系统框架　　B. 用途和性质

C. 规格和档次　　D. 系统组成

5. **【单选】**工程项目策划中，要根据市场需求，综合考虑投资能力和最有利的投资方案，决定工程项目的规格和档次是对工程项目的（　　）。

A. 定位　　B. 定义

C. 系统构成　　D. 功能

6. **【单选】**工程项目策划中，定位是要明确界定工程项目的（　　）。

A. 系统框架　　B. 系统组成

C. 规格和档次　　D. 用途和性质

7. 【单选】计划建设一幢大厦，根据需求和建设条件，可以策划建成普通办公大楼，也可以建成多功能现代化办公写字楼，这项活动是属于工程项目策划中的（　　）。

A. 工程项目定位
B. 工程项目定义
C. 工程项目系统构建
D. 工程项目建设方案设计

8. 【多选】下列工程项目策划内容属于工程项目构思策划的有（　　）。

A. 工程项目组织系统
B. 工程项目系统构成
C. 工程项目发包模式
D. 工程项目建设规模
E. 工程项目融资方案

9. 【单选】对工程项目系统的总体功能、系统内部各单项工程、单位工程的构成，各自作用和相互联系，内部系统与外部系统的协调、协作和配套进行详细的描述，对策划思路及方案的可行性分析，是属于描述工程项目的（　　）。

A. 定位
B. 定义
C. 系统构成
D. 功能

10. 【多选】下列属于工程项目构思策划需要完成的工作内容有（　　）。

A. 工程项目的定位
B. 比选项目融资方案
C. 描述项目系统的总体功能
D. 确定项目实施组织
E. 工程项目的定义

11. 【多选】下列工程项目策划的内容中，属于工程项目实施策划的有（　　）。

A. 项目规模策划
B. 项目功能策划
C. 项目定义策划
D. 项目目标策划
E. 项目融资策划

12. 【单选】对于政府投资的经营性项目，需要实行项目法人责任制，应按《公司法》要求组建项目法人，属于工程项目的（　　）策划。

A. 目标
B. 构思
C. 组织
D. 控制

13. 【多选】下列属于项目目标策划内容的有（　　）。

A. 确定项目的质量目标
B. 确定项目的系统构成
C. 确定项目的费用目标
D. 确定项目的进度目标
E. 确定项目的造价目标

14. 【多选】下列属于项目实施过程策划内容的有（　　）。

A. 确定项目的质量目标
B. 工程项目系统构成
C. 确定项目的合同结构
D. 总体融资方案策划
E. 管理信息收集

15. 【多选】下列属于工程项目多方案比选内容的有（　　）。

A. 工艺方案比选
B. 规模方案比选
C. 选址方案比选
D. 投产后经营方案的比选
E. 污染防治措施方案的比选

考点 2　工程项目经济评价【必会】

1. 【多选】工程项目经济评价中，属于财务分析内容的有（　　）。

A. 盈利能力
B. 清偿能力
C. 经济效率
D. 对社会的影响

E. 国民经济的贡献

2. **【多选】**下列工程项目经济评价用于项目经济分析的有（　　）。

A. 社会折现率　　B. 财务净现值

C. 净利润　　D. 净收益

E. 市场利率

3. **【单选】**在工程项目财务分析和经济分析中，下列关于工程项目投入和产出物价值计量的说法正确的是（　　）。

A. 经济分析采用影子价格计量，财务分析采用预测的市场交易价格计量

B. 经济分析采用预测的市场交易价格计量，财务分析采用影子价格计量

C. 经济分析和财务分析均采用预测的市场交易价格计量

D. 经济分析和财务分析均采用影子价格计量

4. **【单选】**下列财务评价指标中，可用来判断项目盈利能力的是（　　）。

A. 资产负债率　　B. 流动比率

C. 总投资收益率　　D. 速动比率

5. **【单选】**工程项目经济评价中，财务分析依据的基础数据是根据（　　）确定的。

A. 完全市场竞争下的价格体系　　B. 影子价格和影子工资

C. 最优资源配置下的价格体系　　D. 现行价格体系

6. **【单选】**进行工程项目经济评价，应遵循的基本原则是（　　）。

A. 效率与公平权衡　　B. 收益与风险权衡

C. 静态与动态权衡　　D. 费用与效益权衡

7. **【多选】**进行工程项目财务评价时，可用于判断项目偿债能力的参数有（　　）。

A. 基准收益率　　B. 财务内部收益率

C. 资产负债率　　D. 项目资本金净利润率

E. 利息备付率

8. **【多选】**进行工程项目财务评价时，可用于判断项目盈利能力的参数有（　　）。

A. 利息备付率　　B. 财务内部收益率

C. 资产负债率　　D. 项目资本金净利润率

E. 速动比率

9. **【单选】**对于工程项目经济评价，包括财务分析和经济分析，其中属于财务分析采用的标准和参数的是（　　）。

A. 市场利率和净利润　　B. 社会折现率和净利润

C. 市场利率和净收益　　D. 社会折现率和净收益

10. **【单选】**与工程项目财务分析不同，工程项目经济分析的主要标准和参数是（　　）。

A. 净利润和经济净现值　　B. 经济净现值和社会折现率

C. 净利润和社会折现率　　D. 市场利率和经济净现值

11. **【单选】**对于经营性项目，进行财务分析时，可分为融资前分析和融资后分析，下列说法中正确的是（　　）。

A. 融资前分析应以动态分析为主，静态分析为辅

B. 融资前分析应以静态分析为主，动态分析为辅

C. 融资后分析只进行动态分析，不考虑静态分析

D. 融资后分析只进行静态分析，不考虑动态分析

12.【单选】对非经营性项目，当有营业收入时，对其进行财务分析，当以营业收入弥补支出时的先后顺序为：①缴纳流转税；②偿还借款利息；③生产经营耗费；④计提折旧；⑤偿还借款本金。则正常收入补偿费用的顺序为（　　）。

A. ①②③④⑤　　B. ③①②④⑤

C. ③①②⑤④　　D. ①③④②⑤

13.【单选】工程项目经济分析中，属于社会与环境指标的是（　　）。

A. 就业结构　　B. 就业效果指标

C. 影响力系数　　D. 三次产业结构

14.【单选】工程项目经济分析中，属于经济总量指标的是（　　）。

A. 净产值　　B. 净现值

C. 影响力系数　　D. 三次产业结构

15.【多选】工程项目经济分析中，属于经济结构分析指标的有（　　）。

A. 就业效果指标　　B. 就业结构

C. 收益分配效果指标　　D. 三次产业结构

E. 净现值总额

考点 3　工程项目经济评价报表的编制【了解】

1.【单选】某技术方案由三个投资者共同投资，若要比较三个投资者的财务内部收益率是否均衡，则适宜采用的现金流量表是（　　）。

A. 投资现金流量表

B. 资本金现金流量表

C. 财务计划现金流量表

D. 投资各方现金流量表

2.【单选】可据以计算累计盈余资金，分析技术方案财务生存能力的现金流量表是（　　）。

A. 财务计划现金流量表　　B. 投资各方现金流量表

C. 资本金现金流量表　　D. 投资现金流量表

3.【单选】资本金现金流量表是以技术方案资本金作为计算的基础，站在（　　）的角度编制的。

A. 项目发起人　　B. 债务人

C. 债权人　　D. 项目法人

4.【单选】以技术方案建设所需的总投资作为计算基础，反映技术方案在整个计算期内现金流入和流出的现金流量表是（　　）。

A. 资本金现金流量表　　B. 投资现金流量表

C. 投资各方现金流量表　　D. 财务计划现金流量表

5.【单选】某垃圾处理项目得到政府 300 万元的财政补贴，则这 300 万元应计入财务计划现金流量表中的（　　）。

A. 经营活动净现金流量　　B. 筹资活动净现金流量

C. 投资活动净现金流量　　D. 营业收入

6.【多选】在投资方案现金流量表中，属于经营成本内容的有（　　）。

A. 修理费　　B. 摊销费

C. 折旧费　　D. 利息支出

E. 外购原材料、燃料及动力费

7. 【单选】下列财务费用中，在投资方案效果分析中通常只考虑（ ）。

A. 汇兑损失
B. 汇兑收益
C. 相关手续费
D. 利息支出

8. 【单选】某工程项目建设投产后，正常生产年份的总成本费用为 1000 万元，期间费用 150 万元，借款利息 20 万元，固定资产折旧 80 万元，无形资产摊销费 50 万元，则其经营成本为（ ）万元。

A. 700
B. 850
C. 870
D. 900

第二节 设计阶段造价管理

知识脉络

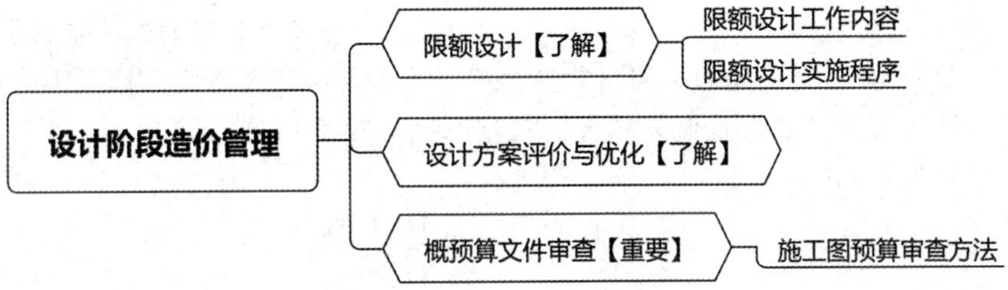

考点 1 限额设计【了解】

1. 【单选】限额设计是指按照批准的可行性研究报告中的投资限额进行设计，是需要在投资额度不变的情况下，实现（ ）的目标。

A. 使用功能和建设规模最大化
B. 设计方案和施工组织最优化
C. 建设规模和投资效益最大化
D. 总体布局和设计方案最优化

2. 【单选】下列不属于限额设计工作内容的是（ ）。

A. 合理确定设计限额目标
B. 确定合理的初步设计方案
C. 在概算范围内进行施工图设计
D. 选用适宜方法审查工程概预算

3. 【多选】下列关于限额设计的说法正确的有（ ）。

A. 批准的投资总额则是进行限额设计的重要依据
B. 限额设计可分为限额初步设计和限额施工图设计
C. 施工图是设计单位的最终成果文件
D. 限额设计应遵循全寿命期费用最低原则
E. 投资决策阶段是限额设计的关键

考点 2 设计方案评价与优化【了解】

1. 【单选】限额设计方式中，采用综合费用法评价设计方案的不足是没有考虑（ ）。

A. 投资方案全寿命期费用
B. 建设周期对投资效益的影响
C. 投资方案投产后的使用费
D. 资金的时间价值

2. 【单选】由于技术方案的寿命期不同，因此，应用全寿命期费用评价法计算费用时，不用净现值法，而用（　　）。

A. 年度等值法　　B. 正常生产年份总成本费用

C. 项目累计净现金流量　　D. 运营期费用现值

3. 【单选】工程设计中运用价值工程法的目标是（　　）。

A. 降低建设工程全寿命期成本　　B. 提高建设工程价值

C. 增强建设工程功能　　D. 降低建设工程造价

4. 【单选】应用价值工程法进行设计方案评价时，首要步骤是进行（　　）。

A. 成本分析　　B. 功能评价

C. 功能分析　　D. 价值分析

考点 3　概预算文件审查【重要】

1. 【单选】对设计概算编制依据进行审查，审查的内容不包括（　　）。

A. 审查编制依据的合法性　　B. 审查编制依据的时效性

C. 审查编制依据的准确性　　D. 审查编制依据的适用范围

2. 【单选】根据现行规定，在审查概算的投资规模、生产能力等是否符合原批准的可行性研究报告或者立项批文时，若发现概算总投资超过原批准投资估算的（　　）以上，需要进一步审查超估算的原因。

A. 5%　　B. 10%

C. 3%　　D. 8%

3. 【单选】审查设计概算时，对一些关键设备和设施、重要装置、引进工程图纸不全、难以核算的较大投资宜采用的审查方法是（　　）。

A. 对比分析法　　B. 筛选审查法

C. 查询核实法　　D. 标准预算审查法

4. 【单选】在对某建设项目设计概算审查时，找到了与其关键技术基本相同、规模相近的同类项目的设计概算和施工图预算资料，则该建设项目的设计概算最适宜的审查方法是（　　）。

A. 标准审查法　　B. 分组计算审查法

C. 对比分析法　　D. 查询核实法

5. 【单选】审查施工图预算，应首先从审查（　　）开始。

A. 定额使用　　B. 工程量

C. 设备材料价格　　D. 人工、机械使用价格

6. 【多选】施工图预算审查的重点包括（　　）。

A. 审查工程量计算是否准确

B. 审查相关的技术规范是否有错误

C. 审查施工图设计方案是否合理

D. 审查施工图预算编制中定额套用是否恰当

E. 审查各项收费标准是否符合现行规定

7. 【单选】当拟建工程与已完工程的建设条件和工程设计相同时，用已完工程的预算审查拟建工程的同类工程预算的方法是（　　）。

A. 对比审查法　　B. 标准预算审查法

C. 分组审查法　　D. 重点审查法

8. **【单选】**对于设计方案比较特殊，无同类工程可比，且审查精度要求高的施工图预算，适宜采用的审查方法是（　　）。

A. 全面审查法　　B. 标准预算审查法

C. 对比审查法　　D. 重点审查法

9. **【单选】**对采用通用图纸的多个工程施工图预算进行审查时，为节省时间，宜采用的审查方法是（　　）。

A. 全面审查法　　B. 筛选审查法

C. 标准预算审查法　　D. 对比审查法

10. **【单选】**施工图预算审查时，利用房屋建筑工程标准层建筑面积数对楼面找平层，天棚抹灰等工程量进行审查的方法，属于（　　）。

A. 分组计算审查法　　B. 重点审查法

C. 筛选审查法　　D. 对比审查法

第三节　发承包阶段造价管理

知识脉络

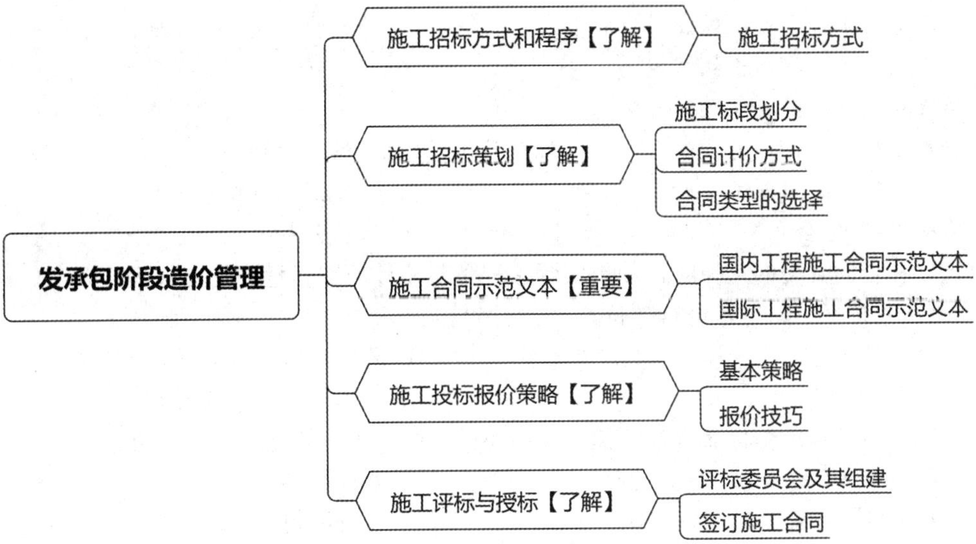

考点 1　施工招标方式和程序【了解】

1. **【单选】**根据《招标投标法》的相关规定，公开招标方式的优点是（　　）。

A. 对招标单位来讲，择优率更高

B. 可能排除某些在技术上或报价上有竞争力的承包商参与投标

C. 对投标申请者进行资格预审和评标的工作量大

D. 对投标人来讲，参加竞争的投标者越多，中标的机会就越小

2. **【单选】**根据《招标投标法》的相关规定，公开招标与邀请招标比较其缺点是（　　）。

A. 有可能排除某些在报价上有竞争力的承包商

B. 有可能排除某些在技术上有竞争力的承包商

C. 损失的费用多

D. 有可能会提高中标合同价

3. 【单选】根据《招标投标法》的相关规定，在邀请招标中，被邀请的投标对象最少不应少于（　　）家。

A. 2　　B. 3

C. 5　　D. 10

4. 【单选】根据《招标投标法》的相关规定，在施工招标的程序中，在组建招标组织工作完成后的紧后工作是（　　）。

A. 核准招标　　B. 编制资格预审文件

C. 策划招标方案　　D. 发布招标公告

考点 2　施工招标策划【了解】

1. 【单选】对于大型复杂工程项目，施工标段划分较多时对建设单位的影响是（　　）。

A. 有利于工地现场的布置与协调　　B. 有利于得到较为合理的报价

C. 不利于选择有专长的承包单位　　D. 不利于设计图纸的分期供应

2. 【多选】下列关于施工标段划分的说法正确的有（　　）。

A. 在划分施工标段时，应考虑工程特点的因素

B. 承包单位管理能力强，标段划分宜多

C. 业主管理能力有限，标段划分宜多

D. 标段划分多，有利于施工现场布置

E. 标段划分少，会减少投标者数量

3. 【单选】下列不同计价方式的合同中，施工承包单位承担风险相对较大的是（　　）。

A. 成本加固定酬金合同　　B. 成本加浮动酬金合同

C. 单价合同　　D. 总价合同

4. 【单选】在合同类型的选择时，如果实际工程量与预计的工程量可能有较大出入时，建设单位应该优先选择（　　）进行计价。

A. 单价合同　　B. 成本加固定酬金合同

C. 总价合同　　D. 成本加浮动酬金合同

5. 【单选】对施工承包单位而言，承担风险最小的合同计价方式是（　　）方式。

A. 成本加浮动酬金合同　　B. 单价合同

C. 成本加固定酬金合同　　D. 总价合同

6. 【单选】对施工承包单位而言，承担风险大的合同计价方式是（　　）方式。

A. 总价　　B. 单价

C. 成本加百分比酬金　　D. 成本加固定酬金

7. 【单选】在下列合同计价方式中，对于建设单位来讲最容易控制造价的合同形式是（　　）。

A. 总价合同　　B. 单价合同

C. 成本加浮动酬金合同　　D. 成本加百分比酬金合同

8. 【单选】在下列合同计价方式中，对于建设单位来讲最难控制造价的合同形式是（　　）。

A. 单价合同　　B. 总价合同

C. 目标成本加奖罚合同　　D. 成本加百分比酬金合同

9. 【多选】下列工程项目中，不宜采用固定总价合同的有（　　）。

A. 建设规模大且技术复杂的工程项目

B. 施工图纸和工程量清单详细而明确的项目
C. 施工中有较大部分采用新技术，且施工单位缺乏经验的项目
D. 施工工期紧的紧急工程项目
E. 承包风险不大，各项费用易于准确估算的项目

考点 3　施工合同示范文本【重要】

1. **【多选】**根据《标准施工招标文件》中关于合同条款的相关规定，签约合同价应包括的内容有（　　）。
A. 暂列金额
B. 暂估价
C. 索赔费用
D. 结算价款
E. 变更价款

2. **【单选】**根据《标准施工招标文件》中对于合同价格的定义，合同价格是指（　　）。
A. 承包人完成全部承包工作后的工程结算价格
B. 合同协议书中写明的合同总金额
C. 合同协议书中写明的不含暂列金额的合同总金额
D. 合同协议书中写明的不含暂估价的合同总金额

3. **【单选】**根据《标准施工招标文件》中关于合同价的相关规定，合同价是承包人按合同约定完成包括（　　）的全部承包工作后，发包人应付给承包人的金额。
A. 后续工程不再发生工程变更期
B. 缺陷责任期
C. 最低保修期
D. 竣工验收

4. **【单选】**根据《标准施工招标文件》中关于涉及费用主要条款的规定，对于施工现场发掘的文物，发包人、监理人和承包人应按要求采取妥善保护措施，由此导致的费用增加应由（　　）承担。
A. 发包人
B. 承包人
C. 发包人和监理人
D. 承包人和发包人

5. **【单选】**根据《标准施工招标文件》，发包人提供的材料由于发包人原因发生交易地点变更的，发包人应承担的责任是（　　）。
A. 由此增加的费用，工期延误
B. 工期延误但不考虑费用和利润的增加
C. 由此增加的费用和合理利润，但不考虑工期延误
D. 由此增加的费用、工期延误，以及承包商合理利润

6. **【单选】**根据《标准设计施工总承包招标文件》中关于质量保证金的相关规定，质量保证金是指按合同约定用于保证在（　　）内履行缺陷修复义务的金额。
A. 工程建设期
B. 缺陷责任期
C. 最低保修期
D. 竣工验收后

7. **【单选】**根据《标准设计施工总承包招标文件》中对合同条款的相关规定，因发包人原因造成监理人未能在合同签订之日起（　　）天内发出开始工作通知的，承包人有权提出价格调整要求，或者解除合同。
A. 14
B. 28
C. 30
D. 90

8. 【单选】根据《标准设计施工总承包招标文件》中关于进度付款的相关规定，发包人最迟应当在监理人收到进度款申请单后的（　　）天内，将进度应付款支付给承包人。

A. 14　　B. 28

C. 30　　D. 42

9. 【单选】根据 FIDIC《施工合同条件》关于合同解释顺序的相关规定，合同文件包括下列内容：①投标书；②中标函；③合同协议书。仅就上述三项内容而言，合同文件优先解释顺序为（　　）。

A. ①②③　　B. ②①③

C. ③①②　　D. ③②①

10. 【多选】根据 FIDIC《施工合同条件》的规定，关于争端裁决委员会（DAAB）及其裁决的说法正确的有（　　）。

A. 裁决委员会由 1 人或 3 人组成

B. 合同双方共同确定裁决委员会主席

C. 裁决委员会成员的酬金由合同双方各支付一半

D. 合同双方在未通过友好协商或仲裁改变裁决委员会裁决之前应当执行裁决委员会裁决

E. 合同一方对 DAAB 裁决不满时，应在收到裁决后 14 天内发出表示不满的通知

考点 4　施工投标报价策略【了解】

1. 【单选】如果招标人在施工招标文件中规定了暂定金额的分项内容和暂定总价款时，投标人可采用的报价策略是（　　）。

A. 适当降低暂定金额分项内容的单价

B. 适当提高暂定金额分项内容的单价

C. 适当增加暂定金额中的分项工程量

D. 适当减少暂定金额中的分项工程量

2. 【多选】在投标报价中，投标单位报价可高一些的情形有（　　）。

A. 投标对手少的工程

B. 专业要求高的技术密集型工程且投标单位在这方面有专长

C. 施工条件差的工程

D. 投标对手多，竞争激烈的工程

E. 支付条件不理想的工程

考点 5　施工评标与授标【了解】

1. 【单选】在某评标委员会的组成中，建设单位有 2 人参加，该评标委员会技术、经济等方面的专家至少是（　　）人。

A. 5　　B. 6

C. 7　　D. 8

2. 【多选】在评标时，应作废标处理的情形有（　　）。

A. 投标文件载明的货物检验标准不符合招标文件的要求

B. 大写金额与小写金额不一致

C. 明显不符合技术规格、技术标准的要求

D. 投标文件载明的招标项目完成期限超过招标文件规定的期限

E. 投标文件没有投标单位授权代表签字或加盖公章

第四节　施工阶段造价管理

知识脉络

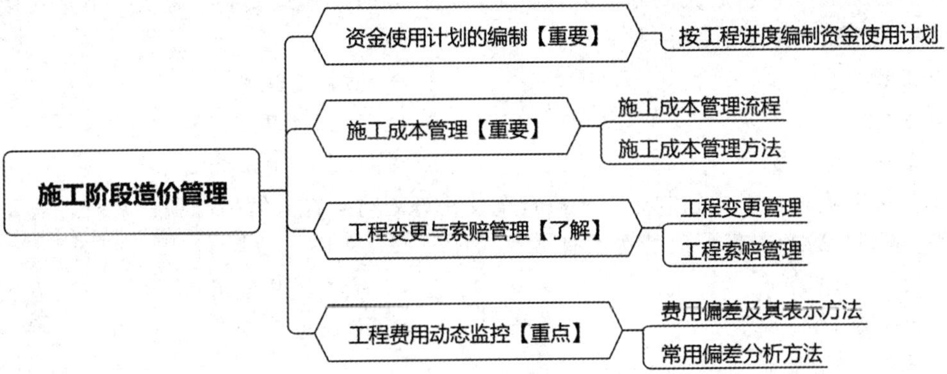

考点 1　资金使用计划的编制【重要】

1. **【单选】**在施工阶段，建设单位应通过编制资金使用计划、及时进行工程计量与结算、预防并处理好工程变更与索赔，有效控制（　　）。

A. 工程进度　　B. 工程质量

C. 工程工期　　D. 工程造价

2. **【单选】**依据项目结构分解方法不同，资金使用计划的编制方法也有所不同，下列内容中，不属于常见的资金使用计划的编制方法的是（　　）。

A. 按工程质量要求编制　　B. 按工程造价构成编制

C. 按工程项目组成编制　　D. 按工程进度编制

3. **【多选】**按工程造价构成编制的资金使用计划分包括（　　）。

A. 单项工程资金使用计划

B. 建筑安装工程费使用计划

C. 单位工程资金使用计划

D. 设备工器具费使用计划

E. 工程建设其他费使用计划

4. **【单选】**在资金使用计划的编制方法中，比较适合于有大量经验数据的工程项目的方法是（　　）。

A. 按工程造价构成编制

B. 按工程进度编制

C. 按工程项目组成编制

D. 按工程质量要求编制

5. **【单选】**在资金使用计划的编制方法中，编制方法比较简单，易于操作的方法是（　　）。

A. 按工程质量要求编制　　B. 按工程项目组成编制

C. 按工程进度编制　　D. 按工程造价构成编制

6. 【多选】按工程项目组成编制施工阶段资金使用计划时，建筑安装工程费中可直接分解到各个工程分项的费用有（　　）。
A. 企业管理费
B. 临时设施费
C. 材料费
D. 施工机具使用费
E. 职工养老保险费

7. 【多选】按工程项目组成编制施工阶段资金使用计划时，建筑安装工程费中不宜直接进行分解到各个工程分项的费用有（　　）。
A. 企业管理费
B. 临时设施费
C. 材料费
D. 施工机具使用费
E. 职工养老保险费

8. 【多选】按工程项目组成编制施工阶段资金使用计划时，在分解措施项目费时，需要按一定比例分解到相应的工程分项的费用有（　　）。
A. 二次搬运费
B. 施工机具使用费
C. 检验试验费
D. 临时设施费
E. 保险费

9. 【多选】按工程项目组成编制施工阶段资金使用计划时，在分解措施项目费时，不能被分解到相应的工程分项的费用有（　　）。
A. 二次搬运费
B. 临时设施费
C. 检验试验费
D. 保险费
E. 施工机具使用费

10. 【单选】按工程进度编制资金使用计划包括：①编制工程施工进度计划；②绘制资金使用时间进度计划的S曲线；③计算单位时间的资金支出目标；④计算规定时间内的累计资金支出额。以上工作的正确顺序是（　　）。
A. ①②③④
B. ②①③④
C. ①③④②
D. ②③①④

11. 【单选】在资金使用计划的编制中，按工程进度编制资金使用计划时，在编制完成工程施工进度计划后的紧后工作是（　　）。
A. 计算单位时间的资金支出目标
B. 编制工程施工进度计划
C. 编制资金使用时间进度计划的S曲线
D. 计算规定时间内的累计资金支出额

12. 【单选】按工程进度绘制的资金使用计划S曲线必然包括在“香蕉图”内，该“香蕉图”是由工程网络计划中全部工作分别按（　　）绘制的两条S曲线组成。
A. 最早开始时间（*ES*）开始和最早完成时间（*EF*）完成
B. 最早开始时间（*ES*）开始和最迟开始时间（*LS*）开始
C. 最迟开始时间（*LS*）开始和最早完成时间（*EF*）完成
D. 最迟开始时间（*LS*）开始和最迟完成时间（*LF*）完成

考点 2　施工成本管理【重要】

1. 【多选】下列关于施工成本管理各项工作之间的关系说法正确的有（　　）。
A. 成本控制能对成本计划的实施进行监督
B. 成本核算是成本计划的基础

C. 成本预算是实现成本目标的保证
D. 成本预测是成本计划的编制基础
E. 成本分析为未来的成本预测与成本计划指明方向

2. **【多选】**施工合同签订后，工程项目施工成本计划的常用编制方法有（　　）。
A. 专家意见法　　B. 功能指数法
C. 目标利润法　　D. 技术进步法
E. 定率估算法

3. **【单选】**采用目标利润法编制成本计划时，目标利润法是指根据工程项目的（　　）扣除目标利润后得到目标成本的方法。
A. 合同价格　　B. 概算价格
C. 预算价格　　D. 结算价格

4. **【单选】**采用目标利润法编制成本计划时，目标利润法是指根据工程项目的合同价格扣除（　　）后得到目标成本的方法。
A. 目标成本　　B. 目标利润
C. 目标费用　　D. 目标支出

5. **【单选】**在成本计划的编制方法中，当工程项目非常庞大和复杂而需要分为几个部分时采用的编制方法是（　　）。
A. 目标利润法　　B. 技术进步法
C. 按实计算法　　D. 历史资料法

6. **【单选】**在成本控制的方法中，按工期-成本同步分析法进行成本控制时，造成工程项目实施中出现虚盈现象的原因是（　　）。
A. 实际成本开支小于计划，实际施工进度等于计划
B. 实际成本开支小于计划，实际施工进度落后计划
C. 实际成本开支大于计划，实际施工进度等于计划
D. 实际成本开支等于计划，实际施工进度落后计划

7. **【单选】**下列施工成本管理方法中，对工程项目成本/进度进行综合控制的分析方法是（　　）。
A. 价值工程法　　B. 工期-成本同步分析法
C. 因素分析法　　D. 挣值分析法

8. **【单选】**成本核算是施工承包单位利用会计核算体系，对工程项目施工过程中所发生的各项费用进行归集，施工项目经理部应建立和健全以（　　）为对象的成本核算财务体系。
A. 单项工程　　B. 单位工程
C. 分部工程　　D. 分项工程

9. **【单选】**施工成本核算中，固定资产折旧的起算时间和计提方式分别是固定资产投入使用的（　　）。
A. 当月起，按月计提　　B. 次月起，按月计提
C. 当月起，按年计提　　D. 次月起，按年计提

10. **【单选】**某公司2011年3月份新增一项固定资产，4月份安装调试完成，5月份投入使用。该项固定资产应从当年（　　）月份开始计提折旧。
A. 3　　B. 4
C. 5　　D. 6

11. 【单选】各年折旧基数不变但折旧率逐年递减的固定资产折旧方法是（　　）。
A. 平均年限法
B. 工作量法
C. 双倍余额递减法
D. 年数总和法

12. 【单选】某固定资产原价为10000元，预计净残值为2000元，预计使用年限为5年，采用年数总和法进行折旧，则第五年的折旧额为（　　）元。
A. 1600
B. 1066
C. 800
D. 533

13. 【多选】在成本管理的方法中，施工成本分析包括的基本方法有（　　）。
A. 差额计算法
B. 专家意见法
C. 比较法
D. 比率法
E. 因素分析法

14. 【单选】下列施工成本管理方法中，通过技术经济指标的对比，检查目标的完成情况，分析产生差异的原因，进而挖掘内部潜力的方法是（　　）。
A. 比较法
B. 因素分析法
C. 定率估算法
D. 挣值分析法

15. 【多选】进行施工成本对比分析时，可采用的对比方式有（　　）。
A. 本期实际值与目标值对比
B. 本期实际值与上期目标值对比
C. 本期实际值与上期实际值对比
D. 本期目标值与上期实际值对比
E. 本期实际值与行业先进水平对比

16. 【单选】在下列施工成本分析方法中，可用来分析各种因素对成本的影响程度的方法是（　　）。
A. 比较法
B. 因素分析法
C. 定率估算法
D. 挣值分析法

17. 【多选】分部分项工程成本分析中，“三算对比”主要是进行（　　）的对比。
A. 实际成本与投资估算
B. 实际成本与预算成本
C. 实际成本与竣工决算
D. 实际成本与目标成本
E. 施工预算与设计概算

18. 【多选】下列关于分部分项工程成本分析资料来源的说法正确的有（　　）。
A. 预算成本以施工图和定额为依据确定
B. 预算成本的各种信息是成本核算的依据
C. 计划成本通过目标成本与预算成本的比较来确定
D. 实际成本来自实际工程量、实耗人工和实耗材料
E. 目标成本是分解到分部分项工程上的计划成本

19. 【多选】施工成本管理中，属于施工企业对项目经理部可控责任成本进行考核的指标有（　　）。
A. 项目施工成本降低率
B. 施工计划成本实际降低率
C. 预算总成本降低率
D. 施工责任目标成本实际降低率

E. 责任目标总成本降低率

20.【单选】下列施工成本考核指标中，属于施工企业对项目成本考核的是（　　）。

A. 施工责任目标成本实际降低率

B. 施工计划成本实际降低率

C. 项目施工成本降低额

D. 目标总成本降低率

考点 3 工程变更与索赔管理【了解】

1.【单选】在工程变更的程序中，对于施工承包单位要求的工程变更，施工承包单位提出的程序是（　　）。

A. 监理人直接指示的工程变

B. 与施工承包单位协商后确定工程变更

C. 向监理人提出书面变更建议，阐明变更依据

D. 向监理人提出书面变更通知，并附变更详情

2.【单选】在工程变更的程序中，对于监理人指示的工程变更属于必需的变更的，具体做法为（　　）。

A. 经过建设单位同意后发出变更指示

B. 与施工承包单位协商后确定工程变更

C. 向建设单位提出书面变更请求，阐明变更理由

D. 向设计单位提出书面变更建议，并附变更图纸

3.【单选】根据《标准施工招标文件》的相关规定，由施工承包单位提出的索赔按程序得到了处理，且施工单位接受索赔处理结果的，建设单位应在作出索赔处理答复后（　　）天内完成赔付。

A. 14　　B. 21

C. 28　　D. 42

4.【单选】下列可导致承包商索赔的原因中，属于业主方违约的是（　　）。

A. 业主指令增加工程量

B. 业主要求提高设计标准

C. 监理人不按时组织验收

D. 材料价格大幅度上涨

5.【多选】根据《标准施工招标文件》的相关规定，下列内容中属于工程变更的情形有（　　）。

A. 改变合同中任何一项工作的施工时间

B. 取消某项工作改由建设单位自行完成

C. 改变合同中已批准的施工顺序

D. 改变合同中任何一项工作的特性

E. 改变合同工程原定的位置

6.【单选】根据我国现行规定，下列关于索赔的内容说法正确的是（　　）。

A. 监理人应在收到索赔报告后 42 天内作出答复

B. 承包人应在发出索赔通知后 14 天内向发包人递交详细的索赔报告

C. 承包人应在确认索赔事件发生后 14 天内向发包人发出索赔通知

D. 监理人应在收到索赔通知 28 天内作出回应

考点 4 工程费用动态监控【重点】

1. 【多选】某工程施工至某月底，经偏差分析得到费用偏差（CV）＜0，进度偏差（SV）＜0，则表明（　　）。
A. 已完工程实际费用节约
B. 已完工程实际费用＞已完工程计划费用
C. 拟完工程计划费用＞已完工程实际费用
D. 已完工程实际进度超前
E. 拟完工程计划费用＞已完工程计划费用

2. 【单选】某工程施工至2014年7月底，已完工程计划费用（$BCWP$）为600万元，已完工程实际费用（$ACWP$）为800万元，拟完工程计划费用（$BCWS$）为700万元，则该工程此时的偏差情况是（　　）。
A. 费用节约，进度提前
B. 费用超支，进度拖后
C. 费用节约，进度拖后
D. 费用超支，进度提前

3. 【单选】某工程施工至2019年3月底，经统计分析得：已完工程计划费用2800万元，已完工程实际费用3200万元，拟完工程计划费用2900万元，则该工程此时的进度偏差是（　　）万元。
A. －100
B. －200
C. －300
D. －400

4. 【单选】某工程施工至2018年12月底，已完工程计划费用3000万元，拟完工程计划费用3500万元，已完工程实际费用为2800万元，则此时该工程的费用绩效指数CPI为（　　）。
A. 0.8
B. 0.9
C. 1.07
D. 1.25

5. 【单选】某工程施工至某月底时：已完工程量200m，实际单价8000元/m，计划工程量200m，计划单价7500元/m。则该工程在当月底的费用偏差为（　　）。
A. 超支10万元
B. 节约10万元
C. 超支15万元
D. 节约15万元

6. 【多选】已完成工程计划费用2500万元，已完工程实际费用2600万元，拟完工程计划费用2300万元，关于偏差正确的有（　　）。
A. 进度提前200万元
B. 进度拖后200万元
C. 费用节约100万元
D. 费用超支100万元
E. 工程赢利300万元

7. 【多选】下列内容中属于常用的偏差分析方法有（　　）。
A. 曲线法
B. 表格法
C. 排列图法
D. 横道图法
E. 时标网络图法

8. 【单选】在常用的偏差分析方法中，便于掌握工程费用的全貌，但反映的信息量少，因而具有一定局限性的方法是（　　）。
A. 时标网络图法
B. 曲线法
C. 表格法
D. 横道图法

9. 【单选】下列偏差分析方法中，既可分析费用偏差，又可分析进度偏差的是（　　）。

A. 排列图法和控制图法

B. 时标网络图和曲线法

C. 控制图法和时标网络图法

D. 控制图法和曲线法

10. 【单选】下列内容中，属于施工合同履行过程因客观原因引起费用偏差产生的是（　　）。

A. 法规变化

B. 设计标准变更

C. 组织不落实

D. 施工组织设计不合理

11. 【单选】下列内容中，属于施工合同履行过程因建设单位原因引起费用偏差产生的是（　　）。

A. 交通原因

B. 设计保守

C. 增加工作内容

D. 施工组织设计不合理

12. 【单选】下列内容中，属于施工合同履行过程因施工原因引起费用偏差产生的是（　　）。

A. 进度安排不当

B. 设计标准变更

C. 组织不落实

D. 人工费上涨

13. 【单选】在工程费用监控过程中，从费用控制的组织管理方面采取措施，落实费用控制的组织机构和人员，属于费用偏差纠正的（　　）。

A. 组织措施

B. 技术措施

C. 合同措施

D. 经济措施

14. 【单选】在工程费用监控过程中，审核工程量和签发支付证书，检查费用目标分解是否合理属于费用偏差纠正的（　　）。

A. 合同措施

B. 组织措施

C. 技术措施

D. 经济措施

15. 【单选】下列内容中，属于费用偏差纠正措施中的技术措施的是（　　）。

A. 明确各级费用控制人员的任务

B. 制定合理的技术方案

C. 检查费用目标分解是否合理

D. 进行索赔管理

第五节　竣工阶段造价管理

知识脉络

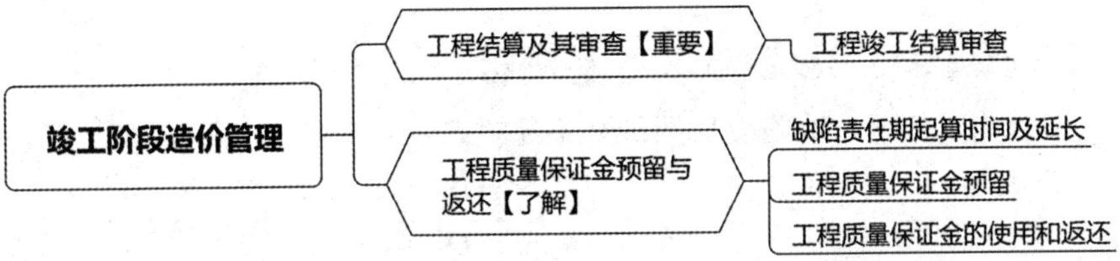

考点 1 工程结算及其审查【重要】

1.【多选】关于工程结算，主要包括的内容有（　　）。

A. 竣工结算
B. 分阶段结算
C. 专业分包结算
D. 合同中止结算
E. 劳务分包结算

2.【单选】关于工程结算，单位工程竣工结算的编制和审查单位分别是（　　）。

A. 施工承包单位，监理单位
B. 监理单位，建设单位
C. 施工承包单位，建设单位
D. 建设单位，政府主管部门

3.【单选】下列关于工程竣工结算的说法不正确的是（　　）。

A. 工程竣工结算分为单项工程竣工结算和工程项目竣工总结算
B. 单项工程竣工结算、工程项目竣工总结算均有总承包单位编制
C. 建设单位审查工程竣工结算的递交程序和资料的完整性
D. 施工承包单位要审查工程竣工结算的项目内容与合同约定内容的一致性

4.【多选】施工承包单位内部审查工程竣工结算的主要内容有（　　）。

A. 工程结算资料的完备性
B. 工程量计算的准确性
C. 取费标准执行的严格性
D. 工程结算资料递交程序的合法性
E. 取费依据的时效性

5.【多选】下列不属于施工承包单位内部审查工程竣工结算的主要内容的有（　　）。

A. 审查结算资料递交手续、程序的合法性
B. 审查工程量计算的准确性、工程量计算规则与计价规范或定额的一致性
C. 审查执行合同约定或现行的计价原则、方法的严格性
D. 审查变更签证凭据的真实性、合法性、有效性，核准变更工程费用
E. 审查工程竣工结算的递交程序和资料的完备性

6.【多选】在施工承包单位进行内部审查时，需要审查变更签证凭据的（　　）。

A. 真实性
B. 包容性
C. 可行性
D. 有效性
E. 合法性

7.【单选】根据《建设工程价款结算暂行办法》的相关规定，对于施工承包单位递交的金额为500万元的工程竣工结算报告，建设单位的审查时限是（　　）天。

A. 20
B. 30
C. 45
D. 60

考点 2 工程质量保证金预留与返还【了解】

1.【单选】关于缺陷责任期，缺陷责任期最长不超过（　　）年。

A. 1
B. 2
C. 3
D. 4

2. **【单选】**根据《建设工程质量保证金管理办法》，关于缺陷责任期的起算时间，缺陷责任期是从（　　）时间起开始计算。

A. 竣工验收　　B. 业主接收

C. 提交竣工验收报告　　D. 工程通过竣工验收

3. **【单选】**根据《建设工程质量保证金管理办法》，发包人应按合同约定方式预留保证金，保证金总预留比例不得高于工程价款结算总额的（　　）。

A. 2%　　B. 3%

C. 4%　　D. 5%

4. **【单选】**根据某工程合同约定，预留工程质量保证金，工程价款签约合同价为 600 万元。工程价款结算总额为 620 万元，则该保函金额最大为（　　）万元。

A. 16.0　　B. 18.0

C. 18.6　　D. 24.0

5. **【单选】**下列关于缺陷责任与保修责任的说法正确的是（　　）。

A. 缺陷责任期自通过竣工验收之日起计算

B. 发包人在使用过程中发现已接收的工程存在新的缺陷的，由发包人自行修复

C. 缺陷责任期最长不超过 3 年

D. 缺陷责任期可以等同于工程保修期

学习笔记

真题选编

2套精选真题

（建议学习时间：1周）

学习计划（第8周）：

Day 1

Day 2

Day 3

Day 4

Day 5

Day 6

Day 7

《建设工程造价管理》真题选编（一）

（考试时间 150 分钟　满分 100 分）

一、单项选择题（共 60 题，每题 1 分。每题的备选项中，只有 1 个最符合题意）

1. 从投资者角度，工程造价是建设工程预期开支或者实际开支的全部（　　）费用。

A. 建安工程费

B. 有形资产投资

C. 静态投资

D. 固定资产投资

码上看解析

2. 工程计价是一个逐步组合的过程，正确的造价组合过程是（　　）。

A. 单位工程造价→分部分项工程造价→单项工程造价

B. 单位工程造价→单项工程造价→分部分项工程造价

C. 分部分项工程造价→单位工程造价→单项工程造价

D. 分部分项工程造价→单项工程造价→单位工程造价

码上看解析

3. 全面造价管理是指有效地利用专业知识和技术，对（　　）进行筹划和控制。

A. 资源、成本、盈利和风险

B. 工期、质量、成本和风险

C. 质量、安全、成本和盈利

D. 工期成本、质量成本、安全成本、环境成本

码上看解析

4. 建设工程造价管理的关键是在（　　）阶段。

A. 设计和施工

B. 施工和竣工结算

C. 招标和施工

D. 前期决策和设计

码上看解析

5. 根据工程造价咨询管理制度，乙级造价咨询企业中取得一级造价师注册证书的人员应不少于（　　）人。

A. 3

B. 6

C. 10

D. 12

码上看解析

6. 工程造价咨询企业在工程造价成果文件中加盖的工程造价咨询企业执业印章，除企业名称外，还应包含的内容是（　　）。

A. 资质等级、颁证机关

B. 专业类别、证书编号

C. 专业类别、颁证机关

D. 资质等级、证书编号

码上看解析

7. 根据《建筑法》规定，建设单位在取得施工许可证之日起（　　）个月内开工。

A. 2

B. 3

C. 6

D. 12

码上看解析

8. 某依法必须进行招标的项目，招标人拟定于2020年11月1日发售招标文件，根据《招标投标法》，要求投标人提交投标文件的截止时间最早可设定在2020年（　　）。

A. 11月11日

B. 11月16日

C. 11月21日

D. 12月1日

码上看解析

9. 某工程中标合同金额为6500万元，根据《招标投标法实施条例》，中标人应提交的履约保证金不得超过（　　）万元。

A. 130

B. 650

C. 325

D. 975

码上看解析

10. 根据《政府采购法》，实行集中采购的政府采购，集中采购目录应由（　　）确定。

A. 省级以上人民政府

B. 国务院相关主管部门

C. 省级政府采购主管部门

D. 国务院采购主管部门

码上看解析

11. 根据《价格法》，在制定关系群众切身利益的公用事业价格、公益性服务价格、自然垄断经营的商品价格时，应当建立（　　）制定。

A. 风险评估

B. 公示

C. 专家咨询

D. 听证会

码上看解析

12. 根据《合同法》，对于可撤销的合同，具有撤销权的当事人自知道或应当知道撤销事由之日起（　　）内没有行使撤销权，视为放弃撤销权。

A. 3个月

B. 6个月

C. 1年

D. 2年

码上看解析

13. 根据《国务院关于投资体制改革的决定》，企业不使用政府资金投资建设需核准的项目时，政府部门在投资决策阶段仅需审批的文件是（　　）。

A. 可行性研究报告

B. 初步设计文件

C. 资金申请报告

D. 项目申请报告

码上看解析

14. 建设工程项目后评价采用的基本方法是（　　）。

A. 对比分析法

B. 效应判断法

C. 影响评价法

D. 效果梳理法

15. 应用建筑信息建模（BIM）技术能够强化工程造价管理的主要原因在于（　　）。

A. BIM 技术可用来构建可视化模型

B. BIM 技术可用来模拟施工方案

C. BIM 技术可用来检查管线碰撞

D. BIM 技术可用来自动计算工程量

16. 关于工程项目管理组织机构特点的说法，正确的是（　　）。

A. 矩阵制组织中项目成员受双重领导

B. 职能制组织中指令统一且职责清晰

C. 直线制组织中可实现专业化管理

D. 强矩阵制组织中项目成员仅对职能经理负责

17. 工程项目计划体系中，用来阐明各单位工程的建设规模、投资额、新增固定资产、新增生产能力等建设总规模及本年计划完成情况的是（　　）。

A. 年度计划项目表

B. 年度竣工投产交付使用计划表

C. 年度建设资金平衡表

D. 年度设备平衡表

18. 根据《建设工程安全生产管理条例》，对于超过一定规模的危险性较大的分部分项工程，专项施工方案的专家论证会应当由（　　）组织召开。

A. 建设单位

B. 施工单位

C. 设计单位

D. 监理单位

19. 采用 S 曲线法比较工程实际进度与计划进度时，若实际累计 S 曲线落在计划累计 S 曲线上方，则可得出的正确结论是（　　）。

A. 实际进度落后于计划进度

B. 进度的计划编制过于保守

C. 实际进度超前于计划进度

D. 计划工期偏于紧迫

20. 建设工程组织流水施工时，用来表达流水施工在施工工艺方面进展状态的参数是（　　）。

A. 流水强度和施工过程

B. 流水节拍和施工段

C. 工作面和施工过程

D. 流水步距和施工段

21. 某工程网络计划执行过程中，工作M的实际进度拖后的时间已超过其自由时差，但未超过总时差，则工作M实际进度拖后产生的影响是（　　）。
A. 既不影响后续工作的正常进行，也不影响总工期
B. 影响紧后工作的最早开始时间，但不影响总工期
C. 影响紧后工作的最迟开始时间，同时影响总工期
D. 影响紧后工作的最迟开始时间，但不影响总工期

码上看解析

22. 工程网络计划费用优化中，应将（　　）的关键工作作为压缩持续时间的对象。
A. 直接费用率最小
B. 持续时间最长
C. 直接费用率最大
D. 资源强度最大

码上看解析

23. 根据《标准施工招标文件》中的通用合同条款，下列工作中，属于发包人义务的是（　　）。
A. 发出开工通知
B. 编制施工组织总设计
C. 组织设计交底
D. 施工期间照管工程

码上看解析

24. 某工程项目完工后，承包商于2019年8月8日向业主方提交了竣工验收报告。业主方为尽早投入使用，在未组织竣工验收的情况下于2019年9月1日开始使用该工程。后经承包商再三催促，业主方于2019年11月12日进行竣工验收，2019年11月13日参与工程竣工验收的各方签署了竣工验收合格意见。该工程实际竣工日期应为2019年（　　）。
A. 8月8日
B. 9月1日
C. 11月12日
D. 11月13日

码上看解析

25. 现金流量图中表示现金流量的三要素是（　　）。
A. 利率、利息、净现值
B. 时长、方向、作用点
C. 现值、终值、计算期
D. 大小、方向、作用点

码上看解析

26. 某公司年初借款1000万元，年利率为5%，按复利计息，若在10年内等额偿还本息，则每年末应偿还（　　）万元。
A. 129.50
B. 140.69
C. 150.00
D. 162.89

码上看解析

27. 假设名义利率为5%，计息周期为季度，则年有效利率为（　　）。
A. 5%
B. 5.06%
C. 5.09%
D. 5.12%

码上看解析

28. 采用投资回收期指标评价投资方案的优点是（　　）。

A. 能够考虑投资期内的现金流量

B. 能够反应计算期内的经济效果

C. 能够考虑投资方案的偿债能力

D. 能够反应资本的周转速度

29. 进行投资方案经济评价时，基准收益率的确定应以（　　）为基础。

A. 行业平均收益率

B. 社会平均折现率

C. 项目资金成本率

D. 社会平均利润率

30. 某工业项目年设计能力为 60 万件。单位产品售价 200 元，单位产品可变成本为 160 元，年固定成本 600 万元，项目的销售税金及附加的合并税率为产品价格的 5%，其盈亏平衡点为（　　）万件。

A. 30

B. 20

C. 15

D. 10

31. 对某投资方案进行单因素敏感性分析时，在相同初始条件下，产品价格下降幅度超过 6.28%时，净现值由正变负；投资额增加幅度超过 9.76%时，净现值由正变负；经营成本上升幅度超过 14.35%时，净现值由正变负。按净现值对各个因素的敏感程度由大到小排列，正确的顺序是（　　）。

A. 产品价格　投资额—经营成本

B. 经营成本—投资额—产品价格

C. 投资额—经营成本—产品价格

D. 投资额—产品价格—经营成本

32. 价值工程的核心是对产品进行（　　）分析。

A. 成本

B. 结构

C. 价值

D. 功能

33. 按照价值工程的工作程序，需要在分析阶段进行的工作是（　　）。

A. 对象选择和功能定义

B. 功能定义和功能整理

C. 功能整理和方案评价

D. 方案创造和成果评价

34. 下列分析方法中，可用来选择价值工程研究对象的是（　　）。

A. 价值指数法和对比分析法

B. 百分比分析法和挣值分析法

C. 对比分析法和挣值分析法

D. ABC 分析法和因素分析法

35. 从价值工程实践来看，决定价值工程成败的关键是（　　）。

A. 方案创造

B. 功能评价

C. 功能定义

D. 对象选择

36. 采用权衡分析法权衡工程系统设置费中各项费用之间的关系时，可采取的措施是（　　）。

A. 进行节能设计，减少运行费用

B. 改善设计材质，降低维修频度

C. 采用整体结构，减少安装费用

D. 采用计划预修，降低停机损失

37. 根据固定资产投资项目资本金制度，作为计算资本金基数的总投资是指投资项目的（　　）之和。

A. 建筑工程费和安装工程费

B. 固定资产投资和铺底流动资金

C. 建筑工程费和设备工器具购置费

D. 建筑工程费和建设工程其他费

38. 福费廷（FORFEIT）作为一种专门的代理融资技术，其本质是以（　　）方式进行融资。

A. 债券

B. 租赁

C. 信贷

D. 股权

39. 根据《国务院关于调整和完善固定资产投资项目资本金制度的通知》，对于产能过剩行业中的水泥项目，项目资本金占项目总投资的最低比例为（　　）。

A. 40%

B. 35%

C. 30%

D. 25%

40. 不同的资金成本形式有不同的作用，可作为追加筹资决策依据的资金成本是（　　）。

A. 边际资金成本

B. 个别资金成本

C. 综合资金成本

D. 加权资金成本

41. 项目的资本结构是否合理，可通过分析（　　）来衡量。

A. 负债融资成本

B. 权益融资成本

C. 每股收益变化

D. 权益融资比例

42. 按照项目融资程序，选择项目融资方式是在（　　）阶段需要进行的工作。

A. 投资决策分析

B. 融资结构设计

C. 融资方案执行

D. 融资决策分析

43. 下列项目融资方式中，需要通过转让已建成项目的产权和经营权来进行拟建项目融资的是（　　）。

A. BOT

B. TOT

C. ABS

D. PFI

码上看解析

44. 下列项目融资方式中，通过证券市场发行债券进行筹集资金的是（　　）。

A. BOT

B. TOT

C. ABS

D. PFI

码上看解析

45. 为了判断能否采用PPP模式代替传统的政府投资运营方式提供公共服务项目，应采用的评价方法是（　　）。

A. 项目经济评价

B. 财政承受能力评价

C. 物有所值评价

D. 项目财务评价

码上看解析

46. 下列税种中，实行差别比例税率的是（　　）。

A. 土地增值税

B. 城镇土地使用税

C. 建筑业增值税

D. 城市维护建设税

码上看解析

47. 企业发生的公益性捐赠支出，能够在计算企业所得税应纳税所得额时扣除的是在年度利润总额（　　）以内的部分。

A. 10%

B. 12%

C. 15%

D. 20%

码上看解析

48. 对于投保建筑工程一切险，保险人不应承担赔偿责任的是（　　）。

A. 因暴雨造成的物质损失

B. 发生火灾引起的场地清理费用

C. 工程设计错误引起的损失

D. 因地面下沉引起的物质损失

码上看解析

49. 对工程项目进行多方案比选时，比选的内容应包括（　　）。

A. 工艺方案比选和经济效益比选

B. 技术方案比选和经济效益比选

C. 技术方案比选和融资方案比选

D. 工艺方案比选和融资方案比选

码上看解析

50. 对非经营性项目进行财务分析时，主要考察的内容是（　　）。
A. 项目静态盈利能力
B. 项目偿债能力
C. 项目抗风险能力
D. 项目财务生存能力

51. 投资方案现金流量表中，可用来考察投资方案融资前的盈利能力，为比较各投资方案建立共同基础的是（　　）。
A. 资本金现金流量表
B. 投资各方现金流量表
C. 财务计划现金流量表
D. 投资现金流量表

52. 进行建设工程限额设计时，评价和优化设计方案采用的方法是（　　）。
A. 技术经济分析法
B. 工期成本分析法
C. 全寿命周期成本分析法
D. 价值指数分析法

53. 审查工程设计概算编制深度时，应审查的具体内容是（　　）。
A. 总概算投资是否通过批准投资估值的 10%
B. 是否具有完整的三级设计概算文件
C. 概算所采用的编制方法是否符合相关规定
D. 概算中的设备规格、数量、配置是否符合设计要求

54. 下列合同计价方式中，建设单位容易控制造价，施工承包单位风险大的是（　　）。
A. 总价合同
B. 目标成本加奖罚合同
C. 单价合同
D. 成本加固定酬金合同

55. 根据《标准施工招标文件》中的通用合同条款，发包人应延长工期和（或）增加费用，并支付合理利润的情形是（　　）。
A. 施工场地发现文物后需要采取合理保护措施的
B. 施工中遇到不利物质条件采取合理措施的
C. 发包人提供的测量基准点有误导致承包人测量放线工作返工的
D. 发包人提供的设备不符合合同要求需要更换的

56. 下列投标报价策略中，属于恰当使用不平衡报价方法的是（　　）。
A. 适当降低早结算项目的报价
B. 适当提高晚结算项目的报价
C. 适当提高预计未来会增加工程量的项目单价
D. 适当提高工程内容说明不清楚的项目清单

57. 根据《标准施工招标文件》，在对投标文件进行初审时，属于投标文件形式审查的是（　　）。

A. 提交的投标保证金形式是否符合投标须知规定

B. 投标人是否完全接受投标文件中的合同条款

C. 投标承诺的工程是否满足投标人须知中的要求

D. 投标函是否经法定代表人或其委托代理人签字并加盖单位章

码上看解析

58. 某项固定资产原价为 50000 元，预计净残值 500 元，预计使用年限 5 年，采用双倍余额递减法计算第 3 年折旧额为（　　）元。

A. 7128

B. 7200

C. 9900

D. 10000

码上看解析

59. 采用挣值分析法动态监控工程进度和费用时，若在某一时点计算得到费用绩效指数>1，进度绩效指数<1，则表明该工程目前的实际状况为（　　）。

A. 费用节约，进度超前

B. 费用超支，进度拖后

C. 费用节约，进度拖后

D. 费用超支，进度超前

码上看解析

60. 根据《建设工程质量保证金管理办法》，由于发包人原因导致工程无法按规定期限进行竣工验收的，在承包人提交竣工验收报告（　　）天后，工程自动进入缺陷责任期。

A. 30

B. 45

C. 60

D. 90

码上看解析

二、多项选择题（共 20 题，每题 2 分。每题的备选项中，有 2 个或 2 个以上符合题意，至少有 1 个错项。错选，本题不得分；少选，所选的每个选项得 0.5 分）

61. 下列工程造价管理工作中，属于工程施工阶段造价管理工作内容的有（　　）。

A. 编制施工图预算　　B. 审核投资估算

C. 进行工程计量　　D. 处理工程变更

E. 编制工程量清单

码上看解析

62. 根据造价工程师职业资格制度，下列工作内容中，属于一级造价工程师执业范围的有（　　）。

A. 批准工程投资估算　　B. 审核工程设计概算

C. 审核工程投标报价　　D. 进行工程审计中的造价鉴定

E. 调解工程造价纠纷

码上看解析

63. 根据《建设工程质量管理条例》，建设工程竣工验收应当具备的条件有（　　）。

A. 完成建设工程设计和合同约定的各项内容

B. 有完整的技术档案和施工管理资料

C. 有质量监督机构签署的质量合格文件

D. 有施工单位签署的工程保修书

E. 有建设单位签发的工程移交证书

码上看解析

64. 根据《建设工程安全生产管理条例》，施工单位对列入建设工程概算的安全作业环境及安全施工措施所需费用，应当用于（　　）。

A. 采购施工安全防护用具　　B. 缴纳职工工伤保险费

C. 支付从事危险作业人员津贴　　D. 更新施工安全防护设施

E. 改善安全生产条件

码上看解析

65. 根据《合同法》，关于要约和承诺的说法，正确的有（　　）。

A. 要约通知发出时即表明要约生效

B. 承诺应当在要约确定的期限内到达要约人

C. 要约一旦发出不得撤销

D. 承诺通知到达要约人时生效

E. 承诺的内容应当与要约的内容一致

码上看解析

66. 根据《合同法》，下列合同属于效力待定合同的有（　　）。

A. 违反法律法规的合同

B. 订立合同时显失公平的合同

C. 限制民事行为能力人订立的合同

D. 一方以欺诈、胁迫手段订立的合同

E. 无权代理人代订的合同

码上看解析

67. 在工程建设实施过程中，为了做好环境保护，主体工程与环保措施工程必须同时进行的工作有（　　）。

A. 招标　　B. 设计

C. 施工　　D. 竣工结算

E. 投入运行

码上看解析

68. 与EPC总承包模式相比，平行承包模式的特点有（　　）。

A. 建设单位可在更大范围内选择承包单位

B. 建设单位组织协调工作量大

C. 建设单位合同管理工作量大

D. 有利于建设单位较早确定工程造价

E. 有利于建设单位向承包单位转移风险

码上看解析

69. 下列工程项目目标控制方法中，可用来综合控制工程造价和工程进度的方法有（　　）。

A. 控制图法

B. 因果分析法

C. S曲线法

D. 香蕉曲线法

E. 直方图法

码上看解析

70. 关于排列图的说法，正确的有（　　）。

A. 排列图左边的纵坐标表示影响因素发生的频数

B. 排列图中直方图形的高度表示影响因素造成损失的大小

C. 排列图右边的纵坐标表示影响因素累计发生的频率

D. 累计频率在90%～100%范围内的因素是影响工程质量的主要因素

E. 排列图可用来判定工程质量主要影响因素造成的费用增加值

码上看解析

71. 影响利率高低的主要因素有（　　）。

A. 借贷资本供求情况　　B. 借贷风险

C. 借贷期限　　D. 内部收益率

E. 行业基准收益率

72. 下列投资方案指标中，属于静态评价指标的有（　　）。

A. 资产负债率

B. 内部收益率

C. 偿债备付率

D. 净现值率

E. 投资收益率

73. 进行投资项目互斥方案静态分析可采用的评价方法有（　　）。

A. 净年值　　B. 增量投资收益率

C. 综合总费用　　D. 增量投资内部收益率

E. 增量投资回收期

74. 价值工程应用中，方案创造可采用的方法有（　　）。

A. 头脑风暴法　　B. 专家意见法

C. 强制打分法　　D. 哥顿法

E. 功能成本法

75. 既有法人筹措项目资本金的内部投资来源有（　　）。

A. 企业资产变现

B. 企业产权转让

C. 企业发行债券

D. 企业增资扩股

E. 企业发行股票

76. 关于融资租赁方式及其特点的说法，正确的有（　　）。

A. 由承租人选定所需设备

B. 由出租人购置所需设备

C. 由出租人计提固定资产折旧

D. 租赁期满后出租人收回设备所有权

E. 租金包括租赁设备的成本、利息及手续费

77. 工程项目经济评价应遵循的基本原则有（　　）。

A. 以财务效率为主

B. 效益与费用计算口径对应一致

C. 收益与风险权衡

D. 以定量分析为主

E. 动态分析与静态分析相结合，以动态分析为主

78. 采用单指标法评价设计方案时，可采用的评价方法有（　　）。

A. 重点抽查法　　B. 综合费用法

C. 价值工程法　　D. 分类整理法

E. 全寿命期费用法

79. 按索赔目的不同，工程索赔可分为（　　）。

A. 合同中明示的索赔

B. 合同中默示的索赔

C. 工期索赔

D. 费用索赔

E. 工程变更索赔

80. 进行工程费用动态监控时，可采用的偏差分析方法有（　　）。

A. 横道图法　　B. 时标网络图法

C. 表格法　　D. 曲线法

E. 分层法

《建设工程造价管理》真题选编（二）

（考试时间 150 分钟　满分 100 分）

一、单项选择题（共 60 题，每题 1 分。每题的备选项中，只有 1 个最符合题意）

1. 以下属于静态投资的是（　　）。

A. 涨价预备费

B. 基本预备费

C. 建设期贷款利息

D. 资金的时间价值

码上看解析

2. 控制建设工程造价最有效的手段是（　　）。

A. 设计与施工结合

B. 定性与定量结合

C. 策划与实施结合

D. 技术与经济结合

码上看解析

3. 二级造价工程师执业工作的内容是（　　）。

A. 编制项目投资估算

B. 编制最高投标限价

C. 审查工程量清单

D. 审核工程结算价款

码上看解析

4. 乙级造价企业中，专职从事工程造价专业的工作人员应不少于（　　）人。

A. 12

B. 10

C. 8

D. 6

码上看解析

5. 英国完整建设工程标准合同体系中，适用于房屋建筑工程的是（　　）合同体系。

A. ICE

B. ACA

C. JCT

D. AIA

码上看解析

6. 建设单位应当自建设工程竣工验收合格之日起（　　）日内，将建设工程竣工验收报告报建设行政主管部门或者其他有关部门备案。

A. 10

B. 15

C. 20

D. 30

码上看解析

7. 提供施工现场相邻建筑物和构筑物、地下工程的有关资料，并保证资料的真实、准确、完整是（　　）的安全责任。

A. 建设单位

B. 勘察单位

C. 设计单位

D. 施工单位

8. 某招标项目结算价 1000 万元，投标截止日为 8 月 30 日，投标有效期为 9 月 25 日，则该项目投标保证金金额及其有效期应是（　　）。

A. 最高不超过 30 万元，有效期为 9 月 25 日

B. 最高不超过 30 万元，有效期为 8 月 30 日

C. 最高不超过 20 万元，有效期为 8 月 30 日

D. 最高不超过 20 万元，有效期为 9 月 25 日

9. 某通过招投标订立的政府采购合同金额为 200 万元，合同履行过程中需追加与合同标的相同的货物，在其他合同条款不变且追加合同金额最高不超过（　　）万元时，可以签订补充合同采购。

A. 10

B. 20

C. 40

D. 50

10. 对格式条款有两种以上解释的，下列说法正确的是（　　）。

A. 该格式条款无效，由双方重新协商

B. 该格式条款效力待定，由仲裁机构裁定

C. 应当作出利于提供格式条款一方的解释

D. 应当作出不利于提供格式条款一方的解释

11. 根据《价格法》，地方定价商品应经（　　）审定后公布。

A. 地方人民政府价格主管部门

B. 地方人民政府

C. 国务院价格主管部门

D. 国务院

12. 根据《国务院关于投资体制改革的决定》，特别重大的政府投资项目实行（　　）制度。

A. 专家评议

B. 市场评估

C. 民主评议

D. 公众听证

13. 推行“全过程工程咨询”，是一种（　　）的主要体现。

A. 将传统项目管理转变为技术经济分析

B. 将传统“碎片化”的咨询转变为“集成化”咨询

C. 将实施咨询转变为投资决策咨询

D. 将造价专项咨询转变为整体项目管理

14. 对于实行项目管理法人责任制的项目，董事会应负责（　　）。

A. 组织编制初步设计文件

B. 控制工程投资、工期和质量

C. 组织工程设计招标

D. 筹措建设资金

码上看解析

15. 根据《国务院关于投资体制改革的决定》，工程代建制是一种针对（　　）的建设实施组织方式。

A. 经营性政府投资项目

B. 基础设施投资项目

C. 非经营性政府投资项目

D. 核准目录内企业投资项目

码上看解析

16. 关于 CM 承包模式的说法正确的是（　　）。

A. 使工程项目实现有条件的“边设计、边施工”

B. 要求在工程设计全部结束之后，进行施工招标

C. 工程设计与施工由一个总承包单位统筹安排

D. 所有分包不用通过招标的方式展开竞争

码上看解析

17. 下列工程项目目标控制方法中，可用来随时了解生产过程中质量变化情况的方法是（　　）。

A. 控制图法

B. 排列图法

C. 直方图法

D. 鱼刺图法

码上看解析

18. 专项施工方案由（　　）组织审核。

A. 建设单位

B. 监理单位

C. 监督机构

D. 施工单位技术部门

码上看解析

19. 建设工程组织流水施工时，用以表达流水施工在施工工艺方面进展状态的参数是（　　）。

A. 工作面和流水节拍

B. 流水步距和流水强度

C. 施工过程和流水强度

D. 施工过程和流水节拍

码上看解析

20. 工程项目有 3 个施工过程，4 个施工段，施工过程在施工段上的流水节拍分别为 4、2、4，组织成倍节拍流水施工，则流水施工工期为（　　）天。

A. 10　　　　B. 12

C. 16　　　　D. 18

码上看解析

21. 双代号网络计划中，关于关键节点说法正确的是（　　）。

A. 关键工作两端的节点必然是关键节点

B. 关键节点的最早时间与最迟时间必然相等

C. 关键节点组成的线路必然是关键线路

D. 两端为关键节点的工作必然是关键工作

码上看解析

22. 根据《标准设计施工总承包招标文件》(2012 年版)，合同文件包括下列内容：①发包人要求；②中标通知书；③承包人建议。仅就上述三项内容而言，合同文件优先解释顺序为(　　)。

A. ①②③

B. ②①③

C. ③①②

D. ③②①

码上看解析

23. 保证工程项目管理信息系统正常运行的基础是（　　）。

A. 结构化数据

B. 信息管理制度

C. 计算机网络环境

D. 非结构化数据

码上看解析

24. 借款 1000 万元，借款期为四年，年利率 6%，复利计息，年末结息。则第四年末需向银行支付（　　）万元。

A. 1030

B. 1060

C. 1240

D. 1262

码上看解析

25. 某笔借款年利率 6%，每季度复利计息一次，则该笔借款的年实际利率为（　　）。

A. 6.03%

B. 6.05%

C. 6.14%

D. 6.17%

码上看解析

26. 将投资方案经济效果评价方法划分为静态评价方法和动态评价方法的依据是计算是否考虑了（　　）。

A. 通货膨胀

B. 资金时间价值

C. 建设期利息

D. 建设期长短

码上看解析

27. 利用投资回收期指标评价投资方案经济效果的不足是（　　）。

A. 不能全面反映资本的周转速度

B. 不能全面考虑投资方案整个计算期内的现金流量

C. 不能反映投资回收之前的经济效果

D. 不能反映回收全部投资所需要的时间

码上看解析

28. 投资方案经济效果评价指标中，利息备付率是指投资方案在借款偿还期内的（　　）的比值。

A. 息税前利润与当期应付利息金额

B. 息税前利润与当期应还本付息金额

C. 税前利润与当期应付利息金额

D. 税前利润与当期应还本付息金额

码上看解析

29. 下列投资方案经济效果评价指标中，能够直接衡量项目未回收投资的收益率的指标是(　　)。

A. 投资收益率

B. 净现值率

C. 投资回收期

D. 内部收益率

码上看解析

30. 利用净现值法进行互斥方案比选，甲和乙两个方案的计算期分别为 3 年、4 年，则在最小公倍数法下，甲方案的循环次数是（　　）次。

A. 3

B. 4

C. 7

D. 12

码上看解析

31. 价值工程应用中，对产品进行分析的核心是（　　）。

A. 产品的结构分析

B. 产品的材料分析

C. 产品的性能分析

D. 产品的功能分析

码上看解析

32. 应用 ABC 分析法选择价格工程对象时，划分 A 类、B 类、C 类零部件的依据是（　　）。

A. 零部件数量及成本占产品零部件总数及总成本的比重

B. 零部件价值及成本占产品价值及总成本的比重

C. 零部件的功能重要性及成本占产品总成本的比重

D. 零部件的材质及成本占产品总成本的比重

码上看解析

33. 某产品由 5 个部件组成，产品的某项功能由其中 3 个部件共同实现，3 个部件共有 4 个功能，关于该功能成本的说法正确的是（　　）。

A. 该项功能成本为产品总成本的 60%

B. 该项功能成本占全部功能成本比超过 50%

C. 该项功能成本为 3 个部件相应成本之和

D. 该项功能为承担该功能的 3 个部件成本之和

码上看解析

34. 价值工程活动中，方案评价阶段的工作顺序是（　　）。

A. 综合评价—经济评价和社会评价—技术评价

B. 综合评价—技术评价和经济评价—社会评价

C. 技术评价—经济评价和社会评价—综合评价

D. 经济评价—技术评价和社会评价—综合评价

码上看解析

35. 对于已确定的日供水量的城市供水项目，进行工程成本评价应采用（　　）。

A. 费用效率法

B. 固定费用法

C. 固定效率法

D. 权衡分析法

码上看解析

36. 根据《国务院关于决定调整固定资产投资项目资本金比例的通知》，投资项目最低比例要求为40%的是（　　）。

A. 钢铁、电解铝项目

B. 铁路、公路项目

C. 玉米深加工项目

D. 普通商品住房项目

37. 既有法人可用于项目资金的外部资金是（　　）。

A. 企业在银行的存款

B. 企业产权转让

C. 企业生产经营收入

D. 国家预算内投资

38. 企业通过发行债券进行筹资的优点是（　　）。

A. 降低企业总资金成本

B. 发挥财务杠杆作用

C. 提升企业经营灵活性

D. 减少企业财务风险

39. 下列资金成本中，可用来比较建设工程各种融资方式优劣的是（　　）资金成本。

A. 综合

B. 边际

C. 个别

D. 债务

40. 某公司发行优先股股票，票面额按正常市场价计算为400万元，筹资费率为5%，每年股息率为15%，公司所得税税率为25%，则优先股股票发行成本率为（　　）。

A. 5.89%

B. 7.84%

C. 11.84%

D. 15.79%

41. 关于融资中每股收益与资本结构、销售水平之间关系的说法正确的是（　　）。

A. 受资本结构的影响，也受销售水平的影响

B. 受资本结构的影响，不受销售水平的影响

C. 不受资本结构的影响，受销售水平的影响

D. 不受资本结构的影响，也不受销售水平的影响

42. 为了减少项目投资风险，在工程建设方面可要求工程承包公司提供（　　）的合同。

A. 固定价格、可调工期

B. 固定价格、固定工期

C. 可调价格、固定工期

D. 可调价格、可调工期

43. 按照项目融资程序，需要在融资决策分析阶段进行的工作是（　　）。

A. 任命项目融资顾问

B. 确定项目投资结构

C. 评价项目融资结构

D. 分析项目风险因素

44. 下列项目融资方式中，需要利用信用增级手段使项目资产获得预期信用等级，进而在资本市场上发行债券募集资金的是（　　）方式。

A. BOT

B. PPP

C. ABS

D. TOT

码上看解析

45. 地方政府每一年度全部 PPP 项目预算支出占一半公共预算支出比例应当不超过（　　）。

A. 5%

B. 10%

C. 15%

D. 20%

码上看解析

46. 对于国家需要重点扶持的高新技术企业，减按（　　）的税率征收企业所得税。

A. 10%

B. 12%

C. 15%

D. 20%

码上看解析

47. 下列税种中，采用超率累进税率进行计税的是（　　）。

A. 增值税

B. 企业所得税

C. 契税

D. 土地增值税

码上看解析

48. 可作为建筑工程一切险保险项目的是（　　）。

A. 施工用设备

B. 公共运输车辆

C. 技术资料

D. 有价证券

码上看解析

49. 属于项目实施过程中策划内容的是（　　）。

A. 工程项目的定义

B. 工程项目系统构成

C. 项目合同结构策划

D. 总体融资方案策划

码上看解析

50. 下列工程项目经济评价，用于项目经济分析（　　）。

A. 社会折现率

B. 财务净现值

C. 净利润

D. 市场利率

码上看解析

51. 造价控制目标分解的合理步骤是（　　）。

A. 投资限额—各专业设计限额—各专业设计人员目标

B. 投资限额—各专业设计人员目标—各专业设计限额

C. 各专业设计限额—各专业设计人员目标—设计概算

码上看解析

D. 各专业设计人员目标—各专业设计限额—设计概算

52. 预算审查方法中，应用范围相对较小的方法是（　　）。

A. 全面审查法

B. 重点抽查法

C. 分解对比审查法

D. 标准预算审查法

53. 下列不同计价方式的合同中，施工承包单位承担造价控制风险最小的合同是（　　）。

A. 成本加浮动酬金合同

B. 单价合同

C. 成本加固定酬金合同

D. 总价合同

54. 根据《标准施工招标文件》，合同价的准确数据只有在（　　）后才能确定。

A. 后续工程不再发生工程变更

B. 承包人完成缺陷责任期工作

C. 工程审计全部完成

D. 竣工结算价款已支付完成

55. 发包人最迟应当在监理收到进度款申请单的（　　）天内，将进度应付款支付给承包人。

A. 14

B. 21

C. 28

D. 35

56. 按工程进度编制施工阶段资金使用计划，首先要进行的工作是（　　）。

A. 计算单位时间的资金支出目标

B. 编制工程施工进度计划

C. 编制资金使用时间进度计划的S曲线

D. 计算规定时间内的累计资金支出额

57. 施工项目经理部成本核算账务体系应以（　　）为对象。

A. 单项工程

B. 单位工程

C. 分部工程

D. 分项工程

58. 工程施工过程中，对于施工承包单位要求的工程变更，施工承包单位提出的程序是（　　）。

A. 向建设单位提出书面变更请求，阐明变更理由

B. 向设计单位提出书面变更建议，并附变更图纸

C. 向监理人提出书面变更通知，并附变更详情

D. 向监理人提出书面变更建议，阐明变更依据

59. 工程竣工结算审查时，对变更签证凭据审查的主要内容是其真实性、合法性和（　　）。

A. 严密性

B. 包容性

C. 可行性

D. 有效性

60. 某工程合同约定以银行保函替代预留工程质量保证金，签约合同价为 800 万元。工程价款结算总额为 780 万元，依据《建设工程质量保证金管理办法》，该保函金额最多为（　　）万元。

A. 15.6

B. 16.0

C. 23.4

D. 24.0

二、多项选择题（共 20 题，每题 2 分。每题的备选项中，有 2 个或 2 个以上符合题意，至少有 1 个错项。错选，本题不得分；少选，所选的每个选项得 0.5 分）

61. 按国际造价管理联合会（International Cost Engineering Council，ICEC）给出的定义，全面造价管理是指有效的利用专业知识与技术对（　　）进行筹划与控制。

A. 过程

B. 资源

C. 成本

D. 盈利

E. 风险

62. 根据《工程造价咨询企业管理办法》，属于工程造价咨询业务范围的工作有（　　）。

A. 项目经济评价报告编制

B. 工程竣工决算报告编制

C. 项目设计方案比选

D. 工程索赔费用计算

E. 项目概预算审批

63. 根据《建设工程安全生产管理条例》，下列安全生产责任中，属于建设单位安全责任的有（　　）。

A. 确定建设工程安全作业环境及安全施工措施所需费用并纳入工程概算

B. 对采用新结构的建设工程，提出保障施工作业人员安全的措施建议

C. 拆除工程施工前，将拟拆除建筑物的说明、拆除施工组织方案等资料报有关部门备案

D. 建立健全安全生产责任制度，制定安全生产规章制度和操作规程

E. 对达到一定规模的危险性较大的分部分项工程编制专项施工方案，并附具安全验算结果

64. 下列行为中，属于招标人与投标人串通投标的有（　　）。

A. 招标人明示投标人压低投标报价

B. 招标人授意投标人修改投标文件

C. 招标人向投标人公布招标控制价

D. 招标人向投标人透漏招标标底

E. 招标人组织投标人进行现场踏勘

65. 关于可变更或可撤销合同的说法正确的有（　　）。

A. 因重大误解订立的合同属于可变更或可撤销合同

B. 违反法律、行政法规强制性规定的合同为可撤销合同

C. 可撤销合同的撤销权并不因当事人的放弃而消灭

D. 可撤销合同被撤销前取得的财产不需返还

E. 当事人请求变更的合同，人民法院或仲裁机构不得撤销

66. 项目管理采用矩阵制组织机构形式的特点有（　　）。

A. 组织机构稳定性强

B. 容易造成职责不清

C. 组织机构灵活性大

D. 组织机构机动性强

E. 每一个成员受双重领导

67. 下列工程项目目标控制方法中，可用来控制工程造价和工程进度的方法有（　　）。

A. 香蕉曲线法

B. 目标管理法

C. S 曲线法

D. 责任矩阵法

E. 因果分析图法

68. 建设工程组织固定节拍流水施工的特点有（　　）。

A. 专业工作队数大于施工过程数

B. 施工段之间没有空闲时间

C. 相邻施工过程的流水步距相等

D. 各施工段上的流水节拍相等

E. 各专业工作队能够在各施工段上连续作业

69. 工程网络计划优化是指（　　）的过程。

A. 寻求工程总成本最低时工期安排

B. 使计算工期满足要求工期

C. 按要求工期寻求最低成本

D. 在工期保持不变的条件下使资源需用量最少

E. 在满足资源限制条件下使工期延长最少

70. 根据九部委联合发布的《标准材料采购招标文件》和《标准设备采购招标文件》，关于当事人义务的说法正确的有（　　）。

A. 迟延交付违约金的总额不得超过合同价格的5%

B. 支付迟延交货违约金不能免除卖方继续交付合同材料的义务

C. 采购合同订立时的卖方营业地为标的物交付地

D. 卖方在交货时应将产品合格证随同产品交买方据以验收

E. 迟延付款违约金的总额不得超过合同价格的10%

71. 某人向银行申请住房按揭贷款50万元，期限10年，年利率为4.8%，还款方式为按月等额本息还款，复利计息。关于该项贷款的说法正确的有（　　）。

A. 宜采用偿债基金系数直接计算每月还款额

B. 借款年名义利率为4.8%

C. 借款的还款期数为120期

D. 借款期累计支付利息比按月等额本金还款少

E. 该项借款的月利率为0.4%

码上看解析

72. 关于投资方案基准收益率的说法正确的有（　　）。

A. 所有投资项目均应使用国家发布的行业基准收益率

B. 基准收益率反映投资资金应获得的最低盈利水平

C. 确定基准收益率不应考虑通货膨胀的影响

D. 基准收益率是评价投资方案在经济上是否可行的依据

E. 基准收益率一般等于商业银行贷款基准利率

码上看解析

73. 价值工程应用中，研究对象的功能价值系数小于1时，可能的原因有（　　）。

A. 研究对象的功能现实成本小于功能评价值

B. 研究对象的功能比较重要，但分配的成本偏小

C. 研究对象可能存在过剩功能

D. 研究对象实现功能的条件或方法不佳

E. 研究对象的功能现实成本偏低

码上看解析

74. 下列费用中，属于资金筹集成本的有（　　）。

A. 股票发行手续费

B. 建设投资贷款利息

C. 债券发行公证费

D. 股东所得红利

E. 债券发行广告费

码上看解析

75. 与BOT融资方式相比，ABS融资方式的优点有（　　）。

A. 便于引入先进技术

B. 融资成本低

C. 适用范围广

D. 融资风险与项目未来收入无关

E. 风险分散度高

码上看解析

76. 关于建筑意外伤害保险的说法正确的有（　　）。

A. 建筑意外伤害保险以工程项目为投保单位

B. 建筑意外伤害保险应实行记名制投保方式

C. 建筑意外伤害保险实行固定费率

D. 建筑意外伤害保险不只局限于施工现场作业人员

E. 建筑意外伤害保险期间自开工之日起最长不超过五年

码上看解析

77. 投资方案现金流量表中，经营成本的组成项有（　　）。

A. 折旧费

B. 摊销费

C. 修理费

码上看解析

D. 利息支出

E. 外购原材料、燃料及动力费

78. 施工合同有多种类型，下列工程中不宜采用总价合同的有（　　）。

A. 没有施工图纸的灾后紧急恢复工程

B. 设计深度不够，工程量清单不够明确的工程

C. 已完成施工图审查的单体住宅工程

D. 工程内容单一，施工图设计已完成的路面铺装工程

E. 采用较多新技术、新工艺的工程

码上看解析

79. 施工成本分析的基本方法有（　　）。

A. 经验判断法

B. 专家意见法

C. 比较法

D. 因素分析法

E. 比率法

码上看解析

80. 已完工程计划费用 1200 万元，已完工程实际费用 1500 万元，拟完工程计划费用 1300 万元，下列关于偏差的说法正确的有（　　）。

A. 进度提前 300 万元

B. 进度拖后 100 万元

C. 费用节约 100 万元

D. 工程盈利 300 万元

E. 费用超支 300 万元

码上看解析

参考答案与解析

第一章　工程造价管理及其基本制度

第一节　工程造价基本内容

考点 1　工程造价及计价特征

1. 【答案】C

【解析】从投资者（业主）的角度分析，工程造价是指建设一项工程预期开支或实际开支的全部固定资产投资费用。

2. 【答案】B

【解析】工程造价因所处角度不同有不同的含义。

含义一：从投资者（业主）角度分析，工程造价是指建设一项工程预期开支或实际开支的全部固定资产投资费用。投资者为了获得投资项目的预期效益，需要对项目进行策划决策、建设实施（设计、施工）直至竣工验收等一系列活动。在上述活动中所花费的全部费用，即构成工程造价。从这个意义上讲，工程造价就是建设工程固定资产总投资。

含义二：从市场交易角度分析，工程造价是指在工程发承包交易活动中形成的建筑安装工程费用或建设工程总费用。显然，工程造价的这种含义是指以建设工程这种特定的商品形式作为交易对象，通过招标投标或其他交易方式，在多次预估的基础上，最终由市场形成的价格。这里的工程既可以是整个建设工程项目，也可以是其中一个或几个单项工程或单位工程，还可以是其中一个或几个分部工程，如建筑安装工程、装饰装修工程等。随着经济发展、技术进步、分工细化和市场的不断完善，工程建设中的中间产品也会越来越多，商品交换会更加频繁，工程价格的种类和形式也会更为丰富。

3. 【答案】A

【解析】工程承发包价格是一种重要且较为典型的工程造价形式，是在建筑市场通过发承包交易，由需求主体（投资者或建设单位）和供给主体（承包商）共同认可的价格。

4. 【答案】C

【解析】工程结算包括施工过程中的中间结算和竣工验收阶段的竣工结算。工程结算需要按实际完成的合同范围内合格工程量考虑，同时按合同调价范围和调价方法，对实际发生的工程量增减、设备和材料价差等进行调整后确定结算价格。工程结算反映的是工程项目实际造价。工程结算文件一般由承包单位编制，由发包单位审查，也可委托工程造价咨询机构进行审查。

5. 【答案】A

【解析】工程计价需要在不同阶段多次进行，以保证工程造价计算的准确性和控制的有效性。体现的是工程计价特征中的多次性。

6. 【答案】C

【解析】设备单价计算依据包括：设备原价、设备运杂费、进口设备关税等。

考点 2　工程造价相关概念

1. 【答案】A

【解析】静态投资包括：建筑安装工程费、设备和工器具购置费、工程建设其他费、基本预备费，以及因工程量误差而引起的工程造价的增减等。

2. 【答案】A

【解析】建设项目按用途可分为生产性建设项目和非生产性建设项目。生产性建设项目总投资包括固定资产投资和流动资产投资两部分；非生产性建设项目总投资只包括固定资产投资，不含流动资产投资。建设项目总造价是指项目总投资中的固定资产投资总额。

第二节　工程造价管理的组织和内容

考点 1　工程造价管理的基本内涵

1.【答案】C

【解析】全要素造价管理的核心是按照优先性的原则，协调和平衡工期、质量、安全、环保与成本之间的对立统一关系。

2.【答案】A

【解析】按照国际造价管理联合会（International Cost Engineering Council，ICEC）给出的定义，全面造价管理（Total Cost Management，TCM）是指有效地利用专业知识与技术，对资源、成本、盈利和风险进行筹划和控制。

3.【答案】C

【解析】建设工程全寿命期造价是指建设工程初始建造成本和建成后的日常使用成本之和。

4.【答案】B

【解析】建设工程全要素造价管理的核心是按照优先性原则，协调和平衡工期、质量、安全、环境与成本之间对立和统一关系。

5.【答案】C

【解析】控制建设工程造价不仅仅是控制建设工程本身的建造成本，还应同时考虑工期成本、质量成本、安全与环境成本的控制，从而实现工程成本、工期、质量、安全、环境的集成管理。

6.【答案】B

【解析】全过程造价管理是指覆盖建设工程策划决策及建设实施各阶段的造价管理。包括：策划决策阶段的项目策划、投资估算、项目经济评价、项目融资方案分析；设计阶段的限额设计、方案比选、概预算编制；招投标阶段的标段划分、发承包模式及合同形式的选择、招标控制价或标底编制；施工阶段的工程计量与结算、工程变更控制、索赔管理；竣工验收阶段的结算与决算等。

考点 2　工程造价管理的组织系统

1.【答案】D

【解析】工程造价管理的组织系统包括政府行政管理系统、企事业单位管理系统和行业协会管理系统。

考点 3　工程造价管理的主要内容及原则

1.【答案】C

【解析】立足于调查—分析—决策基础之上的偏离—纠偏—再偏离—再纠偏的控制是一种被动控制，因为这样做只能发现偏离，不能预防可能发生的偏离。

2.【答案】C

【解析】工程项目策划阶段：按照有关规定编制和审核投资估算，经有关部门批准，即可作为拟建工程项目的控制造价；基于不同的投资方案进行经济评价，作为工程项目决策的重要依据。

3.【答案】A

【解析】对于政府投资工程而言，经有关部门批准的工程概算将作为拟建工程项目造价的最高限额。

4.【答案】A

【解析】工程施工阶段：进行工程计量及工程款支付管理，实施工程费用动态监控，处理工程变更和索赔。

5.【答案】B

【解析】工程竣工阶段：编制和审核工程结算、编制竣工决算，处理工程保修费用等。

6.【答案】A

【解析】工程造价管理的关键在于前期决策和设计阶段，而在项目投资决策后，控制工程造价的关键就在于设计。

7.【答案】A

【解析】被动控制只能发现偏离，不能预防可能发生的偏离。

8.【答案】ACE

【解析】从组织上采取措施，包括明确项目组织结构，明确造价控制人员及其任务，明确管理职能分工；从技术上采取措施，包括重视设计多方案选择，严格审查初步设计、技术设计、施工图设计、施工组织设计，深入研究节约投资的可能性；从经济上采取措施，包括动态比较造价的计划值与实际值，严格审核各项费用支出，采取对节约投资的有力奖励措施等。

第三节　造价工程师管理制度

考点1　造价工程师素质要求和职业道德

1.【答案】C

【解析】造价工程师是指通过职业资格考试取得中华人民共和国造价工程师职业资格证书，并经注册后从事建设工程造价工作的专业技术人员。根据《造价工程师职业资格制度规定》，国家设置造价工程师准入类职业资格，纳入国家职业资格目录。工程造价咨询企业应配备造价工程师，工程建设活动中有关工程造价管理岗位按需要配备造价工程师。造价工程师分为一级造价工程师和二级造价工程师。

考点2　造价工程师职业资格考试、注册和执业

1.【答案】D

【解析】造价工程师职业资格考试专业科目分为4个专业类别，即：土木建筑工程、交通运输工程、水利工程和安装工程。

2.【答案】C

【解析】住房城乡建设部、交通运输部、水利部分别负责一级造价工程师注册及相关工作。各省、自治区、直辖市住房城乡建设、交通运输、水利行政主管部门按专业类别分别负责二级造价工程师注册及相关工作。造价工程师执业时应持注册证书和执业印章。

3.【答案】A

【解析】造价工程师不得同时受聘于两个或两个以上单位执业，不得允许他人以本人名义执业，严禁“证书挂靠”。出租出借注册证书的，依据相关法律法规进行处罚；构成犯罪的，依法追究刑事责任。

4.【答案】ABE

【解析】一级造价工程师的执业范围包括建设项目全过程的工程造价管理与咨询等，具体工作内容有：

(1) 项目建议书、可行性研究投资估算与审核，项目评价造价分析。

(2) 建设工程设计概算、施工（图）预算编制和审核。

(3) 建设工程招标投标文件工程量和造价的编制与审核。

(4) 建设工程合同价款、结算价款、竣工决算价款的编制与管理。

(5) 建设工程审计、仲裁、诉讼、保险中的造价鉴定，工程造价纠纷调解。

(6) 建设工程计价依据、造价指标的编制与管理。

(7) 与工程造价管理有关的其他事项。

5.【答案】B

【解析】二级造价工程师主要协助一级造价工程师开展相关工作，可独立开展以下具体工作：

(1) 建设工程工料分析、计划、组织与成本管理，施工图预算、设计概算编制。

(2) 建设工程量清单、最高投标限价、投标报价编制。

(3) 建设工程合同价款、结算价款和竣工决算价款的编制。

第四节　工程造价咨询管理制度

考点1　工程造价咨询企业资质管理

1.【答案】C

【解析】选项A错误，根据《工程造价咨询企业管理办法》，住建部第50号令《住房和城乡建设部关于修改〈工程造价咨询企业管理办法〉〈注册造价工程师管理办法〉的决定》，甲级工程造价咨询企业专职专业人员中取得一级造价工程师注册证书的人员不少于6人。选项B错误，甲级工程造价咨询企业专职从事工程造价专业工作的人员不少于12人。选项C正确，企业近3年工程造价咨询营业收入累计不低于人民币500万元。选项D错误，在申请核定资质等级之日前3年内无违规行为。

2.【答案】ADE

【解析】根据《工程造价咨询企业管理办法》，住建部第50号令《住房和城乡建设部关于修改〈工程造价咨询企业管理办法〉

〈注册造价工程师管理办法〉的决定》，甲级工程造价咨询企业技术负责人已取得一级造价工程师注册证书，并具有工程或工程经济类高级专业技术职称，且从事工程造价专业工作15年以上，选项B错误。专职从事工程造价专业工作的人员不少于12人，其中，具有工程（或工程经济）类中级以上专业技术职称或者取得二级造价工程师注册证书的人员不少于10人，选项C错误。

3. **【答案】**A

【解析】根据《工程造价咨询企业管理办法》，住建部第50号令《住房和城乡建设部关于修改〈工程造价咨询企业管理办法〉〈注册造价工程师管理办法〉的决定》，乙级工程造价咨询企业专职专业人员不少于6人，其中，具有工程（或工程经济）类中级以上专业技术职称或者取得二级造价工程师注册证书的人员不少于4人，取得一级造价工程师注册证书的人员不少于3人。

4. **【答案】**B

【解析】根据《工程造价咨询企业管理办法》，住建部第50号令《住房和城乡建设部关于修改〈工程造价咨询企业管理办法〉〈注册造价工程师管理办法〉的决定》，乙级工程造价咨询企业暂定期内工程造价咨询营业收入累计不低于人民币50万元。

5. **【答案】**A

【解析】根据《工程造价咨询企业管理办法》，住建部第50号令《住房和城乡建设部关于修改〈工程造价咨询企业管理办法〉〈注册造价工程师管理办法〉的决定》，申请甲级工程造价咨询企业资质，须已取得乙级工程造价咨询企业资质证书满3年。

6. **【答案】**ADE

【解析】根据《工程造价咨询企业管理办法》，住建部第50号令《住房和城乡建设部关于修改〈工程造价咨询企业管理办法〉〈注册造价工程师管理办法〉的决定》，乙级造价咨询企业中，技术负责人已取得一级造价工程师注册证书，并具有工程或工程经济类高级专业技术职称，且从事工程造价专业工作10年以上，选项A正确，选项B错误。暂定期内工程造价咨询营业收入累计不低于人民币50万元，选项C错误。专职专业人员不少于6人，其中，具有工程（或工程经济）类中级以上专业技术职称或者取得二级造价工程师注册证书的人员不少于4人，取得一级造价工程师注册证书的人员不少于3人，其他人员具有从事工程造价专业工作的经历，选项D正确。在申请核定资质等级之日前无违规行为，选项E正确。

7. **【答案】**C

【解析】根据《工程造价咨询企业管理办法》，住建部第50号令《住房和城乡建设部关于修改〈工程造价咨询企业管理办法〉〈注册造价工程师管理办法〉的决定》，乙级工程造价咨询企业资质标准之一：专职专业人员不少于6人，其中，具有工程（或工程经济）类中级以上专业技术职称或者取得二级造价工程师注册证书的人员不少于4人，取得一级造价工程师注册证书的人员不少于3人，其他人员具有从事工程造价专业工作的经历。

8. **【答案】**C

【解析】根据《工程造价咨询企业管理办法》，住建部第50号令《住房和城乡建设部关于修改〈工程造价咨询企业管理办法〉〈注册造价工程师管理办法〉的决定》，甲级工程造价咨询企业中，专职从事工程造价专业工作的人员不少于12人，乙级工程造价咨询企业专职专业人员不少于6人。

9. **【答案】**BCE

【解析】工程造价咨询业务范围：

(1) 建设项目建议书及可行性研究投资估算、项目经济评价报告的编制和审核。

(2) 建设项目概预算的编制与审核，并配合设计方案比选、优化设计、限额设计等工作进行工程造价分析与控制。

(3) 建设项目合同价款的确定（包括招标工程工程量清单和标底、投标报价的编制和审核）；合同价款的签订与调整（包括工程变更、工程洽商和索赔费用的计算）与工程款支付，工程结算及竣工结（决）算报告的编制与审核等。

(4) 工程造价经济纠纷的鉴定和仲裁的咨询。

(5) 提供工程造价信息服务等。

工程造价成果文件应当由工程造价咨询企业加盖有企业名称、资质等级及证书编号的执业印章，并由执行咨询业务的注册造价工程师签字、加盖执业印章。工程造价咨询企业资质有效期为3年。

10. 【答案】C

【解析】工程造价咨询企业资质有效期为3年。资质有效期届满，需要继续从事工程造价咨询活动的，应当在资质有效期届满30日前向资质许可机关提出资质延续申请。资质许可机关应当根据申请作出是否准予延续的决定。准予延续的，资质有效期延续3年。

考点 2 工程造价咨询管理

1. 【答案】D

【解析】根据《工程造价咨询企业管理办法》，住建部第50号令《住房和城乡建设部关于修改〈工程造价咨询企业管理办法〉〈注册造价工程师管理办法〉的决定》，乙级工程造价咨询企业可以从事工程造价2亿元人民币以下的各类建设项目的工程造价咨询业务。

2. 【答案】D

【解析】有下列情形之一的，资质许可机关或者其上级机关，根据利害关系人的请求或者依据职权，可以撤销工程造价咨询企业资质：

(1) 资质许可机关工作人员滥用职权、玩忽职守作出准予工程造价咨询企业资质许可的。

(2) 超越法定职权作出准予工程造价咨询企业资质许可的。

(3) 违反法定程序作出准予工程造价咨询企业资质许可的。

(4) 对不具备行政许可条件的申请人作出准予工程造价咨询企业资质许可的。

(5) 依法可以撤销工程造价咨询企业资质的其他情形。

同时，工程造价咨询企业以欺骗、贿赂等不正当手段取得工程造价咨询企业资质的，应当予以撤销。选项A、B、C属于注销资质的情形。

3. 【答案】ACD

【解析】按照我国现行规定，有下列情形之一的，资质许可机关应当依法注销工程造价咨询企业资质：

(1) 工程造价咨询企业资质有效期满，未申请延续的。

(2) 工程造价咨询企业资质被撤销、撤回的。

(3) 工程造价咨询企业依法终止的。

(4) 法律、法规规定的应当注销工程造价咨询企业资质的其他情形。

选项B、E属于造价咨询企业需要承担法律责任的范围。

4. 【答案】BCE

【解析】工程造价咨询业务范围包括：

(1) 建设项目建议书及可行性研究投资估算、项目经济评价报告的编制和审核。

(2) 建设项目概预算的编制与审核，并配合设计方案比选、优化设计、限额设计等工作进行工程造价分析与控制。

(3) 建设项目合同价款的确定（包括招标工程工程量清单和标底、投标报价的编制和审核）；合同价款的签订与调整（包括工程变更、工程洽商和索赔费用的计算）与工程款支付，工程结算、竣工结算和决算报告的编制与审核等。

(4) 工程造价经济纠纷的鉴定和仲裁的咨询。

(5) 提供工程造价信息服务等。

同时，工程造价咨询企业可以对建设项目的组织实施进行全过程或者若干阶段的管理和服务。

5. 【答案】B

【解析】以欺骗、贿赂等不正当手段取得工程造价咨询企业资质的，由县级以上地方人民政府建设主管部门或者有关专业部门给予警告，并处1万元以上3万元以下的罚款，申请人3年内不得再次申请工程造价咨询企业资质。

6. 【答案】ABC

【解析】针对由县级以上地方人民政府建设主管部门或者有关部门给予警告，责令限期改正，并处以1万元以上3万元以下的罚款的情形包括：

(1) 涂改、倒卖、出租、出借资质证书，或者以其他形式非法转让资质证书。

(2) 超越资质等级业务范围承接工程造价咨询业务。

(3) 同时接受招标人和投标人或两个以上投标人对同一工程项目的工程造价咨询业务。

(4) 以给予回扣、恶意压低收费等方式进行不正当竞争。

(5) 转包承接的工程造价咨询业务。

(6) 法律、法规禁止的其他行为。

7. 【答案】B

【解析】根据《工程造价咨询企业管理办法》，住建部第50号令《住房和城乡建设部关于修改〈工程造价咨询企业管理办法〉〈注册造价工程师管理办法〉的决定》，违反相关规定，跨省、自治区、直辖市承接业务不备案的，由县级以上地方人民政府住房城乡建设主管部门或者有关专业部门给予警告，责令限期改正；逾期未改正的，可处以5千元以上2万元以下的罚款。

第五节 国内外工程造价管理发展

考点1 发达国家和地区工程造价管理

1. 【答案】ABCD

【解析】在美国，建筑造价指数一般由一些咨询机构和新闻媒介来编制，在多种造价信息来源中，ENR（Engineering News Record）造价指标是比较重要的一种。编制ENR造价指数的目的是为了准确地预测建筑价格，确定工程造价。它是一个加权总指数，由构件钢材、波特兰水泥、木材和普通劳动力4种个体指数组成。

2. 【答案】BD

【解析】编制ENR造价指数的资料来源于20个美国城市和2个加拿大城市。

3. 【答案】A

【解析】英国有着一套完整的建设工程标准合同体系，包括JCT（JCT公司）合同体系、ACA（咨询顾问建筑师协会）合同体系、ICE（土木工程师学会）合同体系、皇家政府合同体系。JCT是英国的主要合同体系之一，主要通用于房屋建筑工程。

4. 【答案】C

【解析】美国建筑师学会（AIA）的合同条件体系更为庞大，分为A、B、C、D、F、G系列。其中，A系列是关于发包人与承包人之间的合同文件。

5. 【答案】D

【解析】美国建筑师学会（AIA）合同条件体系中的核心是通用条件。

6. 【答案】A

【解析】美国建筑师学会（AIA）的合同条件体系更为庞大，分为A、B、C、D、F、G系列。其中，A系列是关于发包人与承包人之间的合同文件；B系列是关于发包人与提供专业服务的建筑师之间的合同文件；C系列是关于建筑师与提供专业服务的顾问之间的合同文件；D系列是建筑师行业所用的文件；F系列是财务管理表格；G系列是合同和办公管理表格。AIA系列合同条件的核心是“通用条件”。采用不同的计价方式时，只需选用不同的“协议书格式”与“通用条件”结合。AIA合同条件主要有总价、成本补偿及最高限定价格等计价方式。

考点2 我国工程造价管理发展

1. 【答案】B

【解析】发达国家和地区的工程造价管理已大量运用计算机网络和信息技术，实现工程造价管理的网络化、虚拟化。特别是建筑信息建模（Building Information Modeling，BIM）技术的推广应用，必将推动工程造价管理的信息化发展。

2. 【答案】ABC

【解析】从整个工程造价行业看，还未建立统一规划、统一编码的工程造价信息资源共享平台；从工程造价咨询企业层面看，工程造价管理的数据库、知识库尚未建立和完善。

第二章 相关法律法规

第一节 建筑法及相关条例

考点1 建筑法

1. 【答案】D

【解析】从事各类房屋建筑及其附属设施的建造、装修装饰和与其配套的线路、管道、设备的安装，以及城镇市政基础设施工程的施工，建设单位在开工前应当向工程所在地的县级以上人民政府建设行政主管部门申请领取施工许可证。必须申请领取施工许可证的建筑工程未取得施工许可证的，一律不得开工。

2. 【答案】AD

【解析】建筑许可包括建筑工程施工许可和从业资格两个方面。

3. 【答案】C

【解析】大型建筑工程或结构复杂的建筑工程，可以由两个以上的承包单位联合共同承包。共同承包的各方对承包合同的履行承担连带责任。两个以上不同资质等级的单位实行联合共同承包的，应当按照资质等级低的单位的业务许可范围承揽工程。

4. 【答案】CD

【解析】申请领取施工许可证，应当具备如下条件：①已办理建筑工程用地批准手续；②依法应当办理建设工程规划许可证的，已经取得建设工程规划许可证；③需要拆迁的，其拆迁进度符合施工要求；④已经确定建筑施工单位；⑤有满足施工需要的资金安排、施工图纸及技术资料；⑥有保证工程质量和安全的具体措施。

【点拨】此题易错点为选项A，有满足施工需要的资金安排就可以，不需要落实到位。

5. 【答案】CD

【解析】《建筑法》第九条规定，建设单位应当自领取施工许可证之日起3个月内开工。故选项A错误。工程恢复施工时，应当向发证机关报告；对中止施工满1年的工程，恢复施工前，建设单位应当报发证机关核验施工许可证。故选项B错误。因故不能按期开工，应当向发证机关申请延期；延期以两次为限，每次不超过3个月。故选项E错误。

6. 【答案】C

【解析】建设单位应当自领取施工许可证之日起3个月内开工。因故不能按期开工的，应当向发证机关申请延期；延期以两次为限，每次不超过3个月。既不开工又不申请延期或者超过延期时限的，施工许可证自行废止。

考点2 建设工程质量管理条例

1. 【答案】A

【解析】施工图设计文件未经审查批准的，不得使用。故选项A正确。建设单位应当委托具有相应资质等级的工程监理单位进行监理，也可以委托具有工程监理相应资质等级并与被监理工程的施工承包单位没有隶属关系或者其他利害关系的该工程的设计单位进行监理。故选项B错误。建筑工程竣工经验收合格后，方可交付使用；未经验收或验收不合格的，不得交付使用。故选项C错误。建设单位应当严格按照国家有关档案管理的规定，及时收集、整理建设项目各环节的文件资料，建立、健全建设项目档案，并在建设工程竣工验收后，及时向建设行政主管部门或者其他有关部门移交建设项目档案。故选项D错误。

2. 【答案】ACE

【解析】建设工程竣工验收应当具备下列条件：

(1) 完成建设工程设计和合同约定的各项内容。

(2) 有完整的技术档案和施工管理资料。

(3) 有工程使用的主要建筑材料、建筑构配件和设备的进场试验报告。

(4) 有勘察、设计、施工、工程监理等单位分别签署的质量合格文件。

(5) 有施工单位签署的工程保修书。

3.【答案】ABD

【解析】施工单位应当依法取得相应等级的资质证书，并在其资质等级许可的范围内承揽工程。禁止施工单位超越本单位资质等级许可的业务范围或者以其他施工单位的名义承揽工程；禁止施工单位允许其他单位或者个人以本单位的名义承揽工程；施工单位不得转包或者违法分包工程。

4.【答案】AE

【解析】施工人员对涉及结构安全的试块、试件以及有关材料，应当在建设单位或者工程监理单位监督下现场取样，并送具有相应资质等级的质量检测单位进行检测。

5.【答案】D

【解析】建设单位在领取施工许可证或者开工报告前，应当按照国家有关规定办理工程质量监督手续。

6.【答案】A

【解析】监理工程师应当按照工程监理规范的要求，采取旁站、巡视和平行检验等形式，对建设工程实施监理。故选项A正确。未经监理工程师签字，建筑材料、建筑构配件和设备不得在工程上使用或者安装，施工单位不得进行下一道工序的施工。故选项B错误。未经总监理工程师签字，建设单位不拨付工程款，不进行竣工验收。故选项C错误。工程监理单位应当选派具备相应资格的总监理工程师和监理工程师进驻施工现场。故选项D错误。

7.【答案】BCD

【解析】选项A的最低保修期限为5年。选项E的最低保修期限为2个采暖期、供冷期。

8.【答案】B

【解析】供热与供冷系统的最低保修期限为2个采暖期、供冷期。

9.【答案】B

【解析】建设单位应当自建设工程竣工验收合格之日起15日内，将建设工程竣工验收报告和规划、公安消防、环保等部门出具的认可文件或者准许使用文件报建设行政主管部门或者其他有关部门备案。

10.【答案】B

【解析】施工单位从事建设工程依法取得相应等级的资质证书，并在其资质等级许可的范围内承揽工程。故选项A错误。施工单位应当对所承担的建设工程进行定期和专项安全检查。故选项C错误。总承包单位和分包单位对分包工程的质量承担连带责任。故选项D错误。

11.【答案】B

【解析】建设单位收到建设工程竣工报告后，应当组织设计、施工、工程监理等有关单位进行竣工验收；建设工程经验收合格的，方可交付使用。

12.【答案】C

【解析】建设工程承包单位在向建设单位提交工程竣工验收报告时，应当向建设单位出具质量保修书。

考点3 建设工程安全生产管理条例

1.【答案】C

【解析】依法批准开工报告的建设工程，建设单位应当自开工报告批准之日起15日内，将保证安全施工的措施报送建设工程所在地的县级以上地方人民政府建设行政主管部门或者其他有关部门备案。

2.【答案】ACD

【解析】设计单位应当考虑施工安全操作和防护的需要，对涉及施工安全的重点部位和环节在设计文件中注明，并对防范生产安全事故提出指导意见。故选项A正确。施工单位对列入建设工程概算的安全作业环境及安全施工措施所需费用，应当用于施工安全防护用具及设施的采购和更新、安全施工措施的落实、安全生产条件的改善，不得挪作他用。故选项B错误。施工单位应当建立健全安全生产教育培训制度，应当对管理人员和作业人员每年至少进行一次安全生产教育培训，其教育培训情况记入个人工作档案。故选项C正确。施工单位应当向作业人员提供安全防护用具和安全防护服装，并书面告知危险岗位的操作规程和违章操作的危害。故选项D正确。施工单位应当自施工起重机械和整体提升脚手架、模板等自升式架设设施验收合格之日起30日内，向建设行政主管部门或者其他有关部门登记。故选项E错误。

3. 【答案】C

【解析】依法批准开工报告的建设工程，建设单位应当自开工报告批准之日起15日内，将保证安全施工的措施报送建设工程所在地的县级以上地方人民政府建设行政主管部门或者其他有关部门备案。

4. 【答案】B

【解析】建设单位在编制工程概算时，应当确定建设工程安全作业环境及安全施工措施所需费用；在申请领取施工许可证时，应当提供建设工程有关安全施工措施的资料。

5. 【答案】AC

【解析】施工单位对列入建设工程概算的安全作业环境及安全施工措施所需费用，应当用于施工安全防护用具及设施的采购和更新、安全施工措施的落实、安全生产条件的改善，不得挪作他用。

6. 【答案】D

【解析】施工单位应当在施工组织设计中编制安全技术措施和施工现场临时用电方案，对下列达到一定规模的危险性较大的分部分项工程编制专项施工方案，并附具安全验算结果，经施工单位技术负责人、总监理工程师签字后实施，由专职安全生产管理人员进行现场监督：①基坑支护与降水工程；②土方开挖工程；③模板工程；④起重吊装工程；⑤脚手架工程；⑥拆除、爆破工程；⑦国务院建设行政主管部门或者其他有关部门规定的其他危险性较大的工程。上述所列工程中涉及深基坑、地下暗挖工程、高大模板工程的专项施工方案，施工单位还应当组织专家进行论证、审查。

7. 【答案】A

【解析】施工单位应当建立健全安全生产教育培训制度，应当对管理人员和作业人员每年至少进行一次安全生产教育培训，其教育培训情况记入个人工作档案。安全生产教育培训考核不合格的人员，不得上岗。

8. 【答案】ACDE

【解析】垂直运输机械作业人员、安装拆卸工、爆破作业人员、起重信号工、登高架设作业人员等特种作业人员，必须按照国家有关规定经过专门的安全作业培训，并取得特种作业操作资格证书后，方可上岗作业。

第二节　招标投标法及其实施条例

考点1　招标投标法

1. 【答案】D

【解析】招标分为公开招标和邀请招标。联合体中标后，联合体应该共同与招标人签订合同，而不是分别签订。招标人可以对已经发出的招标文件进行修改。投标文件应当对招标文件提出的实质性要求和条件作出响应。

2. 【答案】C

【解析】依法必须进行招标的项目，其评标委员会由招标人的代表和有关技术、经济等方面的专家组成，成员人数为5人以上单数。其中，技术、经济等方面的专家不得少于成员总数的2/3。

3. 【答案】C

【解析】依法必须进行招标的项目，自招标文件开始发出之日起至投标人提交投标文件截止之日止，最短不得少于20日。

4. 【答案】CE

【解析】《招标投标法》规定，在中华人民共和国境内进行下列工程建设项目（包括项目的勘察、设计、施工、监理以及与工程建设有关的重要设备、材料等的采购），必须进行招标：

（1）大型基础设施、公用事业等关系社会公共利益、公众安全的项目。

（2）全部或者部分使用国有资金投资或者国家融资的项目。

（3）使用国际组织或者外国政府贷款、援助资金的项目。

5.【答案】A

【解析】招标人对已发出的招标文件进行必要的澄清或者修改的，应当在招标文件要求提交投标文件截止时间至少15日前，以书面形式通知所有招标文件收受人。该澄清或者修改的内容为招标文件的组成部分。

6.【答案】B

【解析】评标委员会由招标单位或其委托的招标代理机构熟悉相关业务的代表，以及有关技术、经济等方面的专家组成，成员人数为5人以上单数，其中，技术、经济等方面的专家不得少于成员总数的2/3。题目中，建设单位有1人参加，即招标人代表为1人。由于招标人代表人数不得多于评标委员会成员人数的1/3且为单数，故评标委员会成员至少需要5人。

7.【答案】D

【解析】联合体各方均应具备承担招标项目的相应能力。故选项A错误。联合体中标的，联合体各方应当共同与招标人签订合同，就中标项目向招标人承担连带责任。故选项B、C错误。

8.【答案】ACDE

【解析】依法必须进行招标的项目，其评标委员会由招标人的代表和有关技术、经济等方面的专家组成。与投标人有利害关系的人不得进入相关项目的评标委员会；已经进入的应当进行更换。评标委员会成员的名单在中标结果确定前应当保密。联合体中标的，联合体各方应当共同与招标人签订合同，就中标项目向招标人承担连带责任。故选项B错误。

9.【答案】A

【解析】《招标投标法》第二十八条规定，投标人应当在招标文件要求提交投标文件的截止时间前，将投标文件送达投标地点。招标人收到投标文件后，应当签收保存，不得开启。投标人少于三个的，招标人应当依照本法重新招标。

10.【答案】D

【解析】招标人和中标人应当自中标通知书发出之日起30日内，按照招标文件和中标人的投标文件订立书面合同。

考点2 招标投标法实施条例

1.【答案】ACD

【解析】采购人依法能够自行建设、生产或者提供的项目，可以不招标。故选项A正确。招标费用占合同金额比例过大的项目，可以邀请招标。故选项B错误。招标人发售资格预审文件、招标文件收取的费用应当限于补偿印刷、邮寄的成本支出，不得以营利为目的。故选项C正确。潜在投标人如对招标文件有异议，应当在投标截止时间10日前提出。故选项D正确。如招标人采用资格后审办法对投标人进行资格审查，应当在开标后由评标委员会按照招标文件规定的标准和方法对投标人的资格进行审查。故选项E错误。

2.【答案】A

【解析】如招标人在招标文件中要求投标人提交投标保证金，投标保证金不得超过招标项目估算价的2%。

3.【答案】DE

【解析】有下列情形之一的，评标委员会应当否决其投标：

(1) 投标文件未经投标单位盖章和单位负责人签字。

(2) 投标联合体没有提交共同投标协议。

(3) 投标人不符合国家或者招标文件规定的资格条件。

(4) 同一投标人提交两个以上不同的投标文件或者投标报价，但招标文件要求提交备选投标的除外。

(5) 投标报价低于成本或者高于招标文件设定的最高投标限价。

(6) 投标文件没有对招标文件的实质性要求和条件作出响应。

(7) 投标人有串通投标、弄虚作假、行贿等违法行为。

4.【答案】D

【解析】履约保证金不得超过中标合同金额的10%，即，1000×10%=100（万元）。

5.【答案】BE

【解析】有下列情形之一的，可以不进行招标的项目：

(1) 需要采用不可替代的专利或者专有技术。

(2) 采购人依法能够自行建设、生产或者提供。

(3) 已通过招标方式选定的特许经营项目投资人依法能够自行建设、生产或者提供。

(4) 需要向原中标人采购工程、货物或者服务，否则将影响施工或者功能配套要求。

(5) 国家规定的其他特殊情形。

选项 A、C、D 属于可以邀请招标的项目。

6. 【答案】B

【解析】《招标投标法实施条例》规定，国有资金占控股或者主导地位的依法必须进行招标的项目，应当公开招标；但有下列情形之一的，可以邀请招标：

(1) 技术复杂、有特殊要求或者受自然环境限制，只有少量潜在投标人可供选择。

(2) 采用公开招标方式的费用占项目合同金额的比例过大。

有下列情形之一的，可以不进行招标：

(1) 需要采用不可替代的专利或者专有技术。

(2) 采购人依法能够自行建设、生产或者提供。

(3) 已通过招标方式选定的特许经营项目投资人依法能够自行建设、生产或者提供。

(4) 需要向原中标人采购工程、货物或者服务，否则将影响施工或者功能配套要求。

7. 【答案】D

【解析】如潜在投标人或者其他利害关系人对资格预审文件有异议，应当在提交资格预审申请文件截止时间 2 日前提出；如对招标文件有异议，应当在投标截止时间 10 日前提出。

8. 【答案】B

【解析】《招标投标法实施条例》第十六条规定，招标人应当按照资格预审公告、招标公告或者投标邀请书规定的时间、地点发售资格预审文件或者招标文件。资格预审文件或者招标文件的发售期不得少于 5 日。

9. 【答案】D

【解析】招标人有下列行为之一的，属于以不合理条件限制、排斥潜在投标人或者投标人：

(1) 就同一招标项目向潜在投标人或者投标人提供有差别的项目信息。

(2) 设定的资格、技术、商务条件与招标项目的具体特点和实际需要不相适应或者与合同履行无关。

(3) 依法必须进行招标的项目以特定行政区域或者特定行业的业绩、奖项作为加分条件或者中标条件。

(4) 对潜在投标人或者投标人采取不同的资格审查或者评标标准。

(5) 限定或者指定特定的专利、商标、品牌、原产地或者供应商。

(6) 依法必须进行招标的项目非法限定潜在投标人或者投标人的所有制形式或者组织形式。

(7) 以其他不合理条件限制、排斥潜在投标人或者投标人。

招标人不得组织单个或者部分潜在投标人踏勘项目现场。

10. 【答案】D

【解析】投标保证金有效期应当与投标有效期一致。

11. 【答案】B

【解析】如潜在投标人或者其他利害关系人对资格预审文件有异议，应当在提交资格预审申请文件截止时间 2 日前提出；如对招标文件有异议，应当在投标截止时间 10 日前提出。

12. 【答案】C

【解析】投标有效期从提交投标文件的截止之日起算。

13. 【答案】BE

【解析】对技术复杂或者无法精确拟定技术规格的项目，招标人可以分两阶段进行招标：

第一阶段，投标人按照招标公告或者投标邀请书的要求提交不带报价的技术建议，招标人根据投标人提交的技术建议确定技术标准和要求，编制招标文件。

第二阶段，招标人向在第一阶段提交技术建议的投标人提供招标文件，投标人按照招标文件的要求提交包括最终技术方案和投标报价的投标文件。如招标人要求投标人提交投标保证金，应当在第二阶段提出。

14. 【答案】D

【解析】两阶段招标的第二阶段中，招标人向在第一阶段提交技术建议的投标人提供招标文件，投标人按照招标文件的要求提交包括最终技术方案和投标报价的投标文件。如招标人要求投标人提交投标保证金，应当在第二阶段提出。

15. 【答案】ABD

【解析】有下列情形之一的，属于招标人与投标人串通投标：

(1) 招标人在开标前开启投标文件并将有关信息泄露给其他投标人。

(2) 招标人直接或者间接向投标人泄露标底、评标委员会成员等信息。

(3) 招标人明示或者暗示投标人压低或者抬高投标报价。

(4) 招标人授意投标人撤换、修改投标文件。

(5) 招标人明示或者暗示投标人为特定投标人中标提供方便。

(6) 招标人与投标人为谋求特定投标人中标而采取的其他串通行为。

16. 【答案】C

【解析】有下列情形之一的，属于投标人相互串通投标：

(1) 投标人之间协商投标报价等投标文件的实质性内容。

(2) 投标人之间约定中标人。

(3) 投标人之间约定部分投标人放弃投标或者中标。

(4) 属于同一集团、协会、商会等组织成员的投标人按照该组织要求协同投标。

(5) 投标人之间为谋取中标或者排斥特定投标人而采取的其他联合行动。

17. 【答案】B

【解析】招标人最迟应当在书面合同签订后5日内向中标人和未中标的投标人退还投标保证金及银行同期存款利息。

18. 【答案】BD

【解析】投标保证金有效期应当与投标有效期一致。选项A正确。自招标文件开始发出之日至投标人提交投标文件截止之日的期限不得少于20日。选项C正确。潜在投标人如对招标文件有异议，应当在投标截止时间10日前提出。选项E正确。招标人对已经发出的资格预审文件或者招标文件进行必要的澄清或者修改，如果澄清或者修改的内容可能影响资格预审文件或者投标文件编制，招标人应当在提交资格预审申请文件截止时间至少3日前，或者投标截止时间至少15日前，以书面形式通知所有获取资格预审文件或者招标文件的潜在投标人。选项B、D错误。

第三节　政府采购法及其实施条例

考点1　政府采购法

1. 【答案】C

【解析】政府采购实行集中采购和分散采购相结合。集中采购的范围由省级以上人民政府公布的集中采购目录确定。

2. 【答案】A

【解析】采购人采购纳入集中采购目录的政府采购项目，必须委托集中采购机构代理采购；采购未纳入集中采购目录的政府采购项目，可以自行采购，也可以委托集中采购机构在委托的范围内代理采购。

3. 【答案】A

【解析】政府采购可采用的方式有：公开招标、邀请招标、竞争性谈判、单一来源采购、询价，以及国务院政府采购监督管理部门认定的其他采购方式。公开招标应作为政府采购的主要采购方式。

4. 【答案】A

【解析】符合下列情形之一的货物或服务，可采用邀请招标方式采购：

(1) 具有特殊性，只能从有限范围的供应商处采购的。

(2) 采用公开招标方式的费用占政府采购项目总价值的比例过大的。

5.【答案】CE

【解析】符合下列情形之一的货物或服务，可采用竞争性谈判方式采购：

(1) 招标后没有供应商投标或没有合格标的或重新招标未能成立的。

(2) 技术复杂或性质特殊，不能确定详细规格或具体要求的。

(3) 采用招标所需时间不能满足用户紧急需要的。

(4) 不能事先计算出价格总额的。

6.【答案】A

【解析】政府采购合同履行中，采购人需追加与合同标的相同的货物、工程或服务的，在不改变合同其他条款的前提下，可以与供应商协商签订补充合同，但所有补充合同的采购金额不得超过原合同采购金额的10%。

考点2 政府采购法实施条例

1.【答案】ABDE

【解析】采购人或者采购代理机构有下列情形之一的，属于以不合理的条件对供应商实行差别待遇或者歧视待遇：

(1) 就同一采购项目向供应商提供有差别的项目信息。

(2) 设定的资格、技术、商务条件与采购项目的具体特点和实际需要不相适应或者与合同履行无关。

(3) 采购需求中的技术、服务等要求指向特定供应商、特定产品。

(4) 以特定行政区域或者特定行业的业绩、奖项作为加分条件或者中标、成交条件。

(5) 对供应商采取不同的资格审查或者评审标准。

(6) 限定或者指定特定的专利、商标、品牌或者供应商。

(7) 非法限定供应商的所有制形式、组织形式或者所在地。

(8) 以其他不合理条件限制或者排斥潜在供应商。

2.【答案】A

【解析】招标文件要求投标人提交投标保证金的，投标保证金不得超过采购项目预算金额的2%。

3.【答案】B

【解析】履约保证金的数额不得超过政府采购合同金额的10%，即，200×10%=20（万元）。

第四节 合同法及价格法

考点1 合同法

1.【答案】ABD

【解析】选项A正确，建设工程合同应当采用书面形式。选项C错误，合同有书面形式、口头形式和其它形式。选项B、D正确，书面形式是指合同书、信件和数据电文（包括电报、电传、传真、电子数据交换和电子邮件），不包括电话。选项E错误，书面合同是实践中广泛采用的一种合同形式。

2.【答案】A

【解析】选项A正确，当事人订立合同，需要经过要约和承诺两个阶段。选项B错误，要约到达受要约人时生效。选项C错误，要约必须具备合同的主要条款。选项D错误，要约可以撤回，也可以撤销。

3.【答案】C

【解析】要约到达受要约人时生效。投标文件是要约，于2019年6月10日到达招标人（受要约人），故选项C正确。

4.【答案】BE

【解析】承诺通知可以撤回；承诺通知到达要约人时生效；受要约人超过承诺期限发出承诺的，除要约人及时通知受要约人该承诺有效的以外，为新要约；承诺的内容应当与要约的内容一致；受要约人对要约内容作出实质性变更的，为新要约。

5.【答案】BE

【解析】撤销要约的通知应当在受要约人发出承诺通知之前到达受要约人。但有下列情形之一的，要约不得撤销：①要约人确定了承诺期限或者以其他形式明示要约不可撤销；②受要约人有理由认为要约是不可撤销的，并已经为履行合同做了准备工作。

6.【答案】C

【解析】受要约人在承诺期限内发出承诺，按照通常情形能够及时到达要约人，但因其他原因承诺到达要约人时超过承诺期限的，除要约人及时通知受要约人因承诺超过期限不接受该承诺的以外，该承诺有效。

7.【答案】D

【解析】承诺生效时合同成立。

8.【答案】B

【解析】采用格式条款订立合同，有利于提高合同订立过程的效率等以及避免可能造成的合同内容的不确定性。《民法典》规定的合同无效的情形，同样适用于格式合同条款。对格式条款的理解发生争议的，应当作出不利于提供格式条款一方的解释。格式条款和非格式条款不一致的，应当采用非格式条款。

9.【答案】DE

【解析】当事人在订立合同过程中有下列情况之一，给对方造成损失的，应当承担损害赔偿责任：

(1) 假借订立合同，恶意进行磋商。

(2) 故意隐瞒与订立合同有关的重要事实或者提供虚假情况。

(3) 有其他违背诚实信用原则的行为。

选项D是当事人在履行合同中的违约情形，不属于缔约过失责任。

选项E是合同无效的情形，不属于缔约过失责任。

10.【答案】D

【解析】效力待定合同是指合同已经成立，但因其不完全符合有关合同生效的要件，其效力能否发生还尚未确定的合同。效力待定合同主要是因为当事人缺乏缔约能力、处分能力和代理资格所造成的。限制行为能力人订立的合同属于效力待定合同。

11.【答案】AD

【解析】有下列情形之一的，合同无效：

(1) 一方以欺诈、胁迫的手段订立合同，损害国家利益。

(2) 恶意串通，损害国家、集体或第三人利益。

(3) 以合法形式掩盖非法目的。

(4) 损害社会公共利益。

(5) 违反法律、行政法规的强制性规定。

选项B、C、E属于可变更或可撤销合同。

12.【答案】B

【解析】无效合同是指其内容和形式违反了法律、行政法规的强制性规定，或者损害了国家利益、集体利益、第三人利益和社会公共利益因而不为法律所承认和保护、不具有法律效力的合同。无效合同自始没有法律约束力。所以从甲与丙签订合同之日起，此合同就是无效合同。

13.【答案】C

【解析】当事人一方有权请求人民法院或者仲裁机构变更或者撤销的合同有：

(1) 因重大误解订立的。

(2) 在订立合同时显失公平的。一方以欺诈、胁迫的手段或者乘人之危，使对方在违背真实意思的情况下订立的合同，受损害方有权请求人民法院或者仲裁机构变更或者撤销。当事人请求变更的，人民法院或者仲裁机构不得撤销。

14.【答案】A

【解析】有下列情形之一的，撤销权消灭：

(1) 具有撤销权的当事人自知道或者应当知道撤销事由之日起1年内没有行使撤销权。

(2) 具有撤销权的当事人知道撤销事由后明确表示或者以自己的行为放弃撤销权。

15.【答案】B

【解析】当事人可以依照《担保法》约定一方向对方给付定金作为债权的担保。债务人履行债务后，定金应当抵作价款或者收回。给付定金的一方不履行约定的债务的，无权要求返还定金；收受定金的一方不履行约定的债务的，应当双倍返还定金。当事人既约定违约金，又约定定金的，一方违约时，对方可以选择适用违约金或者定金条款。

16.【答案】D

【解析】《民法典》规定，执行政府定价或

政府指导价的，在合同约定的交付期限内政府价格调整时，按照交付时的价格计价。逾期交付标的物的，遇价格上涨时，按照原价格执行；价格下降时，按照新价格执行。逾期提取标的物或者逾期付款的，遇价格上涨时，按照新价格执行；价格下降时，按照原价格执行。

17. 【答案】C

【解析】债权人领取提存物的权利期限为5年，超过该期限，提存物扣除提存费用后归国家所有。

18. 【答案】A

【解析】当事人一方因第三人的原因造成违约的，应当向对方承担违约责任。当事人一方和第三人之间的纠纷，依照法律规定或者依照约定解决。

19. 【答案】C

【解析】合同当事人双方可以在签订合同时约定选择诉讼方式解决合同争议，并依法选择有管辖权的人民法院，但不得违反《民事诉讼法》关于级别管辖和专属管辖的规定。对于一般的合同争议，由被告住所地或者合同履行地人民法院管辖。建设工程施工合同纠纷以施工行为地为合同履行地。

20. 【答案】B

【解析】当事人既约定违约金，又约定定金的，一方违约时，对方可以选择适用违约金或者定金条款。

21. 【答案】BCE

【解析】违约责任是指合同当事人不履行或不适当履行合同，应依法承担的责任。与其他责任制度相比，违约责任有以下主要特点：

（1）违约责任以有效合同为前提。

（2）违约责任以违反合同义务为要件。

（3）违约责任可由当事人在法定范围内约定。

（4）违约责任是一种民事赔偿责任。

考点 2 价格法

1. 【答案】BCD

【解析】经营者享有如下权利：①自主制定属于市场调节的价格；②在政府指导价规定的幅度内制定价格；③制定属于政府指导价、政府定价产品范围内的新产品的试销价格，特定产品除外；④检举、控告侵犯其依法自主定价权利的行为。选项A、E属于政府定价的商品。

2. 【答案】ACD

【解析】政府应当依据有关商品或者服务的社会平均成本和市场供求状况、国民经济与社会发展要求以及社会承受能力，实行合理的购销差价、批零差价、地区差价和季节差价。

3. 【答案】ABC

【解析】政府应当依据有关商品或者服务的社会平均成本和市场供求状况、国民经济与社会发展要求以及社会承受能力，实行合理的购销差价、批零差价、地区差价和季节差价。制定关系群众切身利益的公用事业价格、公益性服务价格、自然垄断经营的商品价格时，应当建立听证会制度，征求消费者、经营者和有关方面的意见。

4. 【答案】D

【解析】当重要商品和服务价格显著上涨或者有可能显著上涨，国务院和省、自治区、直辖市人民政府可以对部分价格采取限定差价率或者利润率、规定限价、实行提价申报制度和调价备案制度等干预措施。省、自治区、直辖市人民政府采取上述规定的干预措施时，应当报国务院备案。

5. 【答案】ACD

【解析】经营者享有如下权利：①自主制定属于市场调节的价格；②在政府指导价规定的幅度内制定价格；③制定属于政府指导价、政府定价产品范围内的新产品的试销价格，特定产品除外；④检举、控告侵犯其依法自主定价权利的行为。选项B、E属于政府定价的商品。

第三章　工程项目管理

第一节　工程项目管理概述

考点 1　工程项目组成和分类

1.【答案】B

【解析】单位工程的概念为具备独立施工条件并能形成独立使用功能的建筑物及构筑物总称。

2.【答案】D

【解析】分部工程是指将单位工程按专业性质、建筑部位等划分的工程。根据《建筑工程施工质量验收统一标准》(GB 50300—2001)，建筑工程包括：地基与基础、主体结构、装饰装修、屋面、给排水及采暖、建筑电气、智能建筑、通风与空调、电梯等分部工程。选项 A、B、C 均属于分项工程的内容。

3.【答案】A

【解析】分部工程是指将单位工程按专业性质、建筑部位等划分的工程。根据《建筑工程施工质量验收统一标准》(GB 50300—2001)，建筑工程包括：地基与基础、主体结构、装饰装修、屋面、给排水及采暖、建筑电气、智能建筑、通风与空调、电梯等分部工程。选项 B 属于分项工程的内容，选项 C、D 属于子分部工程的内容。

4.【答案】B

【解析】分项工程是指将分部工程按主要工种、材料、施工工艺、设备类别等划分的工程。例如，土方开挖、土方回填、钢筋、模板、混凝土、砖砌体、木门窗制作与安装、钢结构基础等工程。选项 A、C 属于分部工程的内容，选项 D 属于子分部工程的内容。

5.【答案】AC

【解析】分项工程是指将分部工程按主要工种、材料、施工工艺、设备类别等划分的工程。例如，土方开挖、土方回填、钢筋、模板、混凝土、砖砌体、木门窗制作与安装、钢结构基础等工程。选项 D 属于分部工程的内容，选项 B、E 属于子分部工程的内容。

6.【答案】ABCE

【解析】当分部工程较大或较复杂时，可按材料种类、工艺特点、施工程序、专业系统及类别等将其划分为若干子分部工程。分项工程是工程项目施工生产活动的基础，也是计量工程用工、用料和机械台班消耗的基本单元。故选项 D 错误。

7.【答案】ACE

【解析】按投资效益和市场需求，工程项目可划分为竞争性项目、基础性项目和公益性项目。选项 B、D 属于按投资来源划分。

8.【答案】ADE

【解析】经营性政府投资项目应实行项目法人责任制，非经营性政府投资项目应推行“代建制”；非政府投资项目一般均实行项目法人责任制。选项 B、C 属于非经营性政府投资项目。

9.【答案】A

【解析】经营性政府投资项目实行项目法人责任制，非经营性政府投资项目实施“代建制”。经营性政府投资项目是指具有盈利性质的政府投资项目，政府投资的水利、电力、铁路等项目基本都属于经营性项目。选项 B、C、D 属于非经营性政府投资项目，可以实施“代建制”，选项 A 属于政府投资的经营性项目，不能实行“代建制”。

考点 2　工程项目建设程序

1.【答案】ABDE

【解析】项目建议书内容视项目不同而有繁有简，但一般应包括以下内容：

(1) 项目提出的必要性和依据。

(2) 规划和设计方案、产品方案、拟建规模和建设地点的初步设想。

(3) 资源情况、建设条件、协作关系和设备技术引进国别、厂商的初步分析。

(4) 投资估算、资金筹措及还贷方案设想。
(5) 项目进度安排。
(6) 经济效益和社会效益的初步估计。
(7) 环境影响的初步评价。
对于政府投资项目，项目建议书按要求编制完成后，应根据建设规模和限额划分报送有关部门审批。项目建议书经批准后，可进行可行性研究工作，但并不表明项目非上不可，批准的项目建议书不是项目的最终决策。选项C属于设计阶段工作内容。

2. 【答案】ACDE
【解析】一般工业项目的可行性研究报告应包括以下基本内容：
(1) 项目提出的背景、项目概况及投资的必要性。
(2) 产品需求、价格预测及市场风险分析。
(3) 资源条件评价（对资源开发项目而言）。
(4) 建设规模及产品方案的技术经济分析。
(5) 建厂条件与厂址方案。
(6) 技术方案、设备方案和工程方案。
(7) 主要原材料、燃料供应。
(8) 总图、运输与公共辅助工程。
(9) 节能、节水措施。
(10) 环境影响评价。
(11) 劳动安全卫生与消防。
(12) 组织机构与人力资源配置。
(13) 项目实施进度。
(14) 投资估算及融资方案。
(15) 财务评价和国民经济评价。
(16) 社会评价和风险分析。
(17) 研究结论与建议。
选项B属于设计阶段工作内容。

3. 【答案】C
【解析】政府投资项目实行审批制：①对于采用直接投资和资本金注入方式的政府投资项目，政府需要从投资决策的角度审批项目建议书和可行性研究报告，除特殊情况外不再审批开工报告，同时还要严格审批其初步设计和概算；②对于采用投资补助、转贷和贷款贴息方式的政府投资项目，则只审批资金申请报告。

4. 【答案】C
【解析】政府投资项目一般都要经过符合资质要求的咨询中介机构的评估论证，特别重大的项目还应实行专家评议制度。国家将逐步实行政府投资项目公示制度，以广泛听取各方面的意见和建议。

5. 【答案】A
【解析】企业投资建设《政府核准的投资项目目录》中的项目时，仅需向政府提交项目申请报告，不再经过批准项目建议书、可行性研究报告和开工报告的程序。

6. 【答案】B
【解析】项目后评价是工程项目实施阶段管理的延伸。项目后评价的基本方法是对比法。

7. 【答案】BD
【解析】施工图审查机构对施工图审查的内容包括：
(1) 是否符合工程建设强制性标准。
(2) 地基基础和主体结构的安全性。
(3) 消防安全性。
(4) 人防工程（不含人防指挥工程）防护安全性。
(5) 是否符合民用建筑节能强制性标准，对执行绿色建筑标准的项目，还应当审查是否符合绿色建筑标准。
(6) 勘察设计企业和注册执业人员以及相关人员是否按规定在施工图上加盖相应的图章和签字。
(7) 法律、法规、规章规定必须审查的其他内容。

8. 【答案】A
【解析】建设单位在办理施工许可证之前应当到规定的工程质量监督机构办理工程质量监督注册手续。

9. 【答案】ABC
【解析】办理质量监督注册手续时需提供下列资料：
(1) 施工图设计文件审查报告和批准书。
(2) 中标通知书和施工、监理合同。
(3) 建设单位、施工单位和监理单位工程项目的负责人和机构组成。
(4) 施工组织设计和监理规划（监理实施细

则）。

（5）其他需要的文件资料。

10.【答案】C

【解析】选项A、B、D是办理质量监督注册手续应提供的资料，在开工前，办理工程质量监督手续之后进行的工作是办理施工许可证。

考点3 工程项目管理类型、任务及相关制度

1.【答案】B

【解析】项目总经理的职权有：组织编制项目初步设计文件，对项目工艺流程、设备选型、建设标准、总图布置提出意见，提交董事会审查；组织工程设计、施工监理、施工队伍和设备材料采购的招标工作，编制和确定招标方案、标底和评标标准，评选和确定投标、中标单位，实行国际招标的项目，按现行规定办理；编制并组织实施项目年度投资计划、用款计划、建设进度计划；编制项目财务预算、决算；编制并组织实施归还贷款和其他债务计划；组织工程建设实施，负责控制工程投资、工期和质量；在项目建设过程中，在批准的概算范围内对单项工程的设计进行局部调整（凡引起生产性质、能力、产品品种和标准变化的设计调整以及概算调整，需经董事会决定并报原审批单位批准）；根据董事会授权处理项目实施中的重大紧急事件，并及时向董事会报告；负责生产准备工作和培训有关人员；负责组织项目试生产和单项工程预验收；拟订生产经营计划、企业内部机构设置、劳动定员定额方案及工资福利方案；组织项目后评价，提出项目后评价报告；按时向有关部门报送项目建设、生产信息和统计资料；提请董事会聘任或解聘项目高级管理人员。

选项A、C、D属于项目董事会的职权。

2.【答案】A

【解析】建设项目董事会的职权有：负责筹措建设资金；审核、上报项目初步设计和概算文件；审核、上报年度投资计划并落实年度资金；提出项目开工报告；研究解决建设过程中出现的重大问题；负责提出项目竣工验收申请报告；审定偿还债务计划和生产经营方针，并负责按时偿还债务；聘任或解聘项目总经理，并根据总经理的提名，聘任或解聘其他高级管理人员。选项B、C、D属于总经理的职权。

3.【答案】B

【解析】近年来推行的“全过程工程咨询”，就是将传统“碎片化”咨询转变为“集成化”咨询的重要体现。

第二节 工程项目组织

考点1 业主方项目管理组织模式

1.【答案】AE

【解析】项目管理承包（Project Management Contract，PMC）是指项目业主聘请专业的工程公司或咨询公司，代表业主在项目实施全过程或其中若干阶段进行项目管理。采用PMC管理模式时，项目业主仅需保留很少部分项目管理力量对一些关键问题进行决策，绝大部分项目管理工作均由项目管理承包商承担。采用PMC管理模式时，项目管理承包商的风险与具体的PMC类型有关，不一定是承担了业主的大部分风险。选项B、C、D错误。

2.【答案】CD

【解析】按照工作范围不同，项目管理承包（PMC）可分为三种类型：

（1）项目管理承包商代表业主进行项目管理，同时还承担部分工程的设计、采购、施工（EPC）工作。这对项目管理承包商而言，风险高，相应的利润、回报也较高。

（2）项目管理承包商作为业主项目管理的延伸，只是管理EPC承包商而不承担任何EPC工作。这对项目管理承包商而言，风险和回报均较低。

（3）项目管理承包商作为业主顾问，对项目进行监督和检查，并及时向业主报告工程进展情况。这对项目管理承包商而言，风险最低，接近于零，但回报也低。

3.【答案】ACD

【解析】PMC工作内容：

(1) 项目前期阶段工作内容。在此阶段，项目管理承包商的主要任务是代表业主进行项目管理。具体包括：项目建设方案优化；组织项目风险识别和分析，并制定项目风险应对策略；提供融资方案并协助业主进行融资；提出项目应统一遵循的标准及规范；组织或完成基础设计、初步设计和总体设计；协助业主完成政府相关审批工作；提出项目实施方案，完成项目投资估算；提出材料、设备清单及供货厂家名单；编制 EPC 招标文件，进行 EPC 投标人资格预审，并完成 EPC 评标工作。

(2) 项目实施阶段工作内容。在此阶段，由中标的 EPC 总承包商进行项目的详细设计，并进行采购和施工工作。项目管理承包商的主要任务是代表业主进行协调和监督工作。具体包括：进行设计管理，协调有关技术条件；完成项目总体中某些部分的详细设计；实施采购管理，并为业主负责的采购提供服务；配合业主进行生产准备、组织试运行和验收；向业主移交项目文件资料。

4. 【答案】ACD

【解析】PMC 工作内容：

(1) 项目前期阶段工作内容。在此阶段，项目管理承包商的主要任务是代表业主进行项目管理。具体包括：项目建设方案优化；组织项目风险识别和分析，并制订项目风险应对策略；提供融资方案并协助业主进行融资；提出项目应统一遵循的标准及规范；组织或完成基础设计、初步设计和总体设计；协助业主完成政府相关审批工作；提出项目实施方案，完成项目投资估算；提出材料、设备清单及供货厂家名单；编制 EPC 招标文件，进行 EPC 投标人资格预审，并完成 EPC 评标工作。

(2) 项目实施阶段工作内容。在此阶段，由中标的 EPC 总承包商进行项目的详细设计，并进行采购和施工工作。项目管理承包商的主要任务是代表业主进行协调和监督工作。具体包括：进行设计管理，协调有关技术条件；完成项目总体中某些部分的详细设计；实施采购管理，并为业主负责的采购提供服务；配合业主进行生产准备、组织试运行和验收；向业主移交项目文件资料。

5. 【答案】D

【解析】通过优化设计方案，可实现建设工程全寿命期成本最低。项目管理承包商会运用自身技术优势，根据项目实际条件对项目进行技术经济分析，从全寿命期成本最低角度对整个设计方案进行优化。通过选择合适的合同方式，可从整体上为业主节省建设投资。项目管理承包商与业主之间通常采用成本加奖励的合同计价方式，如果在工程实施过程中通过有效管理使建设投资节约，项目管理承包商将会得到节约部分一定比例的奖励。

6. 【答案】D

【解析】工程代建制与项目法人责任制的区别：

(1) 项目管理责任范围不同。

(2) 项目建设资金责任不同。

(3) 项目保值增值责任不同。

(4) 适用的工程对象不同。

在建设项目实施阶段工程代建制与项目法人责任制的工作任务可能相同。

7. 【答案】ABE

【解析】在项目建设期间，工程代建单位不存在经营性亏损或盈利，通过与政府投资管理机构签订代建合同，只收取代理费、咨询费。如果在项目建设期间使投资节约，工程代建单位可按合同约定从所节约的投资中提取一部分作为奖励。在项目建设期间，代建单位须提交工程概算投资 10%左右的履约保函，要承担相应的管理、咨询风险。工程代建单位不参与工程项目前期的策划决策和建成后的经营管理，也不对投资收益负责。选项 C、D 错误。

8. 【答案】ABCD

【解析】工程代建制与项目法人责任制的区别：

(1) 项目管理责任范围不同。对于实施项目法人责任制的项目，项目法人的责任范围覆盖工程项目策划决策及建设实施过程，包括项目策划、资金筹措、建设实施、运营管理、贷款偿还及资产的保值增值。而对于实施工程代建制的项目，工程代建单位的责任范围只是在工程项目建设实施阶段。

(2) 项目建设资金责任不同。对于实施项目法人责任制的项目，项目法人需要在项目建设实施阶段负责筹措建设资金，并在项目建成后的运营期间偿还贷款及对投资方的回报。而对于实施工程代建制的项目，工程代建单位不负责建设资金的筹措，因此也不负责偿还贷款。

(3) 项目保值增值责任不同。对于实施项目法人责任制的项目，项目法人需要在项目全寿命期内负责资产的保值增值。而对于实施工程代建制的项目，工程代建单位仅负责项目建设期间资金的使用，在批准的投资范围内保证建设工程项目实现预期功能，使政府投资效益最大化，不负责项目运营期间的资产保值增值。

(4) 适用的工程对象不同。项目法人责任制适用于政府投资的经营性项目，而工程代建制适用于政府投资的非经营性项目（主要是公益性项目）。

考点2 工程项目发承包模式

1. 【答案】ABDE

【解析】采用总分包模式的特点：

(1) 有利于项目的组织管理。由于业主只与总承包商签订合同，合同结构简单。同时，由于合同数量少，使得业主的组织管理和协调工作量小，可发挥总承包商多层次协调的积极性。

(2) 有利于控制工程造价。由于总包合同价格可以较早确定，业主可以承担较少风险。

(3) 有利于控制工程质量。由于总承包商与分包商之间通过分包合同建立了责、权、利关系，在承包商内部，工程质量既有分包商的自控，又有总承包商的监督管理，从而增加了工程质量监控环节。

(4) 有利于缩短建设工期。总承包商具有控制的积极性，分包商之间也有相互制约作用。此外，在工程设计与施工总承包的情况下，由于设计与施工由一个单位统筹安排，使两个阶段能够有机地融合，一般均能做到设计阶段与施工阶段的相互搭接。

(5) 对业主而言，选择总承包商的范围小，一般合同金额较高。

(6) 对总承包商而言，责任重、风险大，需要具有较高的管理水平和丰富的实践经验。当然，获得高额利润的潜力也比较大。

2. 【答案】ABCE

【解析】采用平行承包模式的特点：

(1) 有利于建设单位择优选择承包单位。

(2) 有利于控制工程质量。

(3) 有利于缩短建设工期。

(4) 组织管理和协调工作量大。

(5) 工程造价控制难度大。

(6) 相对于总分包模式而言，平行承包模式不利于发挥那些技术水平高、综合管理能力强的承包单位的综合优势。

3. 【答案】ACDE

【解析】采用联合体承包模式的特点：

(1) 对业主而言，与总分包模式相同，合同结构简单，组织协调工作量小，而且有利于工程造价和建设工期的控制。

(2) 对联合体而言，可以集中各成员单位在资金、技术和管理等方面的优势，克服单一公司力不能及的困难，不仅增强了竞争能力，同时也增强了抗风险能力。

采用联合体承包模式与施工总承包模式共同特点是施工合同总价可以较早确定，业主可承担较少风险。

4. 【答案】B

【解析】采用合作体承包模式的特点：

(1) 建设单位的组织协调工作量小，但风险较大。

(2) 各承包单位之间既有合作的愿望，又不愿意组成联合体。

5. 【答案】D

【解析】CM承包模式的代理型，建设单位和分包商签署合同；非代理型，CM单位与分包商签署合同。

6. 【答案】B

【解析】当采用非代理型CM承包模式时，CM单位将对工程费用的控制承担更直接的经济责任，也必须承担 GMP 的风险。如果实际工程费用超过 GMP，超出部分将由 CM 单位承担。

7. 【答案】D

【解析】代理型和非代理型的 CM 合同是有区别的。由于代理型合同是建设单位与分包单位直接签订，因此，采用简单的成本加酬金合同形式。而非代理型合同则采用保证最大工程费用（GMP）加酬金的合同形式。

8. 【答案】D

【解析】CM 单位有代理型（Agency）和非代理型（Non-Agency）两种。代理型的 CM 单位不负责工程分包的发包，与分包单位的合同由建设单位直接签订。而非代理型的 CM 单位直接与分包单位签订分包合同。CM 合同总价在 CM 合同签订之后，随着 CM 单位与各分包单位签约而逐步形成的。GMP 可大大减少建设单位在工程造价控制方面的风险。CM 单位不赚取总包与分包之间的差价。

9. 【答案】ACE

【解析】CM 承包模式的特点及其在工程造价控制方面的价值：

（1）采用快速路径法施工。

（2）CM 单位有代理型（Agency）和非代理型（Non-Agency）两种。

（3）CM 合同采用成本加酬金方式。

（4）CM 承包模式时的合同价更具合理性。

（5）CM 单位不赚取总包与分包之间的差价。

（6）应用价值工程方法挖掘节约投资的潜力。

（7）GMP 可大大减少建设单位在工程造价控制方面的风险。

10. 【答案】D

【解析】Partnering 模式的主要特征：

（1）出于自愿。

（2）高层管理的参与。

（3）Partnering 协议不是法律意义上的合同。

（4）信息的开放性。

考点 3 工程项目管理组织机构形式

1. 【答案】C

【解析】直线制组织机构的主要优点是结构简单、权力集中、易于统一指挥、隶属关系明确、职责分明、决策迅速。

2. 【答案】D

【解析】直线制组织机构的主要优点是结构简单、权力集中、易于统一指挥、隶属关系明确、职责分明、决策迅速。缺点则有：

（1）未设职能部门，没有参谋和助手，要求领导者通晓各种业务，成为“全能式”人才。

（2）无法实现管理工作专业化，不利于项目管理水平的提高。

3. 【答案】C

【解析】职能制组织机构的主要优点有：

（1）强调管理业务的专门化，注意发挥各类专家在项目管理中的作用。

（2）管理人员工作单一，易于提高工作质量，同时可以减轻领导者的负担。

4. 【答案】A

【解析】职能制组织机构的主要缺点是多头领导，使下级执行者接受多方指令，容易造成职责不清。

5. 【答案】ADE

【解析】直线职能制是吸收了直线制和职能制两种组织机构的优点而形成的一种组织机构形式，也在各管理层次之间设置职能部门。直线职能制组织结构既保持了直线制统一指挥的特点，又满足了职能制对管理工作专业化分工的要求。其主要优点是集中领导、职责清楚，有利于提高管理效率。但这种组织机构中各职能部门之间的横向联系差，信息传递路线长，职能部门与指挥部门之间容易产生矛盾。

6. 【答案】ABE

【解析】矩阵制具有较大的机动性和灵活性，能够实现集权与分权的最优结合，但因有双重领导，容易产生扯皮现象。

7. 【答案】ACDE

【解析】强矩阵制项目经理由企业最高领导任命，并全权负责项目。项目经理直接向最高领导负责，项目组成员的绩效完全由项目经理进行考核，项目组成员只对项目经理负责。其特点是拥有专职的、具有较大权限的项目经理以及专职项目管理人员。强矩阵制组织形式适用于技术复杂且时间紧迫的工程项目。由于对于技术复杂的工程项目，各职能部门之间的技术界面比较繁杂，采用强矩阵制组织形式有利于加强各职能部门之间的协调配合。

8. **【答案】** D

【解析】 对于技术复杂的工程项目，各职能部门之间的技术界面比较繁杂，采用强矩阵制组织形式有利于加强各职能部门之间的协调配合。

9. **【答案】** C

【解析】 中矩阵制也称平衡矩阵。项目经理被授予一定的权力，对项目整体及项目目标负责。项目组成员是从各职能部门借调来的成员，并在成员中指定一人担任专案主持人。一旦专案结束，专案主持人的头衔随之消失。

10. **【答案】** D

【解析】 选项A、C描述的是强矩阵制组织形式。选项B描述的是中矩阵制组织形式。选项D正确，弱矩阵制组织形式适用于技术简单的工程项目。

11. **【答案】** A

【解析】 直线制的优点包括结构简单、权力集中、易于统一指挥、隶属关系明确、职责分明、决策迅速。直线职能制既保持了直线制统一指挥的特点，又满足了职能制对管理工作专业化分工的要求，其主要优点是集中领导、职责清楚，有利于提高管理效率。

12. **【答案】** A

【解析】 职能制组织机构没有处理好管理层次和管理部门的关系，形成多头领导，使下级执行者接受多方指令，容易造成职责不清。矩阵制组织机构中的每一个成员都受项目经理和职能部门经理的双重领导，如果处理不当，会造成矛盾，产生扯皮现象。

13. **【答案】** BCDE

【解析】 直线制组织机构的主要优点是结构简单、权力集中、易于统一指挥、隶属关系明确、职责分明、决策迅速。但由于不设职能部门，领导没有参谋和助手，要求领导者通晓各种业务，成为“全能式”人才。无法实现管理工作专业化，不利于项目管理水平的提高。故选项A错误。

14. **【答案】** D

【解析】 在直线制组织机构中，结构简单、权力集中、易于统一指挥、隶属关系明确、职责分明、决策迅速。故选项A正确。职能制组织机构强调管理业务专门化，注意发挥各类专家在项目管理中的作用。故选项B正确。直线职能制既保持了直线制统一指挥的特点，又满足了职能制对管理工作专门化分工的要求，但组织机构中各职能部门之间的横向联系差，信息传递路线长，职能部门与指挥部门之间容易产生矛盾。故选项C正确。矩阵制组织机构，实现了集权和分权的最优组合，但稳定性差。故选项D错误。

第三节 工程项目计划与控制

考点1 工程项目计划体系

1. **【答案】** BCD

【解析】 建设单位编制（也可委托工程项目管理单位或工程监理单位编制）的计划体系包括工程项目前期工作计划、工程项目建设总进度计划和工程项目年度计划。选项A、E属于承包单位计划体系。

2. **【答案】** BDE

【解析】 工程项目建设总进度计划的主要内容包括文字和表格两部分；表格部分包括工程项目一览表、工程项目总进度计划、投资计划年度分配表和工程项目进度平衡表。选项A、C属于工程项目年度计划。

3. **【答案】** D

【解析】 投资计划年度分配表是根据工程项目总进度计划安排各个年度的投资，以便预测各个年度的投资规模，为筹集建设资金或与银行签订借款合同及制定分年用款计划提供依据。

4.【答案】C

【解析】年度计划项目表是用来确定年度施工项目的投资额和年末形象进度，并阐明建设条件（图纸、设备、材料、施工力量）的落实情况。

5.【答案】A

【解析】年度竣工投产交付使用计划表是用来阐明各单位工程的建筑面积、投资额、新增固定资产、新增生产能力等建筑总规模及本年计划完成情况，并阐明其竣工日期。

6.【答案】A

【解析】项目管理规划大纲是项目管理工作中具有战略性、全局性和宏观性指导文件，由企业管理层在投标时编制。

7.【答案】B

【解析】项目管理实施规划是在开工之前由施工项目经理组织编制，并报企业管理层审批的工程项目管理文件。

考点 2 工程项目施工组织设计

1.【答案】D

【解析】根据现行国家标准《建筑施工组织设计规范》（GB/T 50502—2009），施工组织设计是指以施工项目为对象编制的，用以指导施工的技术、经济和管理的综合性文件。

2.【答案】ABC

【解析】按编制对象不同，施工组织设计包括三个层次，即：施工组织总设计、单位工程施工组织设计和施工方案。选项 D 属于单位工程施工组织设计的一部分。

3.【答案】B

【解析】施工组织总设计应由施工项目负责人主持编制，应由总承包单位技术负责人负责审批。

4.【答案】B

【解析】单位工程施工组织设计应由施工项目负责人主持编制，应由施工单位技术负责人或其授权的技术人员负责审批。

5.【答案】ACD

【解析】施工部署是对工程项目进行统筹规划和全面安排，包括工程项目施工目标、进度安排和空间组织、施工重点和难点分析、工程项目管理组织机构等。选项 B、E 属于单位工程施工组织设计的内容。

6.【答案】C

【解析】施工方案是指以分部（分项）或专项工程为主要对象编制的施工技术与组织方案，用以具体指导分部（分项）或专项工程的施工过程。

7.【答案】D

【解析】专项施工方案应当由施工单位技术部门组织本单位施工技术、安全、质量等部门的专业技术人员进行审核。

考点 3 工程项目目标控制的内容、措施和方法

1.【答案】ABC

【解析】实施主动控制，可以采取以下措施：

(1) 详细调查并分析研究外部环境条件，以确定影响目标实现和计划实施的各种有利和不利因素，并将这些因素考虑到计划和其他管理职能之中。

(2) 识别风险，努力将各种影响目标实现和计划实施的潜在因素揭示出来，为风险分析和管理提供依据，并在计划实施过程中做好风险管理工作。

(3) 用科学的方法制订计划。做好计划可行性分析，消除那些造成资源不可行、技术不可行、经济不可行和财务不可行的各种错误和缺陷，保障工程的实施能够有足够的时间、空间、人力、物力和财力，并在此基础上力求使计划得到优化。事实上，计划制订得越明确、完善，就越能设计出有效的控制系统，也就越能使控制产生更好的效果。

(4) 高质量地做好组织工作，使组织与目标和计划高度一致，把目标控制的任务与管理职能落实到适当的机构和人员，做到职权与职责明确，使全体成员能够通力协作，为共同实现目标而努力。

(5) 制订必要的备用方案，以应对可能出现的影响目标或计划实现的情况。一旦发生这些情况，因有应急措施作保障，从而

可以减少偏离量，或避免发生偏离。

(6) 计划应有适当的松弛度，即“计划应留有余地”。这样，可以避免那些经常发生但又不可避免的干扰因素对计划产生影响，减少“例外”情况产生的数量，从而使管理人员处于主动地位。

(7) 沟通信息流通渠道，加强信息收集、整理和研究工作，为预测工程未来发展状况提供全面、及时、可靠的信息。

选项D、E属于被动控制的措施。

2. 【答案】D

【解析】工程项目目标控制的措施通常可以概括为组织措施、技术措施、经济措施和合同措施四个方面。对于组织措施，控制是由人来执行的，监督按计划要求投入劳动力、机具、设备、材料，巡视、检查工程运行情况，对工程信息的收集、加工、整理、反馈，发现和预测目标偏差，采取纠正行动等都需要事先委任执行人员，授予相应职权，确定职责，制定工作考核标准，并力求使之一体化运行。除此之外，如何充实控制机构，挑选与其工作相称的人员；对工作进行考评，以便评估工作、改进工作、挖掘潜在工作能力、加强相互沟通；在控制过程中激励人们以调动和发挥他们实现目标的积极性、创造性；培训人员等，都是在控制过程中需要考虑采取的措施。

选项A属于技术措施；选项B、C属于经济措施。

3. 【答案】B

【解析】网络计划技术是一种用于工程进度控制的有效方法，在工程项目目标控制中采用这种方法也有助于工程成本的控制和资源的优化配置。

4. 【答案】C

【解析】项目目标控制方法中，可以来判断工程造价偏差的方法是S曲线法。要将实际S曲线与计划S曲线进行比较，以此判断工程进度偏差或造价偏差。

5. 【答案】A

【解析】香蕉曲线法的原理与S曲线法的原理基本相同，其主要区别在于：香蕉曲线是以工程网络计划为基础绘制的。与S曲线法相同，香蕉曲线同样可用来控制工程造价和工程进度。

6. 【答案】C

【解析】香蕉曲线法的原理与S曲线法的原理基本相同，其主要区别在于：香蕉曲线是以工程网络计划为基础绘制的。

7. 【答案】C

【解析】可用来找出工程质量影响因素的方法包括鱼刺图法和排列图法，但鱼刺图法仅仅能够逐层排查，找出工程质量影响因素，无法确定主要因素、次要因素；而排列图法可以将影响因素分为主要因素、次要因素和一般因素。

8. 【答案】C

【解析】因果分析图又叫树枝图或鱼刺图，是用来寻找某种质量问题产生原因的有效工具。

9. 【答案】BD

【解析】采用频数分布直方图分析工程质量波动情况时，出现孤岛型分布，这是由于少量材料不合格，或短时间内工人操作不熟练所造成。

10. 【答案】AB

【解析】采用频数分布直方图分析工程质量波动情况时，出现折齿型分布，这多数是由于作频数表时，分组不当或组距确定不当所致。

11. 【答案】B

【解析】采用频数分布直方图分析工程质量波动情况时，出现绝壁型分布，直方图的分布中心偏向一侧，通常是因操作者的主观因素所造成。

12. 【答案】D

【解析】采用频数分布直方图分析工程质量波动情况时，出现双峰型分布，一般是由于在抽样检查以前，数据分类工作不够好，使两个分布混淆在一起所造成。

13. 【答案】AB

【解析】当控制图中的点子满足以下两个条件时，即可认为生产过程基本上处于控制状态，即生产正常：一是点子没有跳出控制界限；二是点子随机排列且没有缺陷。否则，就认为生产过程发生了异常变化。选项C、D、E均属于点子在控制界限内排列有缺陷的情形。

14.【答案】BCD

【解析】项目目标控制方法中，可用来判断工程进度偏差的方法有网络计划法、S曲线法和香蕉曲线法。

15.【答案】AC

【解析】排列图是用来寻找影响工程（产品）质量主要因素的一种有效工具。故选项A正确。因果分析图是用来寻找某种质量问题产生原因的有效工具。故选项B错误。S曲线与香蕉曲线都可以用来控制工程造价和工程进度。故选项C正确。直方图法和排列图法属于静态分析方法，控制图法是动态分析方法。故选项D、E错误。

第四节　流水施工组织方法

考点 1　流水施工的特点和参数

1.【答案】D

【解析】流水施工参数是指组织流水施工时，用来描述工艺流程、空间布置和时间安排等方面的状态参数，包括工艺参数、空间参数和时间参数。

2.【答案】CE

【解析】工艺参数主要是指在组织流水施工时，用以表达流水施工在施工工艺方面进展状态的参数，通常包括施工过程和流水强度两个参数。

3.【答案】D

【解析】组织建设工程流水施工时，根据施工组织及计划安排需要而将计划任务划分成的子项称为施工过程。

4.【答案】DE

【解析】流水强度是指流水施工的某施工过程（队）在单位时间内所完成的工程量，也称为流水能力或生产能力。

5.【答案】AC

【解析】空间参数是指在组织流水施工时，用以表达流水施工在空间布置上开展状态的参数，通常包括工作面和施工段。

6.【答案】A

【解析】工作面是指供某专业工种的工人或某种施工机械进行施工的活动空间。工作面的大小，表明能安排施工人数或机械台数的多少。

7.【答案】DE

【解析】将施工对象在平面或空间上划分成若干个劳动量大致相等的施工段落，称为施工段或流水段。

8.【答案】BCE

【解析】时间参数是指在组织流水施工时，用以表达流水施工在时间安排上所处状态的参数，主要包括流水节拍、流水步距和流水施工工期等。

9.【答案】D

【解析】流水节拍是指在组织流水施工时，某个专业工作队在一个施工段上的施工时间。

10.【答案】AC

【解析】在确定流水节拍时，可采用的方法包括：定额计算法和经验估算法。

11.【答案】B

【解析】流水步距是指组织流水施工时，相邻两个施工过程（或专业工作队）相继开始施工的最小间隔时间。

12.【答案】D

【解析】流水施工工期是指从第一个专业工作队投入流水施工开始，到最后一个专业工作队完成流水施工为止的整个持续时间。由于一项建设工程往往包含有许多流水组，故流水施工工期一般均不是整个工程的总工期。

考点 2　流水施工的基本组织方式

1.【答案】ABDE

【解析】固定节拍流水施工是一种最理想的流水施工方式，其特点如下：

(1) 所有施工过程在各个施工段上的流水节拍均相等。

(2) 相邻施工过程的流水步距相等，且等于流水节拍。

(3) 专业工作队数等于施工过程数，即每一个施工过程成立一个专业工作队，由该队完成相应施工过程所有施工段上的任务。

(4) 各个专业工作队在各施工段上能够连续作业，施工段之间没有空闲时间。

2.【答案】B

【解析】有提前插入时间的固定节拍流水施工工期为：

$T=(5+6-1)\times3+3-2=31$（天）。

3.【答案】ACDE

【解析】异步距异节奏流水施工是指在组织异节奏流水施工时，每个施工过程成立一个专业工作队，由其完成各施工段任务的流水施工。异步距异节奏流水施工的特点如下：

(1) 同一施工过程在各个施工段上的流水节拍均相等，不同施工过程之间的流水节拍不尽相等。

(2) 相邻施工过程之间的流水步距不尽相等。

(3) 专业工作队数等于施工过程数。

(4) 各个专业工作队在施工段上能够连续作业，施工段之间可能存在空闲时间。

4.【答案】DE

【解析】成倍节拍（等步距异节奏）流水施工的特点如下：

(1) 同一施工过程在其各个施工段上的流水节拍均相等；不同施工过程的流水节拍不等，但其值为倍数关系。

(2) 相邻施工过程的流水步距相等，且等于流水节拍的最大公约数（K）。

(3) 专业工作队数大于施工过程数，即有的施工过程只成立一个专业工作队，而对于流水节拍大的施工过程，可按其倍数增加相应专业工作队数目。

(4) 各个专业工作队在施工段上能够连续作业，施工段之间没有空闲时间。

5.【答案】D

【解析】每一个施工过程成立的专业工作队数需要根据流水步距的最大公约数确定。本题最大公约数 $K=2$，则施工队数为：4/2+4/2+2/2=5（个）。

6.【答案】D

【解析】流水节拍的最大公约数为 2，专业工作队数为：4/2+6/2+4/2=7（个），总工期为：(4+7−1)×2=20（天）。

7.【答案】CD

【解析】非节奏流水施工的特点如下：

(1) 各施工过程在各施工段的流水节拍不全相等。

(2) 相邻施工过程的流水步距不尽相等。

(3) 专业工作队数等于施工过程数。

(4) 各专业工作队能够在施工段上连续作业，但有的施工段之间可能有空闲时间。

8.【答案】D

【解析】在非节奏流水施工中，通常采用累加数列错位相减取大差法计算流水步距。累加数列错位相减取大差法的基本步骤如下：

(1) 求各施工过程流水节拍的累加数列：

施工过程Ⅰ：3，7，9

施工过程Ⅱ：3，8，12

施工过程Ⅲ：4，5，10

(2) 错位相减求得差数列：

Ⅰ与Ⅱ：	3，	7，	9	
−)		3，	8，	12
	3，	4，	1，	−12

Ⅱ与Ⅲ：	3，	8，	12	
−)		4，	5，	10
	3，	4，	7，	−10

(3) 在差数列中取最大值求得流水步距：

施工过程Ⅰ与Ⅱ之间的流水步距：$K_{1,2}=\max[3,4,1,-12]=4$（天）。

施工过程Ⅱ与Ⅲ之间的流水步距：$K_{2,3}=\max[3,4,7,-10]=7$（天）。

在差数列中取最大值求得流水步距为：4+7=11（天）。

9.【答案】D

【解析】累加数列错位相减取大差法的基本步骤如下：

(1) 求各施工过程流水节拍的累加数列：

施工过程Ⅰ：3，8，12，16

施工过程Ⅱ：4，8，11，15

施工过程Ⅲ：3，7，9，12

(2) 错位相减求得差数列：

Ⅰ与Ⅱ：3，　8，　12，　16

—）　　4，　8，　11，　15

3，　4，　4，　5，　−15

Ⅱ与Ⅲ：4，　8，　11，　15

—）　　3，　7，　9，　12

4，　5，　4，　6，　−12

(3) 在差数列中取最大值求得流水步距：

施工过程Ⅰ与Ⅱ之间的流水步距：$K_{1,2}=\max[3,4,4,5,-15]=5$（天）。

施工过程Ⅱ与Ⅲ之间的流水步距：$K_{2,3}=\max[4,5,4,6,-12]=6$（天）。

流水施工工期可按公式计算：

$T=\sum K+\sum t_n+\sum Z+\sum G-\sum C=5+6+12=23$（天）。

10.【答案】AE

【解析】非节奏流水施工的特点如下：

(1) 各施工过程在各施工段的流水节拍不全相等。

(2) 相邻施工过程的流水步距不尽相等。

(3) 专业工作队数等于施工过程数。

(4) 各专业工作队能够在施工段上连续作业，但有的施工段之间可能有空闲时间。

11.【答案】C

【解析】等节奏流水施工是指在有节奏流水施工中，各施工过程的流水节拍都相等的流水施工，也称为固定节拍流水施工或全等节拍流水施工。其特点如下：

(1) 所有施工过程在各个施工段上的流水节拍均相等。

(2) 相邻施工过程的流水步距相等，且等于流水节拍。

(3) 专业工作队数等于施工过程数。

(4) 各个专业工作队在各施工段上能够连续作业，施工段之间没有空闲时间。

非节奏流水施工的特点如下：

(1) 各施工过程在各施工段的流水节拍不全相等。

(2) 相邻施工过程的流水步距不尽相等。

(3) 专业工作队数等于施工过程数。

(4) 各专业工作队能够在施工段上连续作业，但有的施工段之间可能有空闲时间。

第五节　工程网络计划技术

考点 1　网络图绘制

1.【答案】DE

【解析】网络图有双代号网络图和单代号网络图两种。双代号网络图又称箭线式网络图，它是以箭线及其两端节点的编号表示工作，同时，节点表示工作的开始或结束以及工作之间的连接状态。单代号网络图又称节点式网络图，它是以节点及其编号表示工作，箭线表示工作之间的逻辑关系。选项A属于单代号网络图，故选项A错误。在双代号时标网络图中以实箭线长度表示时长，以波形线表示工作与其紧后工作的时间间隔，故选项B、C错误。

2.【答案】AC

【解析】节点①和节点②都为起点节点。双代号网络图自左向右的方向以两个节点一条箭线表示一项工作，箭线开始节点编号应小于箭线完成节点编号，故⑥、⑧节点编号有误。

3.【答案】DE

【解析】工作G无箭头连线，工作③—⑤属于多余虚工作。

考点 2　网络计划时间参数

1.【答案】C

【解析】关键工作的总时差最小，自由时差和总时差实质是不同的。工作的自由时差是指在不影响其紧后工作最早开始时间的前提下，本工作可以利用的机动时间。工作的总时差是指在不影响总工期的前提下，本工作可以利用的机动时间。从总时差和自由时差的定义可知，对于同一项工作而言，自由时差不会超过总时差。

2.【答案】A

【解析】当利用某项工作总时差时，则有可能使该工作后续工作总时差减小，故选项B错误。在网络计划中，自由时差最小的工作不一定是关键工作，但是总时差最小的工作一定是关键工作，故选项C错误。对于同一项工作而言，自由时差不会超过总时差，故选项D错误。

3. 【答案】C

【解析】D工作最早开始时间＝max｛2＋3，2＋5｝＝7；D工作最早完成时间＝7＋4＝11（天）。

4. 【答案】D

【解析】F工作最早开始时间＝max｛7＋5，10＋3｝＝13；D工作最早完成时间＝13＋2＝15（天）。

5. 【答案】B

【解析】已知D、E工作最迟完成时间分别为第15天、第10天，A、B、C、D、E五项工作持续时间分别为3天、2天、4天、3天、5天，则D、E工作的最迟开始时间分别为第12天、第11天，所以C工作的最迟完成时间为第11天，则C工作的最迟开始时间为第7天，计算得A、B工作最迟完成时间均为第7天，所以A工作的最迟开始时间第4天。

6. 【答案】A

【解析】自由时差＝紧后工作最早开始最小值－本工作的最早完成时间，即：

min｛11，13｝－（5＋5）＝1。

7. 【答案】A

【解析】自由时差＝紧后工作最早开始最小值－本工作的最早完成时间，即：

min｛14－14，15－14｝＝0。

8. 【答案】B

【解析】已知A工作的紧后工作为B、C，A工作最早开始时间为2天，工作持续时间为6天，则A工作最早完成时间为8天；已知B、C工作最迟完成时间分别为15天、16天，工作持续时间分别为5天、5天，则B、C工作最迟开始时间分别为10天、11天，A工作最迟完成时间为10天，则A工作的总时差应为2天。

9. 【答案】A

【解析】E工作的最早开始时间是max｛15，18，19｝＝19，E工作的总时差＝25－（19＋5）＝1（天）。

10. 【答案】C

【解析】D工作的紧后工作为F和G，F工作的最早开始时间是7，G工作的最早开始时间是7，D工作最早完成时间是7，所以自由时差是0；由于F和G工作的最迟开始时间分别是10和7，所以D工作的最迟完成时间是7，计算得到D工作的总时差是0。

11. 【答案】B

【解析】工作的总时差：$TF_{i-j}=LF_{i-j}-EF_{i-j}=LF_{i-j}-(ES_{i-j}+D_{i-j})$，即，$6=15-(7+D_{i-j})$，故该工作的持续时间$D_{i-j}=2$（天）。

12. 【答案】D

【解析】根据标号法确定关键线路有如下三条：①→③→⑥→⑦→⑧；①→③→④→⑤→⑧；①→②→⑦→⑧。

13. 【答案】D

【解析】根据标号法确定关键线路有如下四条：①→⑤→⑦；①→②→④→⑤→⑦；①→②→④→⑥→⑦；①→③→⑥→⑦。

14. 【答案】B

【解析】根据标号法确定关键线路有如下三条：①→④→⑥→⑧；①→②→⑦→⑧；①→②→③→⑤→⑥→⑧。工期为20。

15. 【答案】C

【解析】总时差最小的工作为关键工作。特别地，当网络计划的计划工期等于计算工期时，总时差为零的工作就是关键工作。

16. 【答案】A

【解析】关键工作是总时差最小的工作。总时差等于最迟完成时间与最早完成时间的差值。

17. 【答案】C

【解析】依据题干给出的条件，假设某工作的开始节点最早时间和和最迟时间为X，某工作的完成节点最早时间和和最迟时间为Y，该工作的持续时间为Z；该工作的总时差是某工作的完成节点最迟时间Y减某工作的开始节点（最早时间X＋Z）；该工作的自由时差是某工作的完成节点最早时间Y减某工作的开始节点（最早时间X＋Z）；所以该工作总时差和自由时差＝Y－（X＋Z），则总时差等于自由时差。

18. 【答案】ACDE

【解析】在双代号网络计划中，关键工作两端的节点必为关键节点，但两端为关键节点的工作不一定是关键工作。关键节点的最迟时间与最早时间的差值最小。特别是当网络计划的计划工期等于计算工期时，关键节点的最早时间与最迟时间必然相等。关键节点必然处在关键线路上，但由关键节点组成的线路不一定是关键线路。

19. 【答案】A

【解析】单代号网络计划中，利用关键工作确定关键线路。总时差最小的工作为关键工作。将这些关键工作相连，并保证相邻两项关键工作之间的时间间隔为零而构成的线路就是关键线路。

考点 3 双代号时标网络计划

1. 【答案】C

【解析】双代号时标网络计划凡自始至终不出现波形线的线路即为关键线路。

2. 【答案】AD

【解析】双代号网络图中由关键节点连接而成的工作并不一定是关键工作，组成的线路也不一定是关键线路。故选项B错误。双代号时标网络图中自始至终没有波浪线的线路是关键线路。故选项C错误。单代号网络图中，总时差最小的工作为关键工作，将这些关键工作相连，并保证相邻两项关键工作之间的时间间隔为零而构成的线路就是关键线路。故选项E错误。

考点 4 网络计划优化

1. 【答案】A

【解析】费用优化又称工期成本优化，是指寻求工程总成本最低时的工期安排，或按要求工期寻求最低成本的计划安排的过程。

2. 【答案】D

【解析】费用优化的基本思路：不断地在网络计划中找出直接费用率（或组合直接费用率）最小的关键工作，缩短其持续时间，同时考虑间接费随工期缩短而减少的数值，最后求得工程总成本最低时的最优工期安排或按要求工期求得最低成本的计划安排。

3. 【答案】C

【解析】资源优化的目的是通过改变工作的开始时间和完成时间，使资源按照时间的分布符合优化目标。

4. 【答案】ABDE

【解析】网络计划优化是指在一定约束条件下，按既定目标对网络计划进行不断改进，以寻求满意方案的过程。网络计划的优化目标应按计划任务的需要和条件选定，包括工期目标、费用目标和资源目标。根据优化目标的不同，网络计划优化可分为工期优化、费用优化和资源优化三种。所谓工期优化，是指网络计划的计算工期不满足要求工期时，通过压缩关键工作的持续时间以满足要求工期目标的过程。费用优化又称工期成本优化，是指寻求工程总成本最低时的工期安排，或按要求工期寻求最低成本的计划安排的过程。资源是指为完成一项计划任务所需投入的人力、材料、机械设备和资金等。完成一项工程任务所需要的资源量基本上是不变的，不可能通过资源优化将其减少。资源优化的目的是通过改变工作的开始时间和完成时间，使资源按照时间的分布符合优化目标。在通常情况下，网络计划的资源优化分为两种，即"资源有限，工期最短"的优化和"工期固定，资源均衡"的优化。前者是通过调整计划安排，在满足资源限制条件下，使工期延长最少的过程；而后者是通过调整计划安排，在工期保持不变的条件下，使资源需用量尽可能均衡的过程。

考点 5 网络计划执行中的控制

1. 【答案】ABE

【解析】选项A正确，由于到第5周检查时D、E、F三项工作已经开始，说明A、B、C三项工作已经完成。选项B正确，D工作持续时间是6周，在第5周检查完成4周工作，说明D工作提前1周。选项C错误，E工作持续时间是2周，E工作需要2周完成，说明E工程延误1周。选项D错误，F工作刚刚开始，说明延误1周，并且F工作在关键线路上，影响总工期。选项E正确，由于第5周检查时，F工作刚刚开始，说明延误1周，并且F工作在关键线路上，总工期需延长1周。

第六节 工程项目合同管理

考点1 工程勘察设计合同管理

1. 【答案】A

【解析】根据《标准勘察招标文件》（2017年版）中的合同条款及格式，勘察合同条款由通用合同条款和专用合同条款两部分组成，同时规定了合同协议书、履约保证金格式。

2. 【答案】ACDE

【解析】根据国家发展改革委等九部委联合发布的《标准勘察招标文件》（2017年版）中的合同条款及格式，勘察合同条款由通用合同条款和专用合同条款两部分组成，同时规定了合同协议书、履约保证金格式。

3. 【答案】D

【解析】根据国家发展改革委等九部委联合发布的《标准勘察招标文件》（2017年版）中的相关规定，合同文件解释顺序。合同协议书与下列文件一起构成合同文件：①中标通知书；②投标函及投标函附录；③专用合同条款；④通用合同条款；⑤发包人要求；⑥勘察费用清单；⑦勘察纲要；⑧其他合同文件。上述合同文件互相补充和解释。如果合同文件之间存在矛盾或不一致之处，以上述文件的排列顺序在先者为准。

4. 【答案】AB

【解析】根据国家发展改革委等九部委联合发布的《标准设计招标文件》（2017年版）中的合同条款及格式，设计合同条款由通用合同条款和专用合同条款两部分组成，同时规定了合同协议书、履约保证金格式。

5. 【答案】D

【解析】根据国家发展改革委等九部委联合发布的《标准勘察招标文件》（2017年版）中的相关规定，合同文件解释顺序。合同协议书与下列文件一起构成合同文件：①中标通知书；②投标函及投标函附录；③专用合同条款；④通用合同条款；⑤发包人要求；⑥勘察费用清单；⑦勘察纲要；⑧其他合同文件。上述合同文件互相补充和解释。如果合同文件之间存在矛盾或不一致之处，以上述文件的排列顺序在先者为准。

6. 【答案】A

【解析】根据九部委联合发布的《标准勘察招标文件》（2017年版）中规定，发出开始勘察通知。符合专用合同条款约定的开始勘察条件的，发包人应提前7天向勘察人发出开始勘察通知。勘察服务期限自开始勘察通知中载明的开始勘察日期起计算。

7. 【答案】ABCD

【解析】勘察人在合同履行中发生下列情形之一的，属于勘察人违约：①勘察文件不符合法律及合同约定；②转包、违法分包或者未经发包人同意擅自分包勘察任务；③未按合同计划完成勘察，从而造成工程损失；④无法履行或停止履行合同；⑤不履行合同约定的其他义务。

8. 【答案】ABC

【解析】发包人在合同履行中发生下列情形之一的，属发包人违约：①未按合同约定支付设计费用；②自身原因造成设计停止；③无法履行或停止履行合同；④不履行合同约定的其他义务。

9. 【答案】ABC

【解析】发包人发生违约情况时，设计人可向发包人发出暂停设计通知，要求其在限定期限内纠正；逾期仍不纠正的，设计人有权解除合同并向发包人发出解除合同通知。发包人应当承担由于违约所造成的费用增加、周期延误和设计人损失等。

考点2 工程施工合同管理

1. 【答案】C

【解析】《标准施工招标文件》（2007年版）规定，施工合同条款由通用合同条款和专用合同条款两部分组成，同时规定了合同协议书、履约担保和预付款担保的文件格式。

2. 【答案】C

【解析】组成合同的各项文件应互相解释、

互为说明。除专用合同条款另有约定外，解释合同文件的优先顺序如下：①合同协议书；②中标通知书；③投标函及投标函附录；④专用合同条款；⑤通用合同条款；⑥技术标准和要求；⑦图纸；⑧已标价工程量清单；⑨其他合同文件。

3. **【答案】**BDE

【解析】根据九部委联合发布的《标准施工招标文件》(2007 年版）中关于承包人在合同履行过程中的一般义务判断，选项 B、D、E 属于承包人义务范围，选项 A、C 属于发包人义务。

4. **【答案】**ABD

【解析】根据九部委联合发布的《标准施工招标文件》(2007 年版）中关于发包人在合同履行过程中违约的情形的判断，选项 A、B、D 属于发包人违约，选项 E 属于承包人违约的情形，选项 C 不属于违约的情形。

5. **【答案】**B

【解析】建设工程施工合同无效，但建设工程经竣工验收合格，承包人请求参照合同约定支付工程价款的，应予支持。

6. **【答案】**BCE

【解析】根据《施工合同法律解释一》的规定，工程竣工日期确定。当事人对建设工程实际竣工日期有争议的，按照以下情形分别处理：建设工程经竣工验收合格的，以竣工验收合格之日为竣工日期；承包人已经提交竣工验收报告，发包人拖延验收的，以承包人提交验收报告之日为竣工日期；建设工程未经竣工验收，发包人擅自使用的，以转移占有建设工程之日为竣工日期。

7. **【答案】**ABD

【解析】根据《施工合同法律解释二》的规定，开工日期争议确定。当事人对建设工程开工日期有争议的，人民法院应当分别按照以下情形予以认定：开工日期为发包人或者监理人发出的开工通知载明的开工日期；开工通知发出后，尚不具备开工条件的，以开工条件具备的时间为开工日期；因承包人原因导致开工时间推迟的，以开工通知载明的时间为开工日期。承包人经发包人同意已经实际进场施工的，以实际进场施工时间为开工日期。发包人或者监理人未发出开工通知，亦无相关证据证明实际开工日期的，应当综合考虑开工报告、合同、施工许可证、竣工验收报告或者竣工验收备案表等载明的时间，并结合是否具备开工条件的事实，认定开工日期。

考点 3 材料设备采购合同管理

1. **【答案】**C

【解析】迟延交付违约金的最高限额为合同价格的10%。

2. **【答案】**C

【解析】根据《标准材料采购招标文件》(2017 年版）规定，买方未能按合同约定支付合同价款的，应向卖方支付延迟付款违约金。除专用合同条款另有约定外，迟延付款违约金的计算方法如下：延迟付款违约金＝延迟付款金额×0.08%×延迟付款天数。迟延付款违约金的总额不得超过合同价格的 10%。

3. **【答案】**B

【解析】卖方未能按时交付合同设备（包括仅迟延交付技术资料但足以导致合同设备安装、调试、考核、验收工作推迟的）的，应向买方支付迟延交付违约金。除专用合同条款另有约定外，迟延交付违约金的计算方法如下：

(1) 从迟交的第一周到第四周，每周迟延交付违约金为迟交合同设备价格的 0.5%。

(2) 从迟交的第五周到第八周，每周迟延交付违约金为迟交合同设备价格的 1%。

(3) 从迟交第九周起，每周迟延交付违约金为迟交合同设备价格的 1.5%。

在计算迟延交付违约金时，迟交不足一周的按一周计算。迟延交付违约金的总额不得超过合同价格的 10%。

考点 4 工程总承包合同管理

1. **【答案】**D

【解析】根据《标准设计施工总承包招标文件》(2012 年版）关于合同文件解释顺序的相关规定，合同文件解释顺序为：①中标通知书；②投标函及投标函附录；③专用合同条款；④通用合同条款；⑤发包人要求；⑥价格清单；⑦承包人建议；⑧其他合同文件。

2.【答案】BC

【解析】选项B、C属于承包人应履行的一般义务；选项A、D、E属于发包人应履行的一般义务。

3.【答案】AD

【解析】根据《标准设计施工总承包招标文件》(2012年版)规定，选项A、D属于承包人违约的情形。选项B、C、E属于发包人违约的情形。

第七节　工程项目信息管理

考点1　工程项目信息管理实时模式及策略

1.【答案】ABC

【解析】工程项目信息管理实施模式主要有三种，即：自行开发、直接购买和租用服务。

2.【答案】A

【解析】工程项目信息管理实施模式的特点比较见下表，选项A是自行开发的优点，选项B、C、D是自行开发的缺点。

实施模式	自行开发	直接购买	租用服务
优点	对项目的针对性最强 安全性和可靠性最好	对项目的针对性较强 安全性和可靠性较好	实施费用最低 实施周期最短 维护工作量最小
缺点	开发费用最高 实施周期最长 维护工作量较大	购买费用较高 维护费用较高	对项目的针对性较差 安全性和可靠性较差
适用范围	大型工程项目 复杂性程度高的工程项目 对系统要求高的工程项目	大型工程项目	中小型工程项目 复杂性程度低的工程项目 对系统要求低的工程项目

3.【答案】A

【解析】选项B、D属于租用服务的缺点；选项C属于自行开发的缺点。

4.【答案】D

【解析】信息管理制度是工程项目管理信息系统得以正常运行的基础。

考点2　基于互联网的工程项目信息平台

1.【答案】A

【解析】基于互联网技术标准的信息集成平台，是项目信息平台实施的关键，它必须对来自于不同信息源的各种异构信息进行有效集成。

2.【答案】A

【解析】基于互联网的工程项目信息平台的功能分为基本功能和拓展功能两个层次；其中，基本功能是大部分商业化项目信息平台和应用服务所具备的功能，可以看成基于互联网的工程项目信息平台的核心功能。

3.【答案】CE

【解析】基于互联网的工程项目信息平台的基本功能包括：通知与桌面管理、日历和任务管理、文档管理、项目通信与协同工作、工作流管理和网站管理与报告六个方面；基于互联网的工程项目信息平台的拓展功能包括：多媒体的信息交互、在线项目管理、集成电子商务等功能。选项C、E属于基于互联网的工程项目信息平台基本功能，选项A、B、D属于基于互联网的工程项目信息平台的拓展功能。

第四章　工程经济

第一节　资金的时间价值及其计算

考点 1　现金流量和资金的时间价值

1. 【答案】ACDE

【解析】现金流量图的绘制规则如下：

(1) 横轴为时间轴，0 表示时间序列的起点，n 表示时间序列的终点。轴上每一间隔表示一个时间单位（计息周期），一般可取年、半年、季或月等。整个横轴表示系统的寿命周期。

(2) 与横轴相连的垂直箭线代表不同时点的现金流入或现金流出。在横轴上方的箭线表示现金流入；在横轴下方的箭线表示现金流出。

(3) 垂直箭线的长度要能适当体现各时点现金流量的大小，并在各箭线上方（或下方）注明其现金流量的数值。

(4) 垂直箭线与时间轴的交点为现金流量发生的时点（作用点）。时点既表示与之相连的前一时间单位结束，又表示后一时间单位的开始。

2. 【答案】B

【解析】利息是资金时间价值的一种重要表现形式，甚至可以用利息代表资金的时间价值。通常，用利息作为衡量资金时间价值的绝对尺度，用利率作为衡量资金时间价值的相对尺度。

3. 【答案】B

【解析】在工程经济分析中，利息被理解为资金的一种机会成本。

4. 【答案】B

【解析】影响利率高低的主要因素中，通常情况下，平均利润率是利率的最高界限。因为利息是利润分配的结果，如果利率高于利润率，借款人投资后无利可图，也就不会借款了。

5. 【答案】ACE

【解析】利率是各国发展国民经济的重要杠杆之一，利率的高低由以下因素决定：①利率的高低首先取决于社会平均利润率的高低，并随之变动。②在社会平均利润率不变的情况下，利率高低取决于金融市场上借贷资本的供求情况，借贷资本供过于求，利率便下降；反之，求过于供，利率便上升。③借出资本要承担一定的风险，风险越大，利率也就越高。④通货膨胀对利率的波动有直接影响，资金贬值往往会使利率无形中成为负值。⑤借出资本的期限长短。贷款期限长，不可预见因素多，风险大，利率就高；反之利率就低。

考点 2　利息计算方法

1. 【答案】C

【解析】该公司第四年末一次偿还的本利和为：1000×（1+8%×4）=1320（万元）。

2. 【答案】C

【解析】每年末支付利息为：100×8%=8（万元），每年末支付利息，所以第三年末支付的本利和为：100+8=108（万元）。

3. 【答案】C

【解析】季度利率是1.5%，那么一年支付的利息为：200×1.5%×4=12（万元）。

4. 【答案】C

【解析】第三年末应偿还的本利和为：2000×8%×3+2000=2480（万元）。

5. 【答案】A

【解析】单利计息时，利息不再产生利息。

6. 【答案】B

【解析】复利计算有间断复利和连续复利之分。按期（年、半年、季、月、周、日）计算复利的方法称为间断复利（即普通复利）；按瞬时计算复利的方法称为连续复利。在实际应用中，一般均采用间断复利。

7. 【答案】C

【解析】因为是复利计息，故第四年末支付的本利和为：1000×$(1+8\%)^4$=1360（万元）。

8. 【答案】B

【解析】因为是复利计息，故第五年末支付

的利息为：2000×（1+7%）^{5} − 2000 = 805.10（万元）。

考点 3　等值计算

1. **【答案】** D

【解析】 首先根据1500万元为现金流入判定选项A、B错误；选项C错误，250+300×$(1+i)^{-1}$+400×$(1+i)^{-2}$+500×$(1+i)^{-3}$<1500万元。

2. **【答案】** C

【解析】 根据一次支付的公式，第二年应计的利息为：2000×（1+9%）×9%=196.2（万元）。

3. **【答案】** B

【解析】 根据等额支付计算公式：已知年金求终值 $F=A\dfrac{(1+i)^n-1}{i}$=500×（1+8%）×（F/A，8%，3）=1753.06（万元）。

4. **【答案】** B

【解析】 根据等额支付计算公式：已知年金求现值，$P=A\dfrac{(1+i)^n-1}{i(1+i)^n}$，$P$=37908.10（元）。

5. **【答案】** B

【解析】 根据等额支付计算公式：$A=F\dfrac{i}{(1+i)^n-1}$，按照 i=10%，F=1000×（P/F，10%，1）=909.1（万元）代入式中，A=148.91（万元）。

6. **【答案】** B

【解析】 根据题意绘制现金流量图：

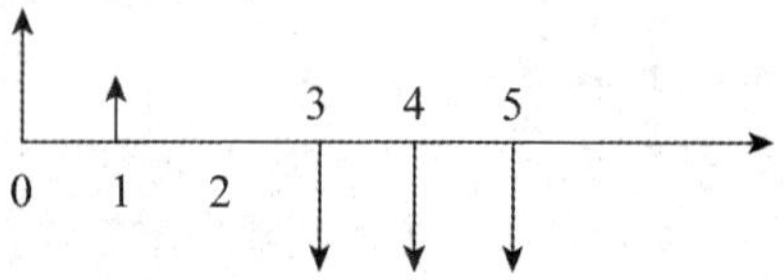

则 A=［600×（1+8%）^{2}+400×（1+8%）］×（A/P，8%，3）=439.19（万元）。

7. **【答案】** C

【解析】 建设期：第一年末本息和：600×（1+8%）=648（万元）；第二年末本息和：（648+400）×（1+8%）=1131.84（万元）。运营期：第三年末的本息和：1131.84×（1+8%）^{3}=1425.79（万元）；第五年末应偿还的本息和：（1425.79−500）×（1+8%）$^{(5-3)}$=1079.84（万元）。

8. **【答案】** C

【解析】 根据题意绘制现金流量图：

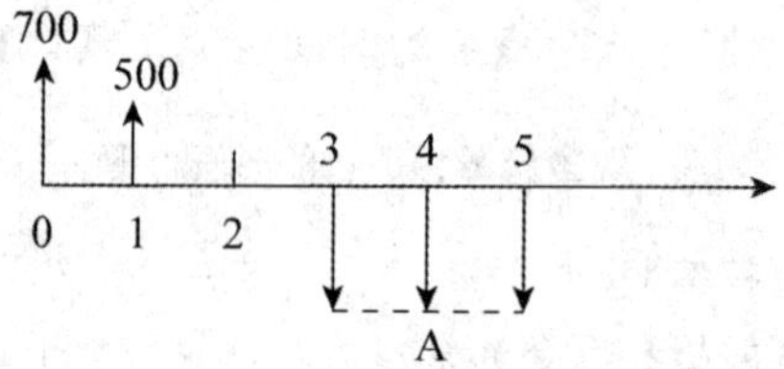

则，A=［700×（F/P，8%，2）+500×（F/P，8%，1）］×（A/P，8%，3）=520.30（万元）。

9. **【答案】** CDE

【解析】 按月复利计息说明是间断复利，不是连续复利。年利率为12%是指名义利率，年有效利率大于12%。按月计息说明月名义利率与月有效利率相等，都是1%。月名义利率1%，季度有效利率大于3%。

10. **【答案】** A

【解析】 由于按月计息，所以每月的有效利率与名义利率相等，则每月的有效利率=12%/12=1%。

11. **【答案】** D

【解析】 根据有效利率计算公式，若按月复利计息，则季有效利率为：

i_{eff}=（1+r/m）^{m}−1=（1+12%/12）^{3}−1=3.03%。

12. **【答案】** C

【解析】 根据有效利率计算公式，若按月复利计息，则年的有效利率为：

i_{eff}=（1+r/m）^{m}−1=（1+10%/12）^{12}−1=10.47%。

13. **【答案】** B

【解析】 根据有效利率计算公式，按季度复利计算，该项借款的年利息为：

i_{eff}=（1+r/m）^{m}−1=500×［（1+6%/4）^{4}−1］=30.68（万元）。

14. **【答案】** A

【解析】 已知年利率12%，即年名义利率，则季度利率为3%，所以，每季度需支付利息为：500×3%=15.00（万元）。

15. **【答案】** D

【解析】选项 A，每年末支付利息，其实为单利，本利和为 700 万元。选项 B，每年本金基数为 100 万元，本利和为 620 万元。选项 C，利用现值年金公式求出每年需偿还 125.23 万元，本利和为 626 万元。选项 D，复利计息，本利和为 734.66 万元。

16. 【答案】A

【解析】甲银行 2 年实际支付总利息：500×7%/12×24=70（万元）；乙银行 2 年实际支付总利息：500×7%/4×8=70（万元）；丙银行 2 年实际支付总利息：500×7%/2×4=70（万元）；丁银行 2 年实际支付总利息：500×7%×2=70（万元）；由于甲、乙、丙、丁银行都是按计息期支付利息，四个方案支付的利息额是一样多的。但是根据资金时间价值理论，企业在付款的时候要早收晚付，甲银行每月支付利息，乙银行每季度支付利息，丙银行半年支付一次利息，丁银行每年支付一次利息，显然丁方案利息支付最迟，即选择丁银行。

第二节　投资方案经济效果评价

考点 1　经济效果评价的内容及指标体系

1. 【答案】ABCD

【解析】投资方案经济效果评价的内容主要包括盈利能力分析、偿债能力分析、财务生存能力分析和抗风险能力评价。

2. 【答案】C

【解析】财务生存能力分析，用来分析和测算投资方案各期的现金流量，判断投资方案能否持续运行。财务生存能力是非经营性项目财务分析的主要内容。

3. 【答案】A

【解析】财务生存能力分析，用来分析和测算投资方案各期的现金流量，判断投资方案能否持续运行。财务生存能力是非经营性项目财务分析的主要内容。

4. 【答案】A

【解析】抗风险能力分析，用来分析投资方案在建设期和运营期可能遇到的不确定性因素和随机因素对项目经济效果的影响程度，考察项目承受各种投资风险的能力。

5. 【答案】B

【解析】按是否考虑资金的时间价值，投资方案经济效果评价方法分为静态评价方法和动态评价方法。

6. 【答案】BC

【解析】根据经济效果评价指标体系，选项 A 不属于投资方案评价指标，选项 B、C 属于动态评价指标，选项 D、E 属于静态评价指标。

7. 【答案】BCD

【解析】根据经济效果评价指标体系，选项 B、C、D 属于静态评价指标，选项 A、E 属于动态评价指标。

8. 【答案】D

【解析】根据资本金净利润率的概念，资本金净利润率（*ROE*），表示项目资本金的盈利水平。

9. 【答案】C

【解析】总投资收益率指标中的收益（*EBIT*）是指项目建成后正常生产年份的年息税前利润或运营期内年平均息税前利润。

10. 【答案】B

【解析】根据公式，$ROI=\frac{EBIT}{TI}\times100\%$，$EBIT=200+20=220$（万元），则：$ROI=220/2000=11.0\%$。

11. 【答案】A

【解析】投资收益率指标的经济意义明确、直观，计算简便，在一定程度上反映了投资效果的优劣，可适用于各种投资规模。但不足的是，没有考虑投资收益的时间因素，忽视了资金具有时间价值的重要性；指标计算的主观随意性太强，换句话说，就是正常生产年份的选择比较困难，如何确定带有一定的不确定性和人为因素。因此，以投资收益率指标作为主要的决策依据不太可靠。

12. 【答案】A

【解析】投资收益率指标的经济意义明确、直观，计算简便，在一定程度上反映了投资效果的优劣，可适用于各种投资规模。

但不足的是，没有考虑投资收益的时间因素，忽视了资金具有时间价值的重要性；指标计算的主观随意性太强，换句话说，就是正常生产年份的选择比较困难，如何确定带有一定的不确定性和人为因素。因此，以投资收益率指标作为主要的决策依据不太可靠。

13.【答案】D

【解析】现金流量见下表：

计算期/年	0	1	2	3	4	5	6	7	8
现金流入/万元	—	—	—	800	1200	1200	1200	1200	1200
现金流出/万元	—	600	900	500	700	700	700	700	700
净现金流量/万元		−600	−900	300	500	500	500	500	500

静态投资回收期为：5＋（1500－300－500－500）/500＝5.4（年）。

14.【答案】A

【解析】静态投资回收期一般只作为辅助评价指标。若静态投资回收期小于基准投资回收期，则表明该方案可以接受。静态投资回收期越短，表明资本周转速度越快。

15.【答案】BC

【解析】投资回收期指标容易理解，计算也比较简便；项目投资回收期在一定程度上显示了资本的周转速度。显然，资本周转速度愈快，回收期愈短，风险愈小，盈利愈多。这对于那些技术上更新迅速的项目或资金相当短缺的项目或未来情况很难预测而投资者又特别关心资金补偿的项目进行分析是特别有用的。但不足的是，投资回收期没有全面考虑投资方案整个计算期内的现金流量，即：只考虑投资回收之前的效果，不能反映投资回收之后的情况，即无法准确衡量方案在整个计算期内的经济效果。因此，投资回收期作为方案选择和项目排队的评价准则是不可靠的，它只能作为辅助评价指标，或与其它评价方法结合应用。

16.【答案】A

【解析】静态投资回收期没有全面地考虑技术方案整个计算期内现金流量，即只考虑回收之前的效果，不能反映投资回收之后的情况，故无法准确衡量技术方案在整个计算期内的经济效果。所以，静态投资回收期作为技术方案选择和技术方案排队的评价准则是不可靠的，它只能作为辅助评价指标，或与其他评价指标结合应用。

17.【答案】ACE

【解析】偿债能力指标主要有：利息备付率、偿债备付率、资产负债率。

18.【答案】D

【解析】偿债备付率（*DSCR*）是指投资方案在借款偿还期内各年可用于还本付息的资金（$EBITDA-T_{AX}$）与当期应还本付息金额（*PD*）的比值。

19.【答案】ACE

【解析】偿债备付率（*DSCR*）是指投资方案在借款偿还期内各年可用于还本付息的资金（$EBITDA-T_{AX}$）与当期应还本付息金额（*PD*）的比值。*EBITDA*——息税前利润加折旧和摊销。

20.【答案】B

【解析】净现值指标的优点：净现值指标考虑了资金的时间价值，并全面考虑了项目在整个计算期内的经济状况；经济意义明确直观，能够直接以金额表示项目的盈利水平；判断直观。但不足之处是，必须首先确定一个符合经济现实的基准收益率，而基准收益率的确定往往是比较困难的；而且在互斥方案评价时，净现值必须慎重考虑互斥方案的寿命，如果互斥方案寿命不等，必须构造一个相同的分析期限，才能进行方案必选。

21.【答案】A

【解析】财务净现值是评价技术方案盈利能力的绝对指标。当 $FNPV>0$ 时，说明该技术方案除了满足基准收益率要求的盈利之外，还能得到超额收益，该技术方案财务上可行；题中为互斥方案，在互斥方案评价时，财务净现值必须慎重考虑互斥方案的寿命，如果互斥方案寿命不等，必须构造一个相同的分析期限，才能进行各个方案之间的比选。

22. 【答案】B

【解析】净现值指标考虑了资金的时间价值，并全面考虑了项目在整个计算期内的经济状况。

23. 【答案】A

【解析】基准收益率也称基准折现率，是企业或行业或投资者以动态的观点所确定的、可接受的投资方案最低标准的收益水平。它表明投资决策者对项目资金时间价值的估价，是投资资金应当获得的最低盈利率水平，是评价和判断投资方案在经济上是否可行的依据。

24. 【答案】AB

【解析】确定基准收益率的基础是资金成本和机会成本，而投资风险和通货膨胀则是必须考虑的影响因素。

25. 【答案】C

【解析】对于基准收益率的确定，如果项目投资由自有资金和贷款组成，最低不应低于行业基准收益率与贷款的加权平均收益，本题中的基准收益率不得低于：12%×40%+15%×60%=13.8%。

26. 【答案】ABC

【解析】基准收益率也称基准折现率，是企业或行业投资者以动态的观点所确定的、可接受的技术方案最低标准的收益水平。确定基准收益率的基础是资金成本和机会成本，而投资风险和通货膨胀则是必须考虑的影响因素。

27. 【答案】A

【解析】净现值（*NPV*）是基准收益率（i）的递减函数，随着折现率的逐渐增大，财务净现值由大变小，由正变负。

28. 【答案】C

【解析】内部收益率指标考虑了资金的时间价值以及项目在整个计算期内的经济状况；能够直接衡量项目未回收投资的收益率；内部收益率容易被人误解为是项目初期投资的收益率。事实上，内部收益率的经济含义是投资方案占用的尚未回收资金的获利能力，它取决于项目内部。

29. 【答案】A

【解析】*FIRR* 的大小不受外部参数影响，完全取决于技术方案投资过程净现金流量系列的情况，选项 B、C 错误。$FIRR \geqslant i_c$，则技术方案在经济上可以接受；对独立常规技术方案应用 *FIRR* 评价与应用 *FNPV* 评价均可，其结论是一致的，选项 D 错误。

30. 【答案】C

【解析】*NPV* 法计算简便，但得不出投资过程收益程度，且受外部参数（i_c）的影响；*IRR* 法较为烦琐，但能反映投资过程的收益程度，而 *IRR* 的大小不受外部参数影响，完全取决于投资过程的现金流量。

31. 【答案】B

【解析】对常规技术方案，财务内部收益率其实质就是使技术方案在计算期内各年净现金流量的现值累计等于零时的折现率。

32. 【答案】D

【解析】财务净现值随基准收益率的增大而减小。当基准收益率为 8%时为 242.76 万元，内部收益率为 12%时财务净现值为－67 万元，所以内部收益率介于 8%到 12%之间并接近 12%。

33. 【答案】BCE

【解析】选项 A 错误，内部收益率与外部参数无关。选项 B 正确，两者均考虑资金的时间价值。选项 C 正确，均可对独立方案进行评价，而且结论一致。选项 D 错误，净现值仅仅反映全寿命周期的盈利能力，不能反映投资回收过程的收益程度。选项 E 正确，两者均全面考虑整个计算期内经济状况。

34. 【答案】CDE

【解析】选项 A、B，是静态评价指标。选项 D、E，净现值指标考虑了资金的时间价值，并全面考虑了项目在整个计算期内的经济状况。内部收益率指标考虑了资金的时间价值以及项目在整个计算期内的经济状况。选项C，净年值 $NAV = NPV \times (A/P, i, n)$，所以净年值与净现值相同之处都是既考虑了资金的时间价值，又考虑了项目在整个计算期内经济状况的指标。

考点2 经济效果评价方法

1. 【答案】C

【解析】根据题意至少投资2个项目，投资小于等于20000万元的都可以。组合方案为：

5000＋6000＝11000（万元）；5000＋8000＝13000（万元）；5000＋12000＝17000（万元）；6000＋8000＝1400（万元）；6000＋12000＝18000（万元）；8000＋12000＝20000（万元）；5000＋6000＋8000＝19000（万元），共有7个方案。

2. 【答案】C

【解析】按初始投资额由小到大依次计算相邻两个方案的增量投资内部收益率 ΔIRR，若 $\Delta IRR > i_c$，则说明初始投资额大的方案优于初始投资额小的方案，保留投资额大的方案。

3. 【答案】BDE

【解析】选项B、D、E属于动态评价方法，选项A、C属于静态评价方法。

4. 【答案】ACD

【解析】互斥方案静态分析常用增量投资收益率、增量投资回收期、年折算费用、综合总费用等评价方法进行相对经济效果的评价。

5. 【答案】B

【解析】若 ΔIRR 大于基准收益率时，则初始投资额大的方案为优选方案；若 ΔIRR 小于基准收益率时，则初始投资额小的方案为优选方案。

6. 【答案】BCD

【解析】确定共同计算期的方法有最小公倍数法、研究期法、无限计算期法。

7. 【答案】A

【解析】在工程经济分析中，对效益相同（或基本相同），但效益无法或很难用货币直接计量的互斥方案进行比较，常用费用现值（PW）比较替代净现值进行评价。为此，首先计算各备选方案的费用现值 PW，然后进行对比，以费用现值最低的方案为最佳。

8. 【答案】A

【解析】甲、乙两方案计算期的最小公倍数为6，所以甲方案循环次数为：6/2＝3（次）。

考点3 不确定性分析和风险分析

1. 【答案】AC

【解析】不确定性分析方法包括盈亏平衡分析、敏感性分析和概率分析。

2. 【答案】B

【解析】不确定性分析主要包括盈亏平衡分析和敏感性分析。风险分析应采用定性与定量相结合的方法，分析风险因素发生的可能性及给项目带来经济损失的程度。盈亏平衡分析只适用于财务评价，敏感性分析和风险分析可同时用于财务评价和国民经济评价。

3. 【答案】C

【解析】根据公式：$BEP(Q) = C_F/(P - C_v - T_v) = 2850000/(380 - 120 - 70) = 15000$（件）。（式中：$BEP(Q)$——盈亏平衡点时的产销量；$C_F$——固定成本；$C_v$——单位产品变动成本；$P$——单位产品销售价格；$T_v$——单位产品营业税金及附加）。

4. 【答案】C

【解析】根据盈亏平衡公式：$BEP(Q) = C_F/(P - C_v - T_v)$，得出盈亏平衡产销量为：100/50/（1－55％－5％）＝5（万台），生产能力利用率为5/8＝62.50％。

5. 【答案】A

【解析】根据盈亏平衡点公式：$BEP(Q) = C_F/(P - C_v - T_v)$，则单位产品销售价格 P＝300/50＋80＋5＝91（元）。

6. 【答案】DE

【解析】依据公式：$BEP(Q) = C_F/(P - C_v - T_v)$，可以看出，提高产品售价，降低营业税金及附加率，降低固定成本，降低单位产品变动成本，都会降低盈亏平衡点的产量。就设计生产能力来讲，其他因素不变的情况下，和企业盈亏平衡点的产量没有关系。

7. 【答案】D

【解析】盈亏平衡点越低，达到此点的盈亏平衡产量和收益或成本也就越少，项目投产后盈利的可能性越大，适应市场变化的能力越强，抗风险能力也越强。

8. 【答案】C

【解析】设计生产能力为1000台/年，盈亏平衡点产量为500台/年，生产能力利用率为：500/1000＝50%。第二年达产50%，即达到盈亏平衡点产量为500台/年，所以第三年首次实现盈利。

9. 【答案】B

【解析】盈亏平衡分析法揭示了项目风险的大小和适应市场的能力，未说明产生项目风险的根源和控制风险的途径。

10. 【答案】A

【解析】盈亏平衡分析虽然能够度量项目风险的大小，但并不能揭示产生项目风险的根源。

11. 【答案】D

【解析】盈亏平衡点越低，达到此点的盈亏平衡产量和收益或成本也就越少，项目投产后盈利的可能性趣大，适应市场变化的能力越强，抗风险能力也越强。

12. 【答案】C

【解析】敏感性分析的目的在于寻求敏感因素，这可以通过计算敏感度系数和临界点来判断。

13. 【答案】D

【解析】敏感性分析是工程项目经济评价时经常用到的一种方法，在一定程度上定量描述了不确定因素的变动对项目投资效果的影响，有助于搞清项目对不确定因素的不利变动所能容许的风险程度，有助于鉴别敏感因素，从而能够及早排除那些无足轻重的变动因素，将进一步深入调查研究的重点集中在那些敏感因素上，或者针对敏感因素制定出管理和应变对策，以达到尽量减少风险、增加决策可靠性的目的。

14. 【答案】B

【解析】敏感度系数分别为：产品售价＝55%/－10%＝－5.5；原材料价格＝39%/10%＝3.9；建设投资＝50%/10%＝5；人工工资＝30%/10%＝3，$|S_{AF}|$越大，表明评价指标A对于不确定因素F越敏感；反之，则不敏感。

15. 【答案】B

【解析】计算敏感度系数判别敏感因素的方法是一种相对测定法，即根据不同因素相对变化对技术方案经济效果评价指标影响的大小，可以得到各个因素的敏感性程度排序。$S_{AF}>0$，表示评价指标与不确定因素同方向变化；$S_{AF}<0$，表示评价指标与不确定因素反方向变化。$|S_{AF}|$越大，表明评价指标A对于不确定因素F越敏感；反之，则不敏感。

16. 【答案】AD

【解析】敏感度系数的绝对值越小越不敏感；$S_{AF}>0$，表示评价指标与不确定因素同方向变化。敏感度系数与盈亏平衡无关。

17. 【答案】D

【解析】敏感性分析在一定程度上对不确定因素的变动对技术方案经济效果的影响作了定量的描述，有助于搞清技术方案对不确定因素的不利变动所能容许的风险程度，有助于鉴别何者是敏感因素，从而能够及早排除对那些无足轻重的变动因素的注意力，把进一步深入调查研究的重点集中在那些敏感因素上，或者针对敏感因素制定出管理和应变对策，以达到尽量减少风险、增加决策可靠性的目的。但敏感性分析也有其局限性，它主要依靠分析人员凭借主观经验来分析判断，难免存在片面性。在技术方案的计算期内，各不确定性因素相应发生变动幅度的概率不会相同，这意味着技术方案承受风险的大小不同。而敏感性分析在分析某一因素的变动时，并不能说明不确定因素发生变动的可能性是大还是小。对于此类问题，还要借助于概率分析等方法。

18. 【答案】C

【解析】敏感程度的分析：不确定性因素的变化浮动越大的越敏感，$|564-393|>|623-564|>|612-564|$即营业收入最大，其次建设投资，最后经营成本。

19.【答案】ABCE

【解析】用利润指标来进行分析时，其可以分析的因素包括投资额、产品销售量、产品单价、生产成本等。

20.【答案】ABD

【解析】选项A正确，经营成本临界点最小，所以净现值对经营成本波动最敏感。选项B正确，确定性分析计算的净现值为246，即初始投资方案的净现值为246。选项C错误，建设投资临界点为11%，产品价格临界点为10%，净现值对产品价格变动的敏感性高于对建设投资变动的敏感性。选项D正确，经营成本波动最大为7%，产品价格波动最大为10%，建设投资波动最大为11%；为保证项目可行，投资方案不确定性因素变动幅度最大不超过最低的7%。选项E错误，产品价格临界点为10%，即按净现值判断，产品价格变动临界点比初始方案价格下降10%。

第三节　价值工程

考点 1　价值工程的基本原理和工作程序

1.【答案】D

【解析】价值工程中的"价值"是一个相对概念，是指作为某种产品（或作业）所具有的功能与获得该功能的全部费用的比值。它不是对象的使用价值，也不是对象的交换价值，而是对象的比较价值。即 $V=F/C$（式中：V——价值；F——研究对象的功能；C——成本）中的 V 是指研究对象的比较价值。

2.【答案】A

【解析】价值工程的目标是以最低的寿命周期成本，使产品具备它所必须具备的功能。简而言之，就是以提高对象的价值为目标。

3.【答案】A

【解析】价值工程的目标是以最低的寿命周期成本，使产品具备它所必须具备的功能。简而言之，就是以提高对象的价值为目标。

4.【答案】A

【解析】价值工程的核心是对产品进行功能分析。

5.【答案】B

【解析】价值工程的目标是以最低的寿命周期成本，使产品具备它所必须具备的功能。产品的寿命周期成本由生产成本和使用及维护成本组成。

6.【答案】A

【解析】产品生产成本 C_1 是指发生在生产企业内部的成本，也是用户购买产品的费用，包括产品的科研、实验、设计、试制、生产、销售等费用及税金等。

7.【答案】A

【解析】价值工程中所述的"价值"是一个相对的概念，是指作为某种产品（或作业）所具有的功能与获得该功能的全部费用的比值。它不是对象的使用价值，也不是对象的交换价值，而是对象的比较价值，是作为评价事物有效程度的一种尺度。

8.【答案】C

【解析】基于价值工程的基本原理（$V=F/C$），可以归纳出5个提高价值的途径。

其中，在提高产品功能的同时，又降低产品成本，属于提高价值的最为理想的途径。但对生产者要求较高，往往要借助科学技术才能实现。

9.【答案】D

【解析】提高价值的途径中：牺牲型——在产品功能略有下降，产品成本大幅度降低的情况下，也可达到提高产品价值的目的。

10.【答案】B

【解析】提高价值的途径中：投资型——产品功能有较大幅度提高，产品成本有较少提高。即成本虽然增加了一些，但功能的提高超过了成本的提高，因此价值还是提高了。

11.【答案】A

【解析】提高价值的途径中：节约型——在保持产品功能不变的前提下，通过降低成本达到提高价值的目的。

12.【答案】CD

【解析】对于大型复杂的建设工程，应用价值工程的重点是在产品的研究和设计阶段，产品的设计图纸一旦完成并投入生产后，产品的价值就已基本确定，这时再进行价值工程分析就变得更加复杂。

13.【答案】BC

【解析】价值工程的工作程序见下表：

工作阶段	工作步骤	对应问题
一、准备阶段	对象选择 组成价值工程工作小组 制订工作计划	(1) 价值工程的研究对象是什么 (2) 围绕价值工程对象需要做哪些准备工作
二、分析阶段	收集整理资料 功能定义 功能整理 功能评价	(3) 价值工程对象的功能是什么 (4) 价值工程对象的成本是什么 (5) 价值工程对象的价值是什么
三、创新阶段	方案创造 方案评价 提案编写	(6) 有无其他方法可以实现同样功能 (7) 新方案的成本是什么 (8) 新方案能满足要求吗
四、方案实施与评价阶段	方案审批 方案实施 成果评价	(9) 如何保证新方案的实施 (10) 价值工程活动的效果如何

14.【答案】C

【解析】价值工程的工作程序见下表：

工作阶段	工作步骤	对应问题
一、准备阶段	对象选择 组成价值工程工作小组 制订工作计划	(1) 价值工程的研究对象是什么 (2) 围绕价值工程对象需要做哪些准备工作
二、分析阶段	收集整理资料 功能定义 功能整理 功能评价	(3) 价值工程对象的功能是什么 (4) 价值工程对象的成本是什么 (5) 价值工程对象的价值是什么
三、创新阶段	方案创造 方案评价 提案编写	(6) 有无其他方法可以实现同样功能 (7) 新方案的成本是什么 (8) 新方案能满足要求吗
四、方案实施与评价阶段	方案审批 方案实施 成果评价	(9) 如何保证新方案的实施 (10) 价值工程活动的效果如何

15.【答案】ACDE

【解析】选项A正确，价值工程的核心是对产品进行功能分析。选项B错误，价值工程的应用重点是在研究设计阶段。选项C正确，价值工程将产品的价值、功能和成本作为一个整体考虑。选项D正确，价值工程需要将产品的功能定量化。选项E正确，价值工程可用来寻找产品价值的提高途径。

考点2 价值工程方法

1.【答案】ABCD

【解析】价值工程对象选择的方法有很多种，不同方法适宜于不同的价值工程对象，根据企业条件选用适宜的方法，就可以取得较好效果。常用的方法有因素分析法、ABC分析法、强制确定法、百分比分析法、价值指数法等。

2.【答案】B

【解析】ABC分析法抓住成本比重大的零部件或工序作为研究对象，有利于集中精力重点突破，取得较大效果，同时简便易行，因此，广泛为人们所采用。

3. **【答案】** C

【解析】 强制确定法是以功能重要程度作为选择价值工程对象的一种分析方法。具体做法是：先求出分析对象的成本系数、功能系数，然后得出价值系数，以揭示出分析对象的功能与成本之间是否相符。如果不相符，价值低的则被选为价值工程的研究对象。

4. **【答案】** C

【解析】 ABC分析法又称重点选择法或不均匀分布定律法，是指应用数理统计分析的方法来选择对象。这种方法由意大利经济学家帕累托提出，其基本原理为“关键的少数和次要的多数”，抓住关键的少数可以解决问题的大部分，在价值工程中，这种方法的基本思路是：首先将一个产品的各种部件（或企业各种产品）按成本的大小由高到低排列起来，然后绘成费用累积分配图。

5. **【答案】** A

【解析】 功能分析是为了可靠地实现必要功能。对这部分功能，无论是使用功能，还是美学功能，都应当充分而可靠地实现，即充分满足用户必不可少的功能要求。功能分析是价值工程活动的核心和基本内容。

6. **【答案】** C

【解析】 按功能的性质分类，产品的功能可分为使用功能和美学功能。

7. **【答案】** BCE

【解析】 不必要功能是指不符合用户要求的功能。不必要的功能包括三类：一是多余功能，二是重复功能，三是过剩功能。

8. **【答案】** C

【解析】 功能整理的主要任务就是建立功能系统图。

9. **【答案】** ACDE

【解析】 各级子功能的量化方法有很多，如理论计算法、技术测定法、统计分析法、类比类推法、德尔菲法等，可根据具体情况灵活选用。

10. **【答案】** ACD

【解析】 确定功能重要性系数的关键是对功能进行打分，常用的打分方法有强制评分法（0—1 评分法或 0—4 评分法）、多比例评分法、逻辑评分法、环比评分法等。

11. **【答案】** A

【解析】 功能重要性系数见下表：

功能区	功能重要性评价		
	暂定重要性系数	修正重要性系数	功能重要性系数
(1)	(2)	(3)	(4)
F_1	2.0	3.0	0.55
F_2	1.5	1.5	0.27
F_3	1.0	1.0	0.18
合　计		5.5	1.00

12. **【答案】** C

【解析】 功能重要性系数见下表：

零部件	A	B	C	D	E	得分	功能重要性系数
A	×	4	2	2	1	9	0.225
B	0	×	3	3	1	7	0.175
C	2	1	×	1	0	4	0.10
D	2	1	3	×	3	9	0.225
E	3	3	4	1	×	11	0.275
						40	1.00

13. 【答案】D

【解析】功能重要性系数见下表：

零部件	Ⅰ	Ⅱ	Ⅲ	Ⅳ	Ⅴ	功能总分	功能重要性系数
Ⅰ	×	2	4	3	1	10	0.25
Ⅱ	2	×	3	4	2	11	0.275
Ⅲ	0	1	×	1	3	5	0.125
Ⅳ	1	0	3	×	2	6	0.15
Ⅴ	3	2	1	2	×	8	0.20
合计						40	1.00

14. 【答案】CDE

【解析】功能重要性系数见下表：

功能区	F_1	F_2	F_3	F_4	F_5
功能重要性系数	0.36	0.25	0.03	0.28	0.08
现实成本/元	340	240	40	300	100
目标成本/元	360	250	30	280	80

15. 【答案】C

【解析】功能重要性系数见下表：

功能区	功能现实成本（C）	功能重要性系数	根据产品现实成本和功能重要性系数重新分配的功能区成本（F）	成本降低幅度 $\Delta C=(C-F)$
F_1	160	0.35	175	—
F_2	190	0.40	200	—
F_3	80	0.10	50	30
F_4	70	0.15	75	—
总计	500	1.00	500	30

16. 【答案】C

【解析】功能重要性系数见下表：

功能区	功能现实成本 C/元	功能重要性系数	根据产品现实成本和功能重要性系数重新分配的功能区成本	功能评价值 F（或目标成本）	成本降低幅度 $\Delta C=(C-F)$
	(1)	(2)	(3) ＝ (2) ×800 元	(4)	(5)
甲	200	0.25	200	200	—
乙	220	0.30	240	220	—
丙	350	0.37	296	296	54
丁	30	0.08	64	30	—
合计	800	1.00	800	738	54

17. 【答案】BCD

【解析】若 $V<1$，即功能现实成本大于功能评价值。表明评价对象的现实成本偏高，而功能要求不高。一种可能是存在着过剩的功能；另一种可能是功能虽无过剩，但实现功能的条件或方法不佳，以致

使实现功能的成本大于功能的实际需要。

18. **【答案】** C

【解析】 若 $V_I<1$，此时评价对象的成本比重大于其功能比重，表明相对于系统内的其他对象而言，目前所占的成本偏高，从而会导致该对象的功能过剩。应将评价对象列为改进对象，改善方向主要是降低成本。若 $V_I>1$，此时评价对象的成本比重小于其功能比重。出现这种结果的原因可能有三种：第一，由于现实成本偏低，不能满足评价对象实现其应具有的功能要求，致使对象功能偏低，这种情况应列为改进对象，改善方向是增加成本；第二，对象目前具有的功能已经超过其应该具有的水平，也即存在过剩功能，这种情况也应列为改进对象，改善方向是降低功能水平；第三，对象在技术经济等方面具有某些特征，在客观上存在着功能很重要而需要消耗的成本却很少的情况，这种情况一般不列为改进对象。

19. **【答案】** B

【解析】 若 $V=1$，即功能评价值等于功能现实成本。这表明评价对象的功能现实成本与实现功能所必需的最低成本大致相当。此时，说明评价对象的价值为最佳，一般无需改进。

20. **【答案】** B

【解析】 若 $V<1$，即功能现实成本大于功能评价值。表明评价对象的现实成本偏高，而功能要求不高。这时，一种可能是由于存在着过剩的功能，另一种可能是功能虽无过剩，但实现功能的条件或方法不佳，以致使实现功能的成本大于功能的现实需要。这两种情况都应列入功能改进的范围，并且以剔除过剩功能及降低现实成本为改进方向，使成本与功能比例趋于合理。

21. **【答案】** BC

【解析】 用于方案综合评价的方法有很多，常用的定性方法有德尔菲（Delphi）法、优缺点列举法等；常用的定量方法有直接评分法、加权评分法、比较价值评分法、环比评分法、强制评分法、几何平均值评分法等。选项 A、E 是方案创造的方法；选项 D 是方案综合评价的定性方法。

22. **【答案】** D

【解析】 总造价 $=2200+1960+1680+2140=7980$。成本系数：甲 $=2200/7980=0.28$；乙 $1960/7980=0.25$；丙 $=1680/7980=0.21$；丁 $=2140/7980=0.27$。价值指数：甲 $=0.26/0.28=0.95$；乙 $=0.25/0.246=1.02$；丙 $=0.20/0.21=0.952$；丁 $=0.29/0.27=1.08$。丁的价值系数最高。

23. **【答案】** B

【解析】 哥顿（Gorden）法也是在会议上提方案，但究竟研究什么问题，目的是什么，只有会议的主持人知道，以免其他人受约束。例如，想要研究试制一种新型剪板机，主持会议者请大家就如何把东西切断和分离提出方案。当会议进行到一定时机，再宣布会议的具体要求，在此联想的基础上研究和提出各种新的具体方案。

24. **【答案】** ABCD

【解析】 方案评价包括概略评价和详细评价两个阶段。其评价内容都包括技术评价、经济评价、社会评价以及在三者基础上进行的综合评价。

25. **【答案】** A

【解析】 价值工程的主要应用可以概括为两大方面，一是应用于方案评价，既可在多方案中选择价值较高的方案，也可选择价值较低的对象作为改进对象；二是寻求提高对产品或对象价值的途径。

26. **【答案】** ABCD

【解析】 价值系数小于 1 时，此时功能现实成本大于功能评价值。故选项 E 错误。

27. **【答案】** A

【解析】 因素分析法，又称经验分析法，是一种定性分析的方法，依据分析人员经验做出选择，简便易行。特别是在被研究对象彼此相差比较大以及时间紧迫的情况下比较适用。

28. **【答案】** B

【解析】 根据价值工程中价值系数的计算公式 $V_i=F_i/C_i$ 题目中设定在相同条件下，且采用其他方案的合理成本为 4.5 万元。故可假定其他方案为最优方案。$V_i=1$。则其功能成本为4.5万元。故A方案的V_i=4.5/5.0=0.9。

第四节　工程寿命周期成本分析

考点1　工程寿命周期成本的含义

1.【答案】D

【解析】社会成本是指由于工程建设给社会带来的负面影响。显然，工程建设征地拆迁可能引发的不安定因素属于社会成本。

2.【答案】D

【解析】抽象地说，工程寿命周期社会成本是指建设一项工程给社会带来的不利影响。选项A属于经济成本。选项B错误，社会成本在整个寿命期都可能发生。选项C错误，社会成本是指对社会的负面影响，重点在项目经济分析中考虑。选项D与定义符合。

3.【答案】B

【解析】在工程寿命周期成本中，环境成本和社会成本都是隐性成本，它们不直接表现为量化成本，而必须借助于其他方法转化为可直接计量的成本，这就使得它们比经济成本更难以计量。但在工程建设及运行的全过程中，这类成本始终是发生的。

考点2　工程寿命周期成本分析方法及其特点

1.【答案】BCDE

【解析】常用的寿命周期成本评价方法有费用效率（*CE*）法、固定效率法和固定费用法、权衡分析法等。选项A属于工程寿命周期成本分析中估算费用的方法。

2.【答案】AC

【解析】费用效率（*CE*）法是指工程系统效率（*SE*）与工程寿命周期成本（*LCC*）的比值。

3.【答案】BCE

【解析】费用估算的方法有很多，常用的有：①费用模型估算法。②参数估算法。③类比估算法。④费用项目分别估算法。

4.【答案】B

【解析】固定费用法是将费用值固定下来，然后选出能得到最佳效率的方案。例如，住宅的预算只有一个规定的数额，要根据这个数额的预算选出效果最佳的方案，就可采取固定费用法。

5.【答案】BCE

【解析】设置费（*IC*）包括：研究开发费、设计费、制造费、安装费、试运转费。维持费（*SC*）包括：运行费（人工费、动能费），维修费（维修材料费、劳务费、外委维修费），后勤支援费（备件库存资金、备机费、维修用设备费、试验费、库存费、搬运费、培训费），报废的费用。

6.【答案】B

【解析】为了权衡设置费与维持费之间关系，可以采用以下各种有效的手段：

(1) 改善原设计材质，降低维修频度。

(2) 支出适当的后勤支援费，改善作业环境，减少维修作业。

(3) 制订防震、防尘、冷却等对策，提高可靠性。

(4) 进行维修性设计。

(5) 置备备用的配套件、部件和整机，设置迂回的工艺路线，提高可维修性。

(6) 进行节省劳力的设计，减少操作人员的费用。

(7) 进行节能设计，节省运行所需的动力费用。

(8) 进行防止操作和维修失误的设计。

7.【答案】A

【解析】如果要在短时期内实现从开发到设置完成的全过程，往往就得增加设置费。如果将开发到设置完成这段期限规定得太短，便不能进行充分研究，致使设计有缺陷，将会造成维持费增加的不利后果。因此，这一期限与费用之间也有着重要的关系。进行这项权衡分析时，可以运用计划评审技术(PERT)。

第五章 工程项目投融资

第一节 工程项目资金来源

考点 1 项目资本金制度

1. **【答案】** C

【解析】 项目资本金是指在项目总投资中由投资者认缴的出资额。对项目来说，项目资本金是非债务性资金，项目法人不承担这部分资金的任何利息和债务。投资者可按其出资的比例依法享有所有者权益，也可转让其出资，但不得以任何方式抽回。对于提供债务融资的债权人来说，项目的资本金可以视为负债融资的信用基础，项目资本金后于负债受偿，可以降低债权人债权的回收风险。

2. **【答案】** C

【解析】 项目资本金是指在项目总投资中由投资者认缴的出资额。对项目来说，项目资本金是非债务性资金，项目法人不承担这部分资金的任何利息和债务。投资者可按其出资的比例依法享有所有者权益，也可转让其出资，但不得以任何方式抽回。对于提供债务融资的债权人来说，项目的资本金可以视为负债融资的信用基础，项目资本金后于负债受偿，可以降低债权人债权的回收风险。

3. **【答案】** D

【解析】 根据《国务院关于固定资产投资项目试行资本金制度的通知》（国发〔1996〕35号）规定，各种经营性固定资产投资项目，包括国有单位的基本建设、技术改造、房地产开发项目和集体投资项目，试行资本金制度，投资项目必须首先落实资本金才能进行建设。个体和私营企业的经营性投资项目参照规定执行。公益性投资项目不实行资本金制度。外商投资项目（包括外商投资、中外合资、中外合作经营项目）按现行有关法规执行。

4. **【答案】** BCDE

【解析】 项目资本金可以用货币出资；也可以用实物、工业产权、非专利技术、土地使用权作价出资。

5. **【答案】** C

【解析】 以工业产权、非专利技术作价出资的比例不得超过投资项目资本金总额的20%，国家对采用高新技术成果有特别规定的除外。

6. **【答案】** ACD

【解析】 投资者以货币方式认缴的资本金，其资金来源有：

（1）各级人民政府的财政预算内资金、国家批准的各种专项建设基金、经营性基本建设基金回收的本息、土地批租收入、国有企业产权转让收入、地方人民政府按国家有关规定收取的各种规费及其他预算外资金。

（2）国家授权的投资机构及企业法人的所有者权益（包括资本金、资本公积金、盈余公积金和未分配利润、股票上市收益资金等）、企业折旧资金以及投资者按照国家规定从资金市场上筹措的资金。（选项E错误，正确说法为按照国家规定从资金市场上筹措的资金。）

（3）社会个人合法所有的资金。

（4）国家规定的其他可以用作投资项目资本金的资金。

7. **【答案】** C

【解析】 项目资本金是项目的投入资金，国家对于项目资本金的构成、实行项目资本金制度的项目等内容都有明确的规定，应注意把握。根据国家规定，项目资本金可以用货币出资，也可以用实物、工业产权、非专利技术、土地使用权、资源开采权作价出资，但除国家对采用高新技术成果有特别规定的外，其比例不得超过投资项目资本金总额的20%。选项C错误。

8. **【答案】** C

【解析】 项目资本金占项目总投资最低比例见下表：

序号	投资项目		项目资本金占项目总投资最低比例
1	城市和交通基础设施项目	城市轨道交通项目	由25%调整为20%
		港口、沿海及内河航运、机场项目	由30%调整为25%
		铁路、公路项目	由25%调整为20%
2	房地产开发项目	保障性住房和普通商品住房项目	维持20%不变
		其他项目	由30%调整为25%
3	产能过剩行业项目	钢铁、电解铝项目	维持40%不变
		水泥项目	维持35%不变
		煤炭、电石、铁合金、烧碱、焦炭、黄磷、多晶硅项目	维持30%不变
4	其他工业项目	玉米深加工项目	由30%调整为20%
		化肥（钾肥除外）项目	维持25%不变
		电力等其他项目	维持20%不变

9.【答案】B

【解析】项目资本金占项目总投资最低比例见下表：

序号	投资项目		项目资本金占项目总投资最低比例
1	城市和交通基础设施项目	城市轨道交通项目	由25%调整为20%
		港口、沿海及内河航运、机场项目	由30%调整为25%
		铁路、公路项目	由25%调整为20%
2	房地产开发项目	保障性住房和普通商品住房项目	维持20%不变
		其他项目	由30%调整为25%
3	产能过剩行业项目	钢铁、电解铝项目	维持40%不变
		水泥项目	维持35%不变
		煤炭、电石、铁合金、烧碱、焦炭、黄磷、多晶硅项目	维持30%不变
4	其他工业项目	玉米深加工项目	由30%调整为20%
		化肥（钾肥除外）项目	维持25%不变
		电力等其他项目	维持20%不变

10.【答案】B

【解析】作为计算资本金基数的总投资，是指投资项目的固定资产投资与铺底流动资金之和。

11.【答案】B

【解析】作为计算资本金基数的总投资，是指投资项目的固定资产投资与铺底流动资金之和，具体核定时以经批准的动态概算为依据。

12.【答案】D

【解析】对某些投资回报率稳定、收益可靠的基地设施、基础产业投资项目，以及经济效益好的竞争性投资项目，经国务院批准，可以试行通过发行可转换债券或组建股份制公司发行股票方式筹措资本金。

13.【答案】ACD

【解析】按照我国现行规定，有些项目不允许国外资本控股，有些项目要求国有资本控股。《外商投资产业指导目录》（2017 年修订）中明确规定，电网、核电站、铁路干线路网等项目，必须由中方控股。民用机场项目必须由中方相对控股。

14. 【答案】B

【解析】投资项目在可行性研究报告中要就资本金筹措情况作出详细说明，包括出资方、出资方式、资本金来源及数额、资本金认缴进度等有关内容。上报可行性研究报告时需附有各出资方承诺出资的文件，以实物、工业产权、非专利技术、土地使用权作价出资的，还需附有资产评估证明等有关材料。

考点 2 项目资金筹措渠道与方式

1. 【答案】AB

【解析】项目资金筹措应遵循以下基本原则如下：

（1）规模适宜原则。筹措资金的目的在于确保项目所必需的资金，筹资的数量不能盲目确定，必须做到以需定筹。

（2）时机适宜原则。筹资的时机应依据资金的使用时间来合理安排。

（3）经济效益原则。应综合考虑，力求以最低的综合资金成本实现最大的投资效益。

（4）结构合理原则。合理的资金来源结构包括两个方面：一是合理安排权益资本和债务资金的比例；二是合理安排长期资金和短期资金的比例。

2. 【答案】ABD

【解析】既有法人项目资本金筹措其内部资金来源主要包括：企业的现金、未来生产经营中获得的可用于项目的资金、企业资产变现、企业产权转让。

3. 【答案】AB

【解析】外部资金来源：①企业增资扩股；②优先股；③国家预算内投资。

4. 【答案】AB

【解析】降低流动资产中的应收款项和存货，可以增加企业能使用的现金，这类流动资产的变现通常体现在企业外来净现金流量估算中。

5. 【答案】B

【解析】资产变现表现为一个企业资产总额构成的变化，即非现金货币资产的减少，现金货币资产的增加，而资产总额并没有发生变化。

6. 【答案】C

【解析】企业未来经营净现金流量中，财务费用及流动资金占用的增加部分将不能用于固定资产投资，折旧、无形及其他资产摊销通常认为可用于再投资或偿还债务，净利润中有一部分可能需要用于分红或用作盈余公积金和公益金留存，其余部分可用于再投资或偿还债务。

7. 【答案】B

【解析】实践中常采用经营收益间接估算企业未来的经营净现金流量。计算公式如下：

经营净现金流量＝经营净收益－流动资金占用的增加；

经营净收益＝净利润＋折旧＋无形及其他资产摊销＋财务费用；

经营净现金流量＝净利润＋折旧＋无形及其他资产摊销＋财务费用－流动资金占用的增加。

8. 【答案】C

【解析】选项 A、B 错误，优先股与普通股相同的是没有还本期限，与债券特征相似的是股息固定。选项 C 正确，相对于其他借款融资，优先股的受偿顺序通常靠后，对于项目公司其他债权人来说，可视为项目资本金。而对于普通股股东来说，优先股通常要优先受偿，是一种负债。选项 D 错误，优先股是一种介于股本资金与负债之间的融资方式。优先股股东不参与公司经营管理，没有公司控制权，不会分散普通股东的控股权。发行优先股通常不需要还本，只需要支付固定股息，可减少公司的偿债风险和压力。但优先股融资成本较高且股利不能像债券利息一样在税前扣除。

9. 【答案】B

【解析】由初期设立的项目法人进行的资本

金筹措形式主要有：

(1) 在资本市场募集股本资金。

(2) 合资合作。

10. 【答案】C

【解析】新设项目法人项目资本金通常以注册资本的方式投入。

11. 【答案】C

【解析】公开募集是在证券市场上公开向社会发行销售。在证券市场上公开发行股票，需要取得证券监管机关的批准，需要通过证券公司或投资银行向社会推销，需要提供详细的文件，保证公司的信息披露，保证公司的经营及财务透明度，筹资费用较高，筹资时间较长。

12. 【答案】D

【解析】优先股股东没有控制权，股息固定（税后支付），无须还本，是一种介于股本资金与负债之间的融资方式。选项 D 错误。

13. 【答案】AD

【解析】项目资本金的筹措方式有政府投资、股东投资、发行股票和吸收国外资本直接投资。其它为负债筹资方式。

14. 【答案】CD

【解析】债务资金是指项目投资中除项目资本金外，以负债方式取得的资金。债务资金是项目公司一项重要的资金来源。债务融资的优点是速度快、成本较低，缺点是融资风险较大，有还本付息的压力。

15. 【答案】D

【解析】信贷方式融资是项目负债融资的重要组成部分，是公司融资和项目融资中最基本和最简单，也是比重最大的债务融资形式。

16. 【答案】CDE

【解析】债务资金筹措应考虑的主要因素包括：债务期限、债务偿还、债务序列、债权保证、违约风险、利率结构、货币结构与国家风险。

17. 【答案】C

【解析】项目建设需要进口设备的，可以使用设备出口国的出口信贷。按照获得贷款资金的借款人，出口信贷分为买方信贷、卖方信贷和福费廷（FORFEIT）等。出口信贷通常不能对设备价款全额贷款，通常只能提供设备价款85%的贷款，设备出口商则给予设备的购买方以延期付款条件。出口信贷利率通常要低于国际上商业银行的贷款利率。OECD（欧洲经济合作与发展组织）国家出口信贷利率一般要遵循商业参考利率（CIRR）。出口信贷通常需要支付一定的附加费用，如管理费、承诺费、信贷保险费等。

18. 【答案】C

【解析】债券筹资的优点如下：

(1) 筹资成本较低。

(2) 保障股东控制权。

(3) 发挥财务杠杆作用。

(4) 便于调整资本结构。

19. 【答案】B

【解析】融资租赁作为一种融资方式，其优点主要有：

(1) 融资租赁是一种融资与融物相结合的融资方式，能够迅速获得所需资产的长期使用权。

(2) 融资租赁可以避免长期借款筹资所附加的各种限制性条款，具有较强的灵活性。

(3) 融资租赁的融资与进口设备都由有经验和对市场熟悉的租赁公司承担，可以减少设备进口费，从而降低设备取得成本。

20. 【答案】D

【解析】发行股票和合作经营的融资模式是可能改变企业控制权，不能将资金使用代价计入产品成本的筹资方式。

考点 3 资金成本与资本结构

1. 【答案】D

【解析】资金筹集成本是指在资金筹集过程中所支付的各项费用，如发行股票或债券支付的印刷费、发行手续费、律师费、资信评估费、公证费、担保费、广告费等。

2. 【答案】A

【解析】资金筹集成本是指在资金筹集过程中所支付的各项费用，如发行股票或债券支付的印刷费、发行手续费、律师费、资信评估费、公证费、担保费、广告费等。资金筹集成本一般属于一次性费用，筹资次数越多，资金筹集成本也就越大。

3. **【答案】** B

【解析】 资金使用成本又称为资金占用费，是指占用资金而支付的费用，它主要包括支付给股东的各种股息和红利、向债权人支付的贷款利息及支付给其他债权人的各种利息费用等。资金使用成本一般与所筹集的资金多少以及使用时间的长短有关，具有经常性、定期性的特征，是资金成本的主要内容。

4. **【答案】** C

【解析】 资金筹集成本是指在资金筹集过程中所支付的各项费用，如发行股票或债券支付的印刷费、发行手续费、律师费、资信评估费、公证费、担保费、广告费等。资金筹集成本一般属于一次性费用，筹资次数越多，资金筹集成本也就越大。资金筹集成本与资金使用成本是有区别的，前者是在筹措资金时一次支付的，在使用资金过程中不再发生，因此可作为筹资金额的一项扣除，而后者是在资金使用过程中多次、定期发生的。

5. **【答案】** AC

【解析】 选项A错误，资金的时间价值一般表现为时间的函数，而资金成本则表现为资金占用额的函数。选项B正确，资金的时间价值表现为资金所有者的利息收入，而资金成本是资金使用人的筹资费用和利息费用。选项C错误，资金成本与资金的时间价值既有联系，又有区别。资金的时间价值与资金成本都基于同一个前提，即资金或资本参与任何交易活动都有代价。具体地说，资金的时间价值是资本所有者在一定时期内从资本使用者那里获得的报酬，资金成本则是资金的使用者由于使用他人的资金而付出的代价。它们都以利息、股利等作为表现形式。选项D正确，资金成本是企业的耗费，企业要为占用资金而付出代价、支付费用，而且这些代价或费用最终也要作为收益的扣除额来得到补偿。选项E正确，资金成本具有一般产品成本的基本属性。

6. **【答案】** B

【解析】 资金成本具有一般产品成本的基本属性。资金成本是企业的耗费，企业要为占用资金而付出代价、支付费用，而且这些代价或费用最终也要作为收益的扣除额来得到补偿。但是资金成本只有一部分具有产品成本的性质，即这一部分耗费计入产品成本，而另一部分则作为利润的分配，不能列入产品成本。

7. **【答案】** B

【解析】 个别资金成本主要用于比较各种筹资方式资金成本的高低，是确定筹资方式的重要依据。工程项目筹集长期资金一般有多种方式可供选择，如长期借款、发行债券、发行股票等。运用不同的筹资方式，个别资金成本是不同的。这时，个别资金成本的高低可作为比较各种融资方式优劣的一个依据。

8. **【答案】** A

【解析】 综合资金成本是项目公司资本结构决策的依据。通常，项目所需的全部长期资金是采用多种筹资方式组合构成的，这种筹资组合往往有多个筹资方案可供选择。

9. **【答案】** C

【解析】 资金成本率为：15%/（1－5%）＝15.79%。

10. **【答案】** A

【解析】 资本资产定价模型法是一种根据投资者对股票的期望收益来确定资金成本的方法。在这种前提下，普通股成本的计算公式为：8%＋1.2×（15%－8%）＝16.4%。

11. **【答案】** B

【解析】 资金成本率为：120×（1－25%）/（1000－30）＝9.28%。

12. **【答案】** A

【解析】 债券成本率可以按下列计算：［400×8%×（1－25%）］/［500×（1－5%）］＝5.05%。

13. **【答案】** A

【解析】狭义的资本结构是指项目公司所拥有的各种长期资本的构成及其比例关系，尤其是指长期的股权资本与债务资本的构成及其比例关系。

14. 【答案】B

【解析】项目资本金比例越高，贷款的风险越低，贷款的利率可以越低，如果权益资金过大，风险可能会过于集中，财务杠杆作用下滑。但如果项目资本金占的比重太少，会导致负债融资的难度提升和融资成本的提高。

15. 【答案】D

【解析】项目公司资本结构是否合理，一般是通过分析每股收益的变化进行衡量。

16. 【答案】A

【解析】某些类型的债务资金安排对提前还款有所限制，例如一些债券形式要求至少一定年限内借款人不能提前还款，又如，采用固定利率的银团贷款，因为银行安排固定利率的原因，如果提前还款，借款人可能会被要求承担一定的罚款或分担银行的成本。通常，在多种债务中，对于借款人来讲，在时间上，由于较高的利率意味着较重的利息负担，所以应当先偿还利率较高的债务，后偿还利率较低的债务。对于有外债的项目，由于有汇率风险，通常应先偿还硬货币的债务，后偿还软货币的债务。但是为了使所有债权人都有一个比较满意的偿还顺序，在融资方案中应对此作出妥善安排。

17. 【答案】C

【解析】每股收益分析是利用每股收益的无差别点进行的。根据每股收益无差别点，可以分析判断不同销售水平下适用的资本结构。

第二节　工程项目融资

考点 1　项目融资的特点和程序

1. 【答案】B

【解析】与传统的贷款方式相比，项目融资有其自身的特点，在融资出发点、资金使用的关注点等方面均有所不同。项目融资主要具有项目导向、有限追索、风险分担、非公司负债型融资、信用结构多样化、融资成本高、可利用税务优势的特点。

2. 【答案】ABD

【解析】与传统的贷款方式相比，项目融资有其自身的特点，在融资出发点、资金使用的关注点等方面均有所不同。项目融资主要具有项目导向、有限追索、风险分担、非公司负债型融资、信用结构多样化、融资成本高、可利用税务优势的特点。

3. 【答案】AE

【解析】与其他融资过程相比，项目融资主要以项目的资产、预期收益、预期现金流等来安排融资，而不是以项目的投资者或发起人的资信为依据。

4. 【答案】B

【解析】在某种意义上，贷款人对项目借款人的追索形式和程度是区分融资是属于项目融资还是属于传统形式融资的重要标志。

5. 【答案】C

【解析】非公司负债型融资，亦称为资产负债表之外的融资，是指项目的债务不表现在项目投资者（即实际借款人）的公司资产负债表中负债栏的一种融资形式。

6. 【答案】C

【解析】在工程建设方面，为了减少风险，可以要求工程承包公司提供固定价格、固定工期的合同，或“交钥匙”工程合同，可以要求项目设计者提供工程技术保证等。

7. 【答案】C

【解析】在工程建设方面，为了减少风险，可以要求工程承包公司提供固定价格、固定工期的合同，或“交钥匙”工程合同，可以要求项目设计者提供工程技术保证等。

8. 【答案】D

【解析】融资成本包括融资的前期费用和利息成本两个主要组成部分。

融资的前期费用与项目的规模有直接关系，一般占贷款金额的 0.5%～2%，项目规模越小，前期费用所占融资总额的比例就越大；项目融资的利息成本一般要高出同等条件公司贷款的0.3%～1.5%，其增加幅度与贷款银行在融资结构中承担的风险有关，合理的融资结构和较强的合作伙伴在管理、技术和市场等方面的优势可以提高项目的经济强度，从而降低较弱合作伙伴的相对融资成本。

9.【答案】C

【解析】项目融资的利息成本一般要高出同等条件公司贷款的0.3%～1.5%，其增加幅度与贷款银行在融资结构中承担的风险有关，合理的融资结构和较强的合作伙伴在管理、技术和市场等方面的优势可以提高项目的经济强度，从而降低较弱合作伙伴的相对融资成本。

10.【答案】C

【解析】追求充分利用税务优势降低融资成本，提高项目的综合收益率和偿债能力，是项目融资的一个重要特点。这一问题贯穿于项目融资的各个阶段、各个组成部分的设计之中。

11.【答案】B

【解析】项目融资大致可分为五个阶段：投资决策分析、融资决策分析、融资结构设计、融资谈判和融资执行。

12.【答案】C

【解析】一旦投资者做出投资决策，随后首要工作就是确定项目的投资结构，项目的投资结构与将要选择的融资结构和资金来源有着紧密的关系。

13.【答案】A

【解析】投资结构的选择将影响到项目融资的结构和资金来源的选择；反过来，项目融资结构的设计也会对投资结构的安排作出调整。

14.【答案】A

【解析】评价项目风险因素属于融资结构设计阶段，选择项目融资方式属于融资决策分析阶段。

15.【答案】D

【解析】融资决策分析阶段的主要内容是项目投资者将决定采用何种融资方式为项目开发筹集资金。项目建设是否采用项目融资方式主要取决于项目的贷款数量、时间、融资费用、债务责任分担以及债务会计处理等方面的要求。如果决定选择项目融资作为筹资手段，投资者就需要聘请融资顾问，如投资银行、财务公司或者商业银行中的项目融资部门。融资顾问在明确融资的具体任务和目标要求后，开始研究和设计项目的融资结构。

16.【答案】B

【解析】融资谈判阶段的内容如下：

（1）选择银行、发出项目融资建议书。

（2）组织贷款银团。

（3）起草融资法律文件。

（4）融资谈判。

考点2 项目融资的主要方式

1.【答案】B

【解析】通常所说的BOT主要包括典型BOT、BOOT及BOO三种基本形式。其中，以典型BOT方式进行项目融资时，项目公司没有项目的所有权，只有建设和经营权。

2.【答案】A

【解析】BOT方式由项目所在国政府或其所属机构为项目的建设和经营提供一种特许权协议作为项目融资的基础，由本国公司或者外国公司作为项目的投资者和经营者安排融资，承担风险，开发建设项目并在特许权协议期间经营项目获取商业利润。

3.【答案】A

【解析】BOT融资方式需要政府参与的是决策和设计阶段。

4.【答案】B

【解析】从具体运作过程看，TOT由于避开了建造过程中所包含的大量风险和矛盾（如建设成本超支、延期、停建、无法正常运营等），并且只涉及转让经营权，不存在产权、股权等问题，在项目融资谈判过程中比较容易使双方意愿达成一致，并且不会威胁国内基础设施的控制权与国家安全。

5.【答案】B

【解析】从项目融资的角度看，TOT是通过转让已建成项目的产权和经营权来融资的，而BOT是政府给予投资者特许经营权的许诺后，由投资者融资新建项目，即TOT是通过已建成项目为其他新项目进行融资，BOT则是为筹建中的项目进行融资。

6. 【答案】D

【解析】一般来说，投资项目所依附的资产只要在未来一定时期内能带来现金收入，就可以进行ABS融资。拥有这种未来现金流量所有权的企业（项目公司）成为原始权益人。这些未来现金流量所代表的资产，是ABS融资方式的物质基础。

7. 【答案】B

【解析】融资方式中需要组建SPV的是ABS和TOT项目融资方式。

8. 【答案】C

【解析】BOT风险主要由政府、投资者/经营者、贷款机构承担；ABS则由众多的投资者承担，而且债券可以在二级市场上转让，变现能力强。故选项A错误。BOT过程复杂，牵涉面广，融资成本因中间环节多而增加；ABS则只涉及原始权益人、SPV、证券承销商和投资者，无需政府的许可、授权、担保等，过程简单，降低了融资成本。故选项B错误。BOT会给东道国带来一定负面效应，如掠夺性经营、国家税收流失及国家承担价格、外汇等多种风险，ABS则较少出现上述问题。故选项D错误。

9. 【答案】CE

【解析】在ABS融资方式中，根据合同规定，项目的所有权在债券存续期内由原始权益人转至SPV，而经营权与决策权仍属于原始权益人，债券到期后，利用项目所产生的收益还本付息并支付各类费用之后，项目的所有权重新回到原始权益人手中。在ABS融资方式中，虽在债券存续期内资产的所有权归SPV所有，但是资产的运营与决策权仍然归属原始权益人，SPV不参与运营，不必担心外商或私营机构控制，因此应用更加广泛。BOT会给东道国带来一定负面效应，如掠夺性经营、国家税收流失及国家承担价格、外汇等多种风险，ABS则较少出现上述问题。ABS则由众多的投资者承担，而且债券可以在二级市场上转让，变现能力强。ABS则只涉及原始权益人、SPV、证券承销商和投资者，无须政府的许可、授权、担保等，采用民间的非政府途径，过程简单，降低了融资成本。

10. 【答案】A

【解析】BOT项目的合同类型是特许经营合同，而PFI项目中签署的是服务合同，PFI项目的合同中一般会对设施的管理、维护提出特殊要求。

11. 【答案】D

【解析】ABS只是转移现金流量的控制权，建设和经营权仍然归属项目原始权益人，所以不能通过融资获得国外先进技术和管理经验，BOT和TOT能够通过融资活动获得国外管理经验的方式。

12. 【答案】A

【解析】PFI模式最早出现在英国，在英国的实践中，通常有3种典型模式：

（1）在经济上自立的项目。

（2）向公共部门出售服务的项目。

（3）合资经营项目。这种形式的项目中，公共部门与私营企业共同出资、分担成本和共享收益。但是，为了使项目成为一个真正的PFI项目，项目的控制权必须是由私营企业来掌握，公共部门只是一个合伙人的角色。

13. 【答案】AC

【解析】政府和社会资本合作模式（Public-Private Partnership，PPP），广义上泛指公共部门与私营部门为提供公共产品或服务而建立的长期合作关系，故选项A正确，选项B错误。广义的PPP，即将PPP认定为政府与企业长期合作的一系列方式的统称，包含BOT、TOT、PFI等多种方式，故选项C正确。根据《关于印发政府和社会资本合作模式操作指南（试行）的通知》（财金〔2014〕113号）的规定：投资规模较大、需求长期稳定、价格调整机制灵活、市场化程度较高的基础设施及公共服务类项目，适宜采用政府和社会资本合作模式，故选项D错误。政府或其指定的有关职能部门或事业单位可作为项目实施机构，负责项目准备、采购、监管和移交等工作。项目实施机构应组织编制项目实施方案，故选项E错误。

14.【答案】A

【解析】合同体系主要包括项目合同、股东合同、融资合同、工程承包合同、运营服务合同、原料供应合同、产品采购合同和保险合同等。项目合同是其中最核心的法律文件。

15.【答案】BDE

【解析】定性评价指标包括全生命周期整合程度、风险识别与分配、绩效导向与鼓励创新、潜在竞争程度、政府机构能力、可融资性六项基本评价指标，以及根据具体情况设置的补充评价指标。补充评价指标包括：项目规模大小、预期使用寿命长短、主要固定资产种类、全寿命期成本测算准确性、运营收入增长潜力、行业示范性等。选项A、B、E属于基本指标，选项C、D属于补充指标。

16.【答案】A

【解析】PPP项目全生命周期过程的财政支出责任，主要包括股权投资、运营补贴、风险承担、配套投入等。

17.【答案】B

【解析】每一年度全部PPP项目需要从预算中安排的支出责任，占一般公共预算支出比例应当不超过10%。

第三节 与工程项目有关的税收及保险规定

考点1 与工程项目有关的税收规定

1.【答案】C

【解析】建筑业增值税计算办法：当采用一般计税方法时，建筑业增值税税率为9%。计算公式为：增值税销项税额=税前造价×9%。其中，税前造价为人工费、材料费、施工机具使用费、企业管理费、利润和规费之和，各费用项目均以不包含增值税可抵扣进项税额的价格计算。

2.【答案】A

【解析】当采用一般计税方法时，建筑业增值税税率为税前造价的9%，税前造价不包含增值税可抵扣进项税额的价格计算，简易计税方法不得抵扣进项税额，当采用简易计税方法时，建筑业增值税率为税前造价的3%。小规模纳税人增值税应纳税额计算公式：应纳税额=销售额×征收率。

3.【答案】B

【解析】企业实际发生的与取得收入有关的、合理的支出，包括成本、费用、税金、损失和其他支出，准予在计算应纳税所得额时扣除。同时，企业发生的公益性捐赠支出，在年度利润总额12%以内的部分，准予在计算应纳税所得额时扣除。

4.【答案】ABDE

【解析】在计算应纳税所得额时不得扣除的支出包括：向投资者支付的股息、红利等权益性投资收益款项；企业所得税税款；税收滞纳金；罚金、罚款和被没收财物的损失；允许扣除范围以外的捐赠支出；赞助支出；未经核定的准备金支出；与取得收入无关的其他支出。

5.【答案】B

【解析】企业发生的年度亏损，在连续5年内未能用税前利润弥补的，应用税后利润弥补。

6.【答案】BE

【解析】企业的下列收入为免税收入：①国债利息收入；②符合条件的居民企业之间的股息、红利等权益性投资收益；③在中国境内设立机构、场所的非居民企业从居民企业取得与该机构、场所有实际联系的股息、红利等权益性投资收益；④符合条件的非营利组织的收入。

7.【答案】B

【解析】符合条件的小型微利企业，减按20%的税率征收企业所得税。国家需要重点扶持的高新技术企业，减按15%的税率征收企业所得税。

8.【答案】ABE

【解析】企业的下列所得可以免征、减征企

业所得税：从事农、林、牧、渔业项目的所得；从事国家重点扶持的公共基础设施项目投资经营的所得；从事符合条件的环境保护、节能节水项目的所得；符合条件的技术转让所得。

9. 【答案】A

【解析】城市维护建设税的计税依据是纳税人实际缴纳的增值税、消费税税额之和。

10. 【答案】A

【解析】教育费附加应纳税额的计算基本上与增值税、消费税一致，其计算公式为：

应纳税额＝实际缴纳的增值税、消费税税额之和×征收税率

11. 【答案】A

【解析】关于房产税计税依据和税率需要注意的特殊问题：

(1) 以房产联营投资的，房产税计税依据应区别对待：①以房产联营投资，共担经营风险的，按房产余值为计税依据计征房产税；②以房产联营投资，不承担经营风险，只收取固定收入的，实际是以联营名义取得房产租金，因此，应由出租方按租金收入计征房产税。

(2) 融资租赁房屋的，以房产余值为计税依据计征房产税，租赁期内该税的纳税人，由当地税务机关根据实际情况确定。

(3) 新建房屋空调设备价值计入房产原值的，应并入房产税计税依据计征房产税。

12. 【答案】ABCE

【解析】税法准予纳税人从房地产转让收入中扣除的项目包括：①取得土地使用权支付的金额；②房地产开发成本；③房地产开发费用；④与转让房地产有关的税金；⑤其他扣除项目；⑥旧房及建筑物的评估价格。

13. 【答案】A

【解析】所谓转让房地产所取得的收入，是指纳税人转让房地产从受让方收取的，没有任何扣除的全部收入，包括货币收入、实物收入和其他收入。税法准予纳税人从转让收入中扣除的项目包括：①取得土地使用权支付的金额；②房地产开发成本；③房地产开发费用；④与转让房地产有关的税金；⑤其他扣除项目；⑥旧房及建筑物的评估价格。

14. 【答案】A

【解析】土地增值税实行四级超率累进税率。具体税率见下表：

增值额占扣除项目金额比例	税率	速算扣除系数
50%以下（含50%）	30%	0
超过50%～100%（含100%）	40%	5%
超过100%～200%（含200%）	50%	15%
200%以上	60%	35%

15. 【答案】C

【解析】对个人转让房地产的，凡居住满5年或以上的，免征土地增值税；满3年未满5年的，减半征收；未满3年的，不实行优惠。

16. 【答案】C

【解析】契税的计税依据有以下几种情况：①国有土地使用权出让、土地使用权出售、房屋买卖，以成交价格为计税依据；②土地使用权赠与、房屋赠与，由征收机关参照土地使用权出售、房屋买卖的市场价格核定；③土地使用权交换、房屋交换，以所交换的土地使用权、房屋的价格差额为计税依据；④以划拨方式取得土地使用权，经批准转让房地产时，由房地产转让者补交契税，计税依据为补交的土地使用权出让费用或者土地收益；⑤房屋附属设施征收契税的依据：采取分期付款方式购买房屋附属设施土地使用权、房屋所有权的，应按合同规定的总价款计征契税；承受的房屋附属设施权属如为单独计价的，按照当地确定的适用税率征收契税；如与房屋统一计价的，适用与房屋相同的契税税率。

考点 2 与工程项目有关的保险规定

1. 【答案】A

【解析】建筑工程一切险是承保以土木建筑为主体的工程项目在整个建筑期间因自然灾害或意外事故造成的物资损失，以及依法应承担的第三者责任的保险。建筑工程一切险的保险项目包括物质损失部分、第三者责任及附加险三部分。

2. 【答案】ABC

【解析】建筑工程一切险的保险项目中的物质损失部分包括：①建筑工程；②业主提供的物料及项目；③安装工程项目；④施工用机器、装置及设备；⑤场地清理费；⑥工地内现成的建筑物；⑦业主或承包商在工地上的其他财产。

以上各部分之和为建筑工程一切险物质损失部分总的保险金额。货币、票证、有价证券、文件、账簿、图表、技术资料，领有公共运输执照的车辆、船舶以及其他无法鉴定价值的财产，不能作为建筑工程一切险的保险项目。

3. 【答案】D

【解析】根据建筑工程一切险的相关规定的除外责任，保险人对以下情况不承担赔偿责任：

(1) 设计错误引起的损失和费用。

(2) 自然磨损、内在或潜在缺陷、物质本身变化、自燃、自热、氧化、锈蚀、渗漏、鼠咬、虫蛀、大气（气候或气温）变化、正常水位变化或其他渐变原因造成的被保险财产自身的损失和费用。

(3) 因原材料缺陷或工艺不善引起的被保险财产本身的损失以及为换置、修理或矫正这些缺点错误所支付的费用。

(4) 非外力引起的机械或电气装置的本身损失，或施工用机具、设备、机械装置失灵造成的本身损失。

(5) 维修保养或正常检修的费用。

(6) 档案、文件、账簿、票据、现金、各种有价证券、图表资料及包装物料的损失。

(7) 盘点时发现的短缺。

(8) 领有公共运输行驶执照的，或已由其他保险予以保障的车辆、船舶和飞机的损失。

(9) 除已将工地内现成的建筑物或其他财产列入保险范围，在被保险工程开始以前已经存在或形成的位于工地范围内或其周围的属于被保险人的财产的损失。

(10) 除非另有约定，在保险期限终止以前，被保险财产中已由工程所有人签发完工验收证书或验收合格或实际占有或使用或接收的部分。

4. 【答案】D

【解析】在保险期内，若保险单列明的被保险财产在列明的工地范围内，因发生除外责任之外的任何自然灾害或意外事故造成的物质损失，保险人应负责赔偿。

5. 【答案】D

【解析】选项 D 属于保险责任，选项 A、B、C 属于保险公司除外责任。

6. 【答案】D

【解析】选项 D 属于自然灾害和意外事故造成的损失，属于保险责任；保险人对以下情况不承担赔偿责任：

(1) 设计错误引起的损失和费用。

(2) 因原材料缺陷或工艺不善引起的被保险财产本身的损失以及为换置、修理或矫正这些缺点错误所支付的费用。

(3) 维修保养或正常检修的费用。

7. 【答案】C

【解析】建筑工程一切险保险期限是在保险单列明的建筑期限内，自投保工程动工日或自被保险项目被卸至建筑工地时起生效，直至建筑工程完毕经验收合格时终止。

8. 【答案】A

【解析】在建筑期，建筑工程一切险的保险责任开始有两种情况：①工程破土动工之日（4 月 5 日）；②保险工程材料、设备运抵至工地时（3 月 25 日）。以先发生者为准，但不得超过保单规定的生效日期（4 月 1 日）。

9. 【答案】C

【解析】安装工程一切险是以设备的购货合同价和安装合同价加各种费用或以安装工程的最后建成价格为保额的，以重置价值进行赔偿。

10. 【答案】AC

【解析】安装工程一切险具有下列特点：

(1) 建筑工程保险的标的从开工以后逐步增加，保险额也逐步提高，而安装工程一切险的保险标的一开始就存放于工地，保险公司一开始就承担着全部货价的风险。在机器安装好之后，试车、考核和保证阶段风险最大。由于风险集中，试车期的安装工程一切险的保险费通常占整个工期的保费的1/3左右。

(2) 在一般情况下，建筑工程一切险承担的风险主要为自然灾害，而安装工程一切险承担的风险主要为人为事故损失。

(3) 安装工程一切险的风险较大，保险费率也要高于建筑工程一切险。

11. 【答案】ABC

【解析】安装项目是安装工程险承保的主要保险项目，包括被安装的机器设备、装置、物料、基础工程以及工程所需的各种临时设施如水、电、照明、通信等设施。适用安装工程险保单承保的标的，大致有三种类型：①新建工厂、矿山或某一车间生产线安装的成套设备；②单独的大型机械装置如发电机组、锅炉、巨型吊车、传送装置的组装工程；③各种钢结构建筑物如储油罐、桥梁、电视发射塔之类的安装和管道、电缆的铺设工程等。

12. 【答案】B

【解析】选项A错误，试车考核期是指工程安装完毕后的冷试、热试和试生产。其长短由保险人与被保险人商定或根据工程合同上的规定来决定，并在保单上列明。试车考核期的保险责任一般不超过3个月，若超过3个月，应另行加费。选项B正确、选项C错误，保证期的保险期限一般与工程合同中规定的质量保修期一致。保证期自工程验收合格或工程所有人使用时开始，以先发生者为准。选项D错误，安装期保险责任的终止有两种情况：①安装完毕签发验收证书或验收合格时终止；②工程所有人实际占有或使用或接受该部分或全部工程之时，最晚终止日不超过保险单中列明的终止日期。

13. 【答案】B

【解析】安装工程一切险的试车考核期的保险责任一般不超过3个月，若超过3个月，应另行加费。

14. 【答案】C

【解析】新建、扩建厂矿必须有的土木建筑工程项目，保险金额应为该工程项目建成的价格，包括设计费、材料设备费、施工费、运杂费、税款及其他有关费用。该项保险金额不能超过安装工程一切险金额的20%，超过20%时，应按建筑工程保险费率计收保险费。超过50%时，则需单独投保建筑工程一切险。

第六章　工程建设全过程造价管理

第一节　决策阶段造价管理

考点 1　工程项目策划

1.【答案】D

【解析】工程项目策划是指将建设意图转换为定义明确、系统清晰、目标具体且具有策略性运作思路的高智力的系统活动。

2.【答案】A

【解析】工程项目策划的首要任务是根据建设意图进行工程项目的定义和定位，全面构想一个待建项目系统。

3.【答案】D

【解析】工程项目定义是指要明确界定工程项目的用途、性质，如某类工业项目、交通运输项目、公共项目、房地产开发项目等，具体描述工程项目的主要用途和目的。

4.【答案】B

【解析】工程项目定义是指要明确界定工程项目的用途、性质，如某类工业项目、交通运输项目、公共项目、房地产开发项目等，具体描述工程项目的主要用途和目的。

5.【答案】A

【解析】工程项目定位是要根据市场需求，综合考虑投资能力和最有利的投资方案，决定工程项目的规格和档次。

6.【答案】C

【解析】在工程项目定义和定位明确的前提下，需要提出工程项目系统框架，进行工程项目功能分析，确定工程项目系统组成；工程项目定位是要根据市场需求，综合考虑投资能力和最有利的投资方案，决定工程项目的规格和档次；工程项目定义是指要明确界定工程项目的用途、性质。

7.【答案】A

【解析】工程项目定位是要根据市场需求，综合考虑投资能力和最有利的投资方案，决定工程项目的规格和档次。

8.【答案】BD

【解析】项目构想策划的主要内容包括：

(1) 工程项目的定义。即描述工程项目的性质、用途和基本内容。

(2) 工程项目的定位。即描述工程项目的建设规模、建设水准，工程项目在社会经济发展中的地位、作用和影响力，并进行工程项目定位依据及必要性和可能性分析。

(3) 工程项目的系统构成。描述系统的总体功能，系统内部各单项工程、单位工程的构成，各自作用和相互联系，内部系统与外部系统的协调、协作和配套的策划思路及方案的可行性分析。

(4) 其他。与工程项目实施及运行有关的重要环节策划，均可列入工程项目构思策划的范畴。

9.【答案】C

【解析】工程项目的系统构成用来描述系统的总体功能，系统内部各单项工程、单位工程的构成，各自作用和相互联系，内部系统与外部系统的协调、协作和配套的策划思路及方案的可行性分析。

10.【答案】ACE

【解析】项目构想策划的主要内容包括：

(1) 工程项目的定义。即描述工程项目的性质、用途和基本内容。

(2) 工程项目的定位。即描述工程项目的建设规模、建设水准，工程项目在社会经济发展中的地位、作用和影响力，并进行工程项目定位依据及必要性和可能性分析。

(3) 工程项目的系统构成。描述系统的总体功能，系统内部各单项工程、单位工程的构成，各自作用和相互联系，内部系统与外部系统的协调、协作和配套的策划思路及方案的可行性分析。

(4) 其他。与工程项目实施及运行有关的重要环节策划，均可列入工程项目构思策划的范畴。

11.【答案】DE

【解析】工程项目实施策划包括：

(1) 工程项目组织策划。

(2) 工程项目融资策划。

(3) 工程项目目标策划。

(4) 工程项目实施过程策划。

12. 【答案】C

【解析】对于政府投资的经营性项目，需要实行项目法人责任制，应按《公司法》要求组建项目法人。属于工程项目组织策划。

13. 【答案】ADE

【解析】工程项目必须具有明确的目的和要求、明确的建设任务量和时间界限、明确的项目系统构成和组织关系，才能进行有效的项目目标控制。也就是说，确定项目的质量目标、造价目标和进度目标是工程项目管理的前提，同时，还要兼顾安全和环保目标。

14. 【答案】CE

【解析】工程项目实施过程策划是对工程项目实施的任务分解和组织工作策划，包括设计、施工、采购任务的招投标，合同结构，项目管理机构设置、工作程序、制度及运行机制，项目管理组织协调，管理信息收集、加工处理和应用等。

15. 【答案】ABCE

【解析】工程项目多方案比选主要包括：工艺方案比选、规模方案比选、选址方案比选，甚至包括污染防治措施方案比选等。无论哪一类方案比选，均包括技术方案比选和经济效益比选两个方面。

考点 2 工程项目经济评价

1. 【答案】AB

【解析】财务分析是在国家现行财税制度和市场价格的前提下，从项目的角度出发，计算项目范围内的财务效益和费用，分析项目的盈利能力和清偿能力，评价项目在财务上的可行性。

2. 【答案】AD

【解析】项目经济分析的主要标准和参数是净收益、经济净现值、社会折现率等。

3. 【答案】A

【解析】财务分析和经济分析中衡量费用和效益的价格尺度不同。项目财务分析关注的是项目的实际货币效果，它根据预测的市场交易价格去计量项目投入和产出物的价值，而项目国民评价关注的是对国民经济的贡献，采用体现资源合理有效配置的影子价格去计量项目投入和产出物的价值。

4. 【答案】C

【解析】判断项目盈利能力的参数主要包括财务内部收益率（*FIRR*）、总投资收益率、项目资本金净利润率等指标的基准值或参考值。

5. 【答案】D

【解析】财务分析是在国家现行财税制度和价格体系的前提下，从项目的角度出发，计算项目范围内的财务效益和费用，分析项目的盈利能力和清偿能力，评价项目在财务上的可行性。

6. 【答案】B

【解析】工程项目经济评价应遵循的基本原则如下：

(1)“有无对比”原则。

(2) 效益与费用计算口径对应一致的原则。

(3) 收益与风险权衡的原则。

(4) 定量分析与定性分析相结合，以定量分析为主的原则。

(5) 动态分析与静态分析相结合，以动态分析为主的原则。

7. 【答案】CE

【解析】判断项目偿债能力的指标主要包括利息备付率、偿债备付率、资产负债率、流动比率、速动比率等指标的基准值或参考值。

8. 【答案】BD

【解析】财务评价判断参数主要包括判断项目盈利能力的参数和判断项目偿债能力的参数：①判断项目盈利能力的参数主要包括财务内部收益率（*FIRR*）、总投资收益率、项目资本金净利润率等指标的基准值或参考值。②判断项目偿债能力的参数主要包括利息备付率、偿债备付率、资产负债率、流动比率、速动比较等指标的基准值或参考值。

9. 【答案】A

【解析】项目财务分析的主要标准和参数是净利润、财务净现值、市场利率等，而项目经济分析的主要标准和参数是净收益、经济净现值、社会折现率等。

10. 【答案】B

【解析】项目财务分析的主要标准和参数是净利润、财务净现值、市场利率等，而项目国民评价的主要标准和参数是净收益、经济净现值、社会折现率等。

11. 【答案】A

【解析】财务分析可分为融资前分析和融资后分析，一般宜先进行融资前分析，在融资前分析结论满足要求的情况下，初步设定融资方案，再进行融资后分析。在项目建议书阶段，可只进行融资前分析。融资前分析应以动态分析（考虑资金的时间价值）为主，静态分析（不考虑资金的时间价值）为辅。

12. 【答案】B

【解析】对有营业收入的项目，财务分析应根据收入抵补支出的程度，区别对待。收入补偿费用的顺序应为：补偿人工、材料等生产经营耗费、缴纳流转税、偿还借款利息、计提折旧和偿还借款本金。

13. 【答案】B

【解析】社会与环境指标主要包括就业效果指标、收益分配效果指标、资源合理利用指标和环境影响效果指标等。为了分析项目对贫困地区经济的贡献，可设置贫困地区收益分配比重指标。选项A、C、D属于经济结构指标。

14. 【答案】A

【解析】经济总量指标反映项目对国民经济总量的贡献，包括增加值、净产值、纯收入、财政收入等经济指标；总量指标可使用当年值、净现值总额和折现年值。

15. 【答案】BD

【解析】经济结构指标反映项目对经济结构的影响，主要包括三次产业结构、就业结构、影响力系数等指标。选项A、C属于社会与环境分析指标；选项E属于经济总量分析指标。

考点3 工程项目经济评价报表的编制

1. 【答案】D

【解析】投资各方现金流量表是分别从技术方案各个投资者的角度出发，以投资者的出资额作为计算的基础，用以计算技术方案投资各方财务内部收益率。

2. 【答案】A

【解析】财务计划现金流量表反映技术方案计算期各年的投资、融资及经营活动的现金流入和流出，用于计算累计盈余资金，分析技术方案的财务生存能力。

3. 【答案】D

【解析】资本金现金流量表是从技术方案投资者整体（即项目法人）角度出发的。

4. 【答案】B

【解析】投资现金流量表是以技术方案为一独立系统进行设置的。它以技术方案建设所需的总投资作为计算基础，反映技术方案在整个计算期（包括建设期和生产运营期）内现金的流入和流出。

5. 【答案】A

【解析】300万为政府财政补贴，财政补贴收入应计入补贴收入，列入技术方案投资现金流量表、资本金现金流量表和财务计划现金流量表。而根据财务计划现金流量表，补贴收入属于经营活动净现金流量。

6. 【答案】AE

【解析】经营成本＝总成本费用－折旧费－摊销费－利息支出，或，经营成本＝外购原材料、燃料及动力费＋工资及福利费＋修理费＋其他费用。

7. 【答案】D

【解析】利息支出是指按照会计法规，企业为筹集所需资金而发生的费用称为借款费用，又称财务费用，包括利息支出（减利息收入）、汇兑损失（减汇兑收益）以及相关的手续费等。在投资方案的经济效果分析中，通常只考虑利息支出。

8. 【答案】B

【解析】经营成本＝总成本费用－折旧费－

摊销费－利息支出＝1000－80－50－20＝850（万元）。

第二节　设计阶段造价管理

考点 1　限额设计

1. 【答案】A

【解析】限额设计需要在投资额度不变的情况下，实现使用功能和建设规模的最大化。

2. 【答案】D

【解析】限额设计工作内容包括：合理确定设计限额目标，确定合理的初步设计方案，在概算范围内进行施工图设计。

3. 【答案】ACE

【解析】选项A、E正确，投资决策阶段是限额设计的关键。对政府工程而言，投资决策阶段的可行性研究报告是政府部门核准投资总额的主要依据，而批准的投资总额则是进行限额设计的重要依据。选项B错误，限额设计的工作内容分为三个阶段：投资决策阶段；初步设计阶段；施工图设计阶段。限额设计的目标推进阶段通常包括限额初步设计和限额施工图设两个阶段。选项C正确，施工图是设计单位的最终成果文件，应按照批准的初步设计方案进行限额设计，施工图预算需控制在批准的设计概算范围内。选项D错误，限额设计需要在投资额度不变的情况下，实现使用功能和建设规模的最大化。

考点 2　设计方案评价与优化

1. 【答案】D

【解析】综合费用法是一种静态价值指标评价方法，没有考虑资金的时间价值，只适用于建设周期较短的工程。此外，由于综合费用法只考虑费用，未能反映功能、质量、安全、环保等方面的差异，因而只有在方案的功能、建设标准等条件相同或基本相同时才能采用。

2. 【答案】A

【解析】应用全寿命期费用法进行设计方案评价时，不用净现值法，而用年度等值法，以年度费用最小者为最优方案。

3. 【答案】B

【解析】价值工程法主要是对产品进行功能分析，研究如何以最低的全寿命期成本实现产品的必要功能，从而提高产品价值。

4. 【答案】C

【解析】在工程设计阶段，应用价值工程法对设计方案进行评价的步骤有：①功能分析；②功能评价；③计算功能评价系数（F）；④计算成本系数（C）；⑤求出价值系数（V）并对方案进行评价。

考点 3　概预算文件审查

1. 【答案】C

【解析】设计概算编制依据的审查内容包括：①审查编制依据的合法性。设计概算采用的编制依据必须经过国家和授权机关的批准，符合概算编制的有关规定。同时，不得擅自提高概算定额、指标或费用标准。②审查编制依据的时效性。设计概算文件所使用的各类依据，如定额、指标、价格、取费标准等，都应根据国家有关部门的规定进行。③审查编制依据的适用范围。各主管部门规定的各类专业定额及其取费标准，仅适用于该部门的专业工程；各地区规定的各种定额及其取费标准，只适用于该地区范围内，特别是地区的材料预算价格应按工程所在地区的具体规定执行。

2. 【答案】B

【解析】审查概算的投资规模、生产能力、设计标准、建设用地、建筑面积、主要设备、配套工程、设计定员等是否符合原批准可行性研究报告或立项批文的标准。如概算总投资超过原批准投资估算10%以上，应进一步审查超估算的原因。

3. 【答案】C

【解析】查询核实法是对一些关键设备和设施、重要装置、引进工程图纸不全、难以核算的较大投资进行多方查询核对，逐项落实的方法。

4. 【答案】C

【解析】设计概算审查的方法包括：①对比分析法；②查询核实法；③联合会审法。其中，对比分析法主要是指通过建设规模、标准与立项批文对比，工程数量与设计图纸对比，综合范围、内容与编制方法、规定对比，各项取费与规定标准对比，材料、人工单价与统一信息对比，技术经济指标与同类工程对比等等。通过以上对比分析，容易发现设计概算存在的主要问题和偏差。

5.【答案】B

【解析】工程量计算是编制施工图预算的基础性工作之一，对施工图预算的审查，应首先从审查工程量开始。

6.【答案】ADE

【解析】施工图预算审查的重点是工程量计算是否准确，定额套用、各项取费标准是否符合现行规定或单价计算是否合理等方面。

7.【答案】A

【解析】对比审查法是当工程条件相同时，用已完工程的预算或未完但已经过审查修正的工程预算对比审查拟建工程的同类工程预算的一种方法。

8.【答案】A

【解析】全面审查法又称逐项审查法，即按定额顺序或施工顺序，对各项工程细目逐项全面详细审查的一种方法。其优点是全面、细致，审查质量高、效果好。

9.【答案】C

【解析】标准预算审查法就是对利用标准图纸或通用图纸施工的工程，先集中力量编制标准预算，以此为准来审查工程预算的一种方法。该方法的优点是时间短、效果好、易定案。其缺点是适用范围小，仅适用于采用标准图纸的工程。

10.【答案】A

【解析】分组计算审查法就是把预算中有关项目按类别划分若干组，利用同组中的一组数据审查分项工程量的一种方法，如一般的建筑工程中将底层建筑面积可编为一组。先计算底层建筑面积或楼（地）面面积，从而得知楼面找平层、天棚抹灰的工程量等。

第三节　发承包阶段造价管理

考点 1　施工招标方式和程序

1.【答案】A

【解析】公开招标方式的优点：招标人可以在较广的范围内选择承包商，投标竞争激烈，择优率更高，有利于招标人将工程项目交予可靠的承包商实施，并获得有竞争性的商业报价，同时，也可在较大程度上避免招标过程中的贿标行为。因此，国际上政府采购通常采用这种方式。

2.【答案】C

【解析】公开招标方式的缺点：准备招标、对投标申请者进行资格预审和评标的工作量大，招标时间长、费用高。同时，参加竞争的投标者越多，中标的机会就越小；投标风险越大，损失的费用也就越多。而这种费用的损失必然会反映在标价中，最终会由招标人承担，故这种方式在一些国家较少采用。

3.【答案】B

【解析】在邀请招标中，被邀请的对象应以5～10家为宜，至少不应少于3家。

4.【答案】C

【解析】根据《招标投标法》的相关规定，在施工招标的程序中，在组建招标组织紧后需要完成的工作是策划招标方案。

考点 2　施工招标策划

1.【答案】B

【解析】工程项目施工是一个复杂的系统工程，影响标段划分的因素有很多。应根据工程项目的内容、规模和专业复杂程度确定招标范围，合理划分标段。对于工程规模大、专业复杂的工程项目，建设单位的管理能力有限时，应考虑采用施工总承包的招标方式选择施工队伍。这样，有利于减少各专业之间因配合不当造成的窝工、返工、索赔风险。但采用这种承包方式，有可能使工程报价相对较高。对于工艺成熟的一般性项目，涉及专业不多时，可考虑采用平行承包的招标方式，分别选择各专业承包单位并签订施工合同。采用这种承包方式，建设单位一般可得到较为满意的报价，有利于控制工程造价。

2.【答案】AE

【解析】从现场布置的角度看，承包单位越少越好，应考虑少划分标段。对于工程规模大、专业复杂的工程项目，建设单位的管理能力有限时，应考虑采用施工总承包的招标方式选择施工队伍。对于工艺成熟的一般性项目，涉及专业不多时，可考虑采用平行承包的招标方式，分别选择各专业承包单位并签订施工合同。标段划分多，业主协调工作量大。

3.【答案】D

【解析】不同计价方式的合同比较见下表：

合同类型	总价合同	单价合同	成本加酬金合同			
			百分比酬金	固定酬金	浮动酬金	目标成本加奖罚
应用范围	广泛	广泛	有局限性			酌情
建设单位造价控制	易	较易	最难	难	不易	有可能
施工承包单位风险	大	小	基本没有		不大	有

4.【答案】A

【解析】工程项目的设计深度是选择合同类型的重要因素。如果已完成工程项目的施工图设计，施工图纸和工程量清单详细而明确，则可选择总价合同；如果实际工程量与预计工程量可能有较大出入时，应优先选择单价合同；如果只完成工程项目的初步设计，工程量清单不够明确时，则可选择单价合同或成本加酬金合同。

5.【答案】C

【解析】不同计价方式的合同比较见下表：

合同类型	总价合同	单价合同	成木加酬金合同			
			百分比酬金	固定酬金	浮动酬金	目标成本加奖罚
应用范围	广泛	广泛	有局限性			酌情
建设单位造价控制	易	较易	最难	难	不易	有可能
施工承包单位风险	大	小	基本没有		不大	有

6.【答案】A

【解析】不同计价方式的合同比较见下表：

合同类型	总价合同	单价合同	成本加酬金合同			
			百分比酬金	固定酬金	浮动酬金	目标成本加奖罚
应用范围	广泛	广泛	有局限性			酌情
建设单位造价控制	易	较易	最难	难	不易	有可能
施工承包单位风险	大	小	基本没有		不大	有

7. 【答案】A

【解析】不同计价方式的合同比较见下表：

合同类型	总价合同	单价合同	成本加酬金合同			
			百分比酬金	固定酬金	浮动酬金	目标成本加奖罚
应用范围	广泛	广泛	有局限性			酌情
建设单位造价控制	易	较易	最难	难	不易	有可能
施工承包单位风险	大	小	基本没有		不大	有

8. 【答案】D

【解析】不同计价方式的合同比较见下表：

合同类型	总价合同	单价合同	成本加酬金合同			
			百分比酬金	固定酬金	浮动酬金	目标成本加奖罚
应用范围	广泛	广泛	有局限性			酌情
建设单位造价控制	易	较易	最难	难	不易	有可能
施工承包单位风险	大	小	基本没有		不大	有

9. 【答案】ACD

【解析】建设规模大且技术复杂的工程项目，承包风险较大，各项费用不易准确估算，因而不宜采用固定总价合同。故选项A正确，选项E错误。如果已完成工程项目的施工图设计，施工图纸和工程量清单详细而明确，则可选择总价合同。故选项B错误。选项C正确，不宜采用固定总价合同。施工工期紧的紧急工程项目应选择成本加酬金合同较为合适。故选项D正确。

考点3 施工合同示范文本

1. 【答案】AB

【解析】签约合同价是指签订合同时合同协议书中写明的，包括暂列金额、暂估价的合同总金额。

2. 【答案】A

【解析】合同价格是指承包人按合同约定完成包括缺陷责任期内的全部承包工作后，发包人应付给承包人的金额，包括在履行合同过程中按合同约定进行的变更、价款调整、通过索赔应予补偿的金额。合同价格也是承包人完成全部承包工作后的工程结算价格。

3. 【答案】B

【解析】合同价格是指承包人按合同约定完成包括缺陷责任期内的全部承包工作后，发包人应付给承包人的金额，包括在履行合同过程中按合同约定进行的变更、价款调整、通过索赔应予补偿的金额。

4. 【答案】A

【解析】在施工场地发掘的所有文物、古迹以及具有地质研究或考古价值的其他遗迹、化石、钱币或物品属于国家所有。一旦发现上述文物，承包人应采取有效合理的保护措施，防止任何人员移动或损坏上述物品，并立即报告当地文物行政部门，同时通知监理人。发包人、监理人和承包人应按文物行政部门要求采取妥善保护措施，由此导致费用增加和（或）工期延误由发包人承担。

5. 【答案】D

【解析】发包人提供的材料和工程设备的规格、数量或质量不符合合同要求，或由于发包人原因发生交货日期延误及交货地点变更等情况的，发包人应承担由此增加的费用和（或）工程延误，并向承包人支付合理利润。

6.【答案】B

【解析】根据《标准设计施工总承包招标文件》的相关规定，质量保证金是指按合同约定用于保证在缺陷责任期内履行缺陷修复义务的金额。

7.【答案】D

【解析】根据《标准设计施工总承包招标文件》中关于开始工作和竣工的相关规定，除专用合同条款另有约定外，因发包人原因造成监理人未能在合同签订之日起 90 天内发出开始工作通知的，承包人有权提出价格调整要求，或者解除合同。发包人应当承担由此增加的费用和（或）工期延误，并向承包人支付合理利润。

8.【答案】B

【解析】根据《标准设计施工总承包招标文件》中关于进度付款的相关规定，发包人最迟应在监理人收到进度付款申请单后的 28 天内，将进度应付款支付给承包人。

9.【答案】D

【解析】根据 FIDIC《施工合同条件》关于合同解释顺序的相关规定，合同文件解释的优先顺序如下：①合同协议书；②中标函；③投标书；④专用条件；⑤通用条件；⑤规范；⑦图纸；③资料表和构成合同组成部分的其他文件。

10.【答案】ABCD

【解析】选项 A 正确，DAAB 由 1 人或 3 人组成。选项 B 正确，若 DAAB 成员为 3 人，则由合同双方各提名一位成员供对方认可，双方共同确定第三位成员作为主席。选项 C 正确，合同双方应当共同商定对 DAAB 成员的支付条件，并由双方各支付酬金的一半。选项 D 正确，DAAB 的裁决做出后，在未通过友好解决或仲裁改变该裁决之前，双方应当执行该裁决。选项 E 错误，如果合同一方对 DAAB 的裁决不满，则应在收到裁决后的 28 天内向合同对方发出表示不满的通知，并说明理由，表明准备提请仲裁。

考点 4 施工投标报价策略

1.【答案】B

【解析】招标单位规定了暂定金额的分项内容和暂定总价款，并规定所有投标单位都必须在总报价中加入这笔固定金额，但由于分项工程量不很准确，允许将来按投标单位所报单价和实际完成的工程量付款。这种情况下，由于暂定总价款是固定的，对各投标单位的总报价水平竞争力没有任何影响，因此，投标时应适当提高暂定金额的单价。

2.【答案】ABCE

【解析】投标单位遇下列情形时，其报价可高一些：施工条件差的工程（如条件艰苦、场地狭小或地处交通要道等）；专业要求高的技术密集型工程且投标单位在这方面有专长，声望也较高；总价低的小工程，以及投标单位不愿做而被邀请投标，又不便不投标的工程；特殊工程，如港口码头、地下开挖工程等；投标对手少的工程；工期要求紧的工程；支付条件不理想的工程。

考点 5 施工评标与授标

1.【答案】A

【解析】评标委员会由招标单位或其委托的招标代理机构熟悉相关业务的代表，以及有关技术、经济等方面的专家组成，成员人数为五人以上单数，其中，技术、经济等方面的专家不得少于成员总数的 2/3。

2.【答案】ACD

【解析】下列情况属于重大偏差：

(1) 没有按照招标文件要求提供投标担保或者所提供的投标担保有瑕疵。

(2) 投标文件没有投标单位授权代表签字和加盖公章。

(3) 投标文件载明的招标项目完成期限超过招标文件规定的期限。

(4) 明显不符合技术规格、技术标准的要求。

(5) 投标文件载明的货物包装方式、检验标准和方法等不符合招标文件的要求。

(6) 投标文件附有招标单位不能接受的条件。

(7) 不符合招标文件中规定的其他实质性要求。

投标文件有上述情形之一的，为未能对招标文件作出实质性响应，除招标文件对重大偏差另有规定外，应作废标处理。

第四节 施工阶段造价管理

考点 1 资金使用计划的编制

1. 【答案】D

【解析】在施工阶段，建设单位应通过编制资金使用计划、及时进行工程计量与结算、预防并处理好工程变更与索赔，有效控制工程造价。

2. 【答案】A

【解析】依据项目结构分解方法不同，资金使用计划的编制方法也有所不同，常见的有按工程造价构成编制资金使用计划，按工程项目组成编制资金使用计划和按工程进度编制资金使用计划。这三种不同的编制方法可以有效地结合起来，组成一个详细完备的资金使用计划体系。

3. 【答案】BDE

【解析】按工程造价构成编制的资金使用计划可分为建筑安装工程费使用计划、设备工器具费使用计划和工程建设其他费使用计划。选项 A、C 属于按工程项目的组成划分。

4. 【答案】A

【解析】按工程造价构成编制资金使用计划，这种编制方法比较适合于有大量经验数据的工程项目。

5. 【答案】B

【解析】按工程项目组成编制资金使用计划，大中型工程项目一般由多个单项工程组成，每个单项工程又可细分为不同的单位工程，进而分解为各个分部分项工程。设计概算、预算都是按单项工程和单位工程编制的，因此，这种编制方法比较简单，易于操作。

6. 【答案】CD

【解析】建筑安装工程费用中的人工费、材料费、施工机械使用费等直接费，可直接分解到各工程分项。

7. 【答案】AE

【解析】建筑安装工程费用中的人工费、材料费、施工机具使用费等直接费，可直接分解到各工程分项。而企业管理费、利润、规费、税金则不宜直接进行分解。职工养老保险费属于规费。

8. 【答案】AC

【解析】措施项目费应分析具体情况，将其中与各工程分项有关的费用（如二次搬运费、检验试验费等）分离出来，按一定比例分解到相应的工程分项；其他与单位工程、分部工程有关的费用（如临时设施费、保险费等），则不能分解到各工程分项。

9. 【答案】BD

【解析】措施项目费应分析具体情况，将其中与各工程分项有关的费用（如二次搬运费、检验试验费等）分离出来，按一定比例分解到相应的工程分项；其他与单位工程、分部工程有关的费用（如临时设施费、保险费等），则不能分解到各工程分项。

10. 【答案】C

【解析】按工程进度编制资金使用计划的程序：①编制工程施工进度计划；②计算单位时间的资金支出目标；③计算规定时间内的累计资金支出额；④绘制资金使用时间进度计划的 S 曲线。

11. 【答案】A

【解析】按工程进度编制施工阶段资金使用计划的程序：①编制工程施工进度计划；②计算单位时间的资金支出目标；③计算规定时间内的累计资金支出额；④绘制资金使用时间进度计划的 S 曲线。

12. 【答案】B

【解析】按规定的时间绘制资金使用与施工进度的 S 曲线。每一条 S 曲线都对应某一特定的工程进度计划。由于在工程网络进度计划的非关键线路中存在许多有时差的工作，因此，S 曲线（投资计划值曲线）

必然包括在由全部工作均按最早开始时间（ES）开始和全部工作均按最迟开始时间（LS）开始的曲线所组成的“香蕉图”内。

考点 2 施工成本管理

1. 【答案】ADE

【解析】成本预测是成本计划的编制基础，成本计划是开展成本控制和核算的基础；成本控制能对成本计划的实施进行监督，保证成本计划的实现，而成本核算又是成本计划是否实现的最后检查，成本核算所提供的成本信息又是成本预测、成本计划、成本控制和成本考核等的依据；成本分析为成本考核提供依据，也为未来的成本预测与成本计划指明方向；成本考核是实现成本目标责任制的保证和手段。

2. 【答案】CDE

【解析】成本计划的编制方法有：

（1）目标利润法。

（2）技术进步法。

（3）按实计算法。

（4）定率估算法（历史资料法）。

3. 【答案】A

【解析】目标利润法是指根据工程项目的合同价格扣除目标利润后得到目标成本的方法。在采用正确的投标策略和方法以最理想的合同价中标后，从标价中扣除预期利润、税金、应上缴的管理费等之后的余额即为工程项目实施中所能支出的最大限额。

4. 【答案】B

【解析】目标利润法是指根据工程项目的合同价格扣除目标利润后得到目标成本的方法。在采用正确的投标策略和方法以最理想的合同价中标后，从标价中扣除预期利润、税金、应上缴的管理费等之后的余额即为工程项目实施中所能支出的最大限额。

5. 【答案】D

【解析】定率估算法（历史资料法）是当工程项目非常庞大和复杂而需要分为几个部分时采用的方法。

6. 【答案】B

【解析】工期-成本同步分析法中，如果成本与进度不对应，说明工程项目进展中出现虚盈或虚亏的不正常现象。施工成本的实际开支与计划不相符，往往是由两个因素引起的：一是在某道工序上的成本开支超出计划；二是某道工序的施工进度与计划不符。选项B所述内容符合虚盈。

7. 【答案】D

【解析】挣值分析法是对工程项目成本/进度进行综合控制的一种分析方法。该方法通过计算后续未完工程的计划成本余额，预测其尚需的成本数额，从而为后续工程施工的成本、进度控制及寻求降低成本挖潜途径指明方向。

8. 【答案】B

【解析】施工项目经理部应建立和健全以单位工程为对象的成本核算账务体系，严格区分企业经营成本和项目生产成本，在工程项目实施阶段不对企业经营成本进行分摊，以正确反映工程项目可控成本的收、支、结、转的状况和成本管理业绩。

9. 【答案】B

【解析】固定资产折旧从固定资产投入使用月份的次月起，按月计提。停止使用的固定资产，从停用月份的次月起，停止计提折旧。

10. 【答案】D

【解析】固定资产折旧从固定资产投入使用月份的次月起，按月计提。

11. 【答案】D

【解析】各年折旧基数不变但折旧率逐年递减的固定资产折旧方法是年数总和法。

12. 【答案】D

【解析】计算折旧的基数为：10000－2000＝8000（元）；年数总和为：5＋4＋3＋2＋1＝15（年）；第五年的折旧额为：8000×1/15＝533（元）。

13. 【答案】ACDE

【解析】成本分析的基本方法包括：比较法、因素分析法、差额计算法、比率法等。

14. 【答案】A

【解析】成本分析的基本方法包括：比较法、因素分析法、差额计算法、比率法等。

选项B，因素分析法又称连环置换法，是用来分析各种因素对成本的影响程度的方法。选项C是成本计划的方法。选项D是成本控制的方法。

15.【答案】ACE

【解析】比较法就是通过技术经济指标的对比，检查目标的完成情况，分析产生差异的原因，进而挖掘内部潜力的方法，用比较法进行施工成本分析通常有三种形式：实际指标与目标指标对比；本期实际指标与上期实际指标对比；与本行业平均水平、先进水平对比。

16.【答案】B

【解析】因素分析法又称连环置换法，这种方法可用来分析各种因素对成本的影响程度。在进行分析时，首先要假定众多因素中的一个因素发生了变化，而其他因素则不变，在前一个因素变动的基础上分析第二个因素的变动，然后逐个替换，分别比较其计算结果，以确定各个因素的变化对成本的影响程度。

17.【答案】BD

【解析】分部分项工程成本分析的对象为主要的已完分部分项工程。分析的方法是：进行预算成本、目标成本和实际成本的“三算”对比，分别计算实际成本与预算成本、实际成本与目标成本的偏差，分析偏差产生的原因，为今后的分部分项工程成本寻求节约途径。

18.【答案】AE

【解析】分部分项工程成本分析的资料来源是：预算成本是以施工图和定额为依据编制的施工图预算成本，目标成本为分解到该分部分项工程上的计划成本，实际成本来自施工任务单的实际工程量、实耗人工和限额领料单的实耗材料。

19.【答案】BDE

【解析】施工成本管理中，项目经理部可控责任成本考核指标有：①项目经理责任目标总成本降低额和降低率；②施工责任目标成本实际降低额和降低率；③施工计划成本实际降低额和降低率。

20.【答案】C

【解析】施工成本管理中，企业的项目成本考核指标包括：项目施工成本降低额和项目施工成本降低率，其中，项目施工成本降低额＝项目施工合同成本－项目实际施工成本，项目施工成本降低率＝项目施工成本降低额/项目施工合同成本×100%。

考点3 工程变更与索赔管理

1.【答案】C

【解析】施工承包单位收到监理人按合同约定发出的图纸和文件，经检查认为其中存在属于变更范围的情形，如提高工程质量标准、增加工作内容、改变工程的位置或尺寸等，可向监理人提出书面变更建议。变更建议应阐明要求变更的依据，并附必要的图纸和说明。

2.【答案】A

【解析】监理人指示的工程变更中，监理人直接指示的工程变更属于必需的变更，如按照建设单位的要求提高质量标准、设计错误需要进行的设计修改、协调施工中的交叉干扰等情况。此时不需征求施工承包单位意见，监理人经过建设单位同意后发出变更指示要求施工承包单位完成工程变更工作。

3.【答案】C

【解析】施工承包单位接受索赔处理结果的，建设单位应在作出索赔处理结果答复后28天内完成赔付。施工承包单位不接受索赔处理结果的，按合同中争议解决条款的约定处理。

4.【答案】C

【解析】选项A、B属于合同变更导致索赔事件发生。选项D属于工程环境的变化引起的索赔。

5.【答案】ACDE

【解析】工程变更包括以下五个方面：

(1) 取消合同中任何一项工作，但被取消的工作不能转由建设单位或其他单位实施。

(2) 改变合同中任何一项工作的质量或其他特性。

(3) 改变合同工程的基线、标高、位置或尺寸。

(4) 改变合同中任何一项工作的施工时间或改变已批准的施工工艺或顺序。

(5) 为完成工程需要追加的额外工作。

6.【答案】A

【解析】监理人应商定或确定追加的付款和（或）延长的工期，并在收到索赔通知书或有关索赔的进一步证明材料后的42天内，将索赔处理结果答复施工承包单位。

考点4 工程费用动态监控

1.【答案】BE

【解析】费用偏差（CV）=已完工程计划费用（BCWP）－已完工程实际费用（ACWP）；进度偏差（SV）=已完工程计划费用（BCWP）－拟完工程计划费用（BCWS）。选项A错误，应该是超支，选项B正确。选项C错误，题目给出条件不能判断是否拟完工程计划费用＞已完工程实际费用。选项D错误，应该是已完工程实际进度拖后，选项E正确。

2.【答案】B

【解析】费用偏差（CV）=已完工程计划费用（BCWP）－已完工程实际费用（ACWP）=600－800=－200＜0；当CV＜0时，说明工程费用超支。进度偏差（SV）=已完工程计划费用（BCWP）－拟完工程计划费用（BCWS）=600－700=－100＜0；当SV＜0时，说明工程进度拖后。

3.【答案】A

【解析】进度偏差（SV）=已完工程计划费用（BCWP）－拟完工程计划费用（BCWS）=2800－2900=－100（万元）。

4.【答案】C

【解析】费用绩效指数（CPI）=已完工程计划费用（BCWP）/已完工程实际费用（ACWP），即3000/2800=1.07。

5.【答案】A

【解析】费用偏差（CV）=已完工程计划费用（BCWP）－已完工程实际费用（ACWP）=200×7500－200×8000=－10（万元）；当CV＜0时，说明工程费用超支。所以本题答案为选项A，即超支10万元。

6.【答案】AD

【解析】进度偏差（SV）=已完工程计划费用（BCWP）－拟完工程计划费用=2500－2300=200（万元），当SV＞0时，说明工程进度超前。

费用偏差（CV）=已完工程计划费用（BCWP）－已完工程实际费用（ACWP）=2500－2600=－100（万元），当CV＞0时，说明工程费用节约；当CV＜0时，说明工程费用超支。

7.【答案】ABDE

【解析】常用的偏差分析方法有横道图法、时标网络图法、表格法和曲线法。

8.【答案】D

【解析】横道图法具有简单直观的优点，便于掌握工程费用的全貌。但这种方法反映的信息量少，因而其应用具有一定的局限性。

9.【答案】B

【解析】排列图又叫主次因素分析图或帕累托（Pareto）图，是用来寻找影响工程（产品）质量主要因素的一种有效工具。控制图法是动态控制质量的方法。时标网络图和曲线法既可以分析费用，又可以分析进度。

10.【答案】A

【解析】法规变化为客观原因；设计标准变更为设计原因；组织不落实为建设单位原因；施工组织设计不合理为施工原因。

11.【答案】C

【解析】交通原因为客观原因；设计保守为设计原因；增加工作内容为建设单位原因；施工组织设计不合理为施工原因。

12.【答案】A

【解析】进度安排不当为施工原因；设计标准变更为设计原因；组织不落实为建设单位原因；人工费上涨为客观原因。

13.【答案】A

【解析】组织措施是指从费用控制的组织管理方面采取的措施，包括：落实费用控制的组织机构和人员，明确各级费用控制人员的任务、职责分工，改善费用控制工作流程等。组织措施是控制其他措施的前提和保障。

14.【答案】D

【解析】费用偏差的纠正措施中的经济措施主要是指审核工程量和签发支付证书，包括：检查费用目标分解是否合理，检查资金使用计划有无保障，是否与进度计划发生冲突，工程变更有无必要，是否超标等。

15.【答案】B

【解析】费用偏差的纠正措施中的技术措施主要是指对工程方案进行技术经济比较，包括：制定合理的技术方案，进行技术分析、针对偏差进行技术改正等。

第五节　竣工阶段造价管理

考点 1　工程结算及其审查

1.【答案】ABCD

【解析】工程结算主要包括竣工结算、分阶段结算、专业分包结算和合同中止结算。

2.【答案】C

【解析】单位工程竣工结算由施工承包单位编制，建设单位审查。

3.【答案】A

【解析】工程竣工结算分为单位工程竣工结算、单项工程竣工结算和工程项目竣工总结算。单位工程竣工结算由施工承包单位编制，建设单位审查；实行总承包的工程，由具体承包单位编制单位工程竣工结算，在总承包单位审查的基础上，由建设单位审查。单项工程竣工结算、工程项目竣工总结算由总承包单位编制，建设单位可直接进行审查，也可委托具有相应资质的工程造价咨询机构进行审查。政府投资项目，由同级财政部门进行审查。

4.【答案】BCE

【解析】施工承包单位内部审查工程竣工结算的主要内容：

(1) 审查结算的项目范围、内容与合同约定的项目范围、内容的一致性。

(2) 审查工程量计算的准确性、工程量计算规则与计价规范或定额的一致性。

(3) 审查执行合同约定或现行的计价原则、方法的严格性。对于工程量清单或定额缺项以及采用新材料、新工艺的，应根据施工过程中的合理消耗和市场价格审核结算单价。

(4) 审查变更签证凭据的真实性、合法性、有效性，核准变更工程费用。

(5) 审查索赔是否依据合同约定的索赔处理原则、程序和计算方法以及索赔费用的真实性、合法性、准确性。

(6) 审查取费标准执行的严格性，并审查取费依据的时效性、相符性。

5.【答案】AE

【解析】施工承包单位内部审查工程竣工结算的主要内容：

(1) 审查结算的项目范围、内容与合同约定的项目范围、内容的一致性。

(2) 审查工程量计算的准确性、工程量计算规则与计价规范或定额的一致性。

(3) 审查执行合同约定或现行的计价原则、方法的严格性。对于工程量清单或定额缺项以及采用新材料、新工艺的，应根据施工过程中的合理消耗和市场价格审核结算单价。

(4) 审查变更签证凭据的真实性、合法性、有效性，核准变更工程费用。

(5) 审查索赔是否依据合同约定的索赔处理原则、程序和计算方法以及索赔费用的真实性、合法性、准确性。

(6) 审查取费标准执行的严格性，并审查取费依据的时效性、相符性。

6.【答案】ADE

【解析】施工承包单位内部审查时，应审查变更签证凭据的真实性、合法性、有效性，核准变更工程费用。

7.【答案】B

【解析】根据财政部、建设部关于印发《建设工程价款结算暂行办法》的通知（财建〔2004〕369号），单项工程竣工后，施工承包单位应按规定程序向建设单位递交竣工结算报告及完整的结算资料，建设单位应按下表规定的时限进行核对、审查，并提出审查意见。

工程竣工结算报告金额	审查时限 （从接到竣工结算报告和完整的竣工结算资料之日起）
500 万元以下	20 天
500 万元～2000 万元	30 天
2000 万元～5000 万元	45 天
5000 万元以上	60 天

考点 2 工程质量保证金预留与返还

1. **【答案】** B

【解析】 缺陷责任期是指施工承包单位对已交付使用的工程承担合同约定的缺陷修复责任的期限。缺陷责任期一般为1年，最长不超过2年，具体可由发承包双方在合同中约定。

2. **【答案】** D

【解析】 根据住房城乡建设部、财政部发布的《建设工程质量保证金管理办法》（建质〔2017〕138号），缺陷责任期从工程通过竣工验收之日起计。

3. **【答案】** B

【解析】 根据《建设工程质量保证金管理办法》，发包人应按合同约定方式预留保证金，保证金总预留比例不得高于工程价款结算总额的3%。合同约定由承包人以银行保函替代预留保证金的，保函金额不得高于工程价款结算总额的3%。

4. **【答案】** C

【解析】 保函金额不得高于工程价款结算总额的3%，即，620×3%＝18.6（万元）。

5. **【答案】** A

【解析】 选项B错误，在工程使用过程中发现已由建设单位接收的工程存在新的缺陷部位或部件又遭损坏的，施工承包单位应负责修复，直至检验合格为止。选项C错误，缺陷责任期最长不超过2年。选项D错误，缺陷责任期不能等同于工程保修期。

《建设工程造价管理》真题选编（一）

1. D	11. D	21. B	31. A	41. C	51. D	61. CD	71. ABC
2. C	12. C	22. A	32. D	42. D	52. A	62. BCDE	72. ACE
3. A	13. D	23. C	33. B	43. B	53. B	63. ABD	73. BCE
4. D	14. A	24. B	34. D	44. C	54. A	64. ADE	74. ABD
5. A	15. D	25. D	35. A	45. C	55. C	65. BDE	75. AB
6. D	16. A	26. A	36. C	46. D	56. C	66. CE	76. ABE
7. B	17. B	27. C	37. B	47. B	57. D	67. BCE	77. BCE
8. C	18. B	28. D	38. C	48. C	58. B	68. ABC	78. BCE
9. B	19. C	29. A	39. B	49. B	59. C	69. CD	79. CD
10. A	20. A	30. B	40. A	50. D	60. D	70. AC	80. ABCD

《建设工程造价管理》真题选编（二）

1. B	11. C	21. A	31. D	41. A	51. A	61. BCDE	71. BCE
2. D	12. A	22. B	32. A	42. B	52. D	62. ABD	72. BD
3. B	13. B	23. B	33. C	43. A	53. C	63. AC	73. CD
4. D	14. D	24. B	34. C	44. C	54. B	64. ABD	74. ACE
5. C	15. C	25. C	35. C	45. B	55. C	65. AE	75. BCE
6. B	16. A	26. B	36. A	46. C	56. B	66. CDE	76. ADE
7. A	17. A	27. B	37. D	47. D	57. B	67. AC	77. CE
8. D	18. D	28. A	38. B	48. A	58. D	68. BCDE	78. ABE
9. B	19. C	29. D	39. C	49. C	59. D	69. ABCE	79. CDE
10. D	20. C	30. B	40. D	50. A	60. C	70. BDE	80. BE